KB056529

최경희 · 허선영 공저

다락원

저자소개

최경희

現 INCA 국제 뷰티대회 공동주최자
現 최경희프로네일 학원장
現 INCA 국제 뷰티대회 심사위원 교육장
現 헤세드 엔 에이스 샵 원장
現 한국네일협회 고문
現 한국산업인력공단 세무직무분야 전문위원
現 국가직무능력표준(NCS) 개발심의위원
現 INCA 국제뷰티콘테스트 대회 심사위원장
現 한국장애인 기능경기대회 지방대회 심사장

前 한국네일협회 5대 회장
前 CNA Nail shop 원장
前 한국네일엑스포 Nail cup 대회장
前 한국네일협회 이사장
前 한국네일협회 국가기술자격증시험 수험서 편찬위원장
前 한국미용교사협회 회장
前 한국보건산업진흥원 뷰티 칼럼리스트

허선영

現 허선영 뷰티학원 원장
現 예디드 뷰티 샵 원장
現 SKINS WAXING 교육센타 및 인증샵
現 K-NAIL STAR CONTEST 네일 국가대표
現 INCA Korea beauty cup 심사위원
現 한국장애인 기능경기대회 지방대회 심사위원
現 한국네일협회 심사위원
現 한국핸드아트스타일링협회 심사위원

前 INCA 국제뷰티콘테스트 한국 Champion
前 INCA 국제뷰티콘테스트 말레시아 Champion
前 INCA 국제뷰티콘테스트 중국 Champion
前 최경희프로네일전문학원 전임강사
前 아름다운사람들 강사
前 네일스토리 네일샵근무
前 앨리스 네일샵 운영
前 오아시스미용학원 네일전임강사

머리말

이 책은 한국산업인력공단에서 발표한 미용사(네일) 국가기술자격시험을 치르고자 하는 수험생의 합격을 위해 전문가로 활동해온 저자들이 뜻을 모아 미용사(네일) 필기시험의 출제기준에 맞추어 집필한 교재입니다.

앞으로 네일미용사로 활동하는데 있어 밑거름이 될 수 있도록 정확한 내용만을 담도록 노력하였으며, 네일미용사 교육의 발전과정에 맞추어 현장에서 실제 쓰일 수 있는 내용은 보다 상세히, 시험의 합격을 위해 외워두어야 할 내용은 핵심만 정리하였습니다.

변해가는 시험 상황에 맞추어 앞으로도 도서의 개정에 힘써 수험생의 혼란이 적도록 가장 정확한 내용만을 담겠습니다.

이 책의 특징은 다음과 같습니다.

핵심이론
핵심만 간추려 학습량을 줄인 설명과 생생한 자료 사진과 일러스트를 제공하여 학습내용을 빠르게 이해할 수 있습니다.

출제예상문제
각 챕터별 기출문제를 정리해 상시시험에 맞도록 복원한 문제로 이론과 함께 학습해 문제가 어떻게 출제되는지를 이해할 수 있습니다.

실전모의고사
CBT 형식에 맞게 구성한 적중률 높은 5회의 실전모의고사를 통해 실전 대비를 할 수 있습니다.

많은 수험생들이 이 책을 통해 국가기술자격시험 합격의 영광을 누리고 네일미용사로서 한 단계 업그레이드된 기술인으로 발전할 것을 기대합니다.

저자 일동

기본정보

개요

네일미용에 관한 숙련기능을 가지고 현장업무를 수행할 수 있는 능력을 가진 전문기능인력을 양성하고자 자격제도를 제정

수행직무

손톱·발톱을 건강하고 아름답게 하기 위하여 적절한 관리법과 기기 및 제품을 사용하여 네일 미용 업무 수행

진로 및 전망

네일미용사, 미용강사, 화장품 관련 연구기관, 네일 미용업 창업, 유학 등

검정형 시험안내

※ 과정평가형으로도 취득할 수 있습니다.

응시방법

한국산업인력공단 홈페이지
[회원가입 → 원서접수 신청 → 자격선택 → 종목선택 → 응시유형 → 추가입력 → 장소선택 → 결제하기]

시험일정

상시시험
자세한 일정은 Q-net(http://q-net.or.kr)에서 확인

필기시험

필기검정방법 : 객관식 4지 택일형
문제수 : 60문항
시험시간 : 1시간(60분)
합격기준 : 100점을 만점으로 하여 60점 이상

실기시험

실기검정방법 : 작업형
시험시간 : 2~3시간 정도
합격기준 : 100점을 만점으로 하여 60점 이상

합격률

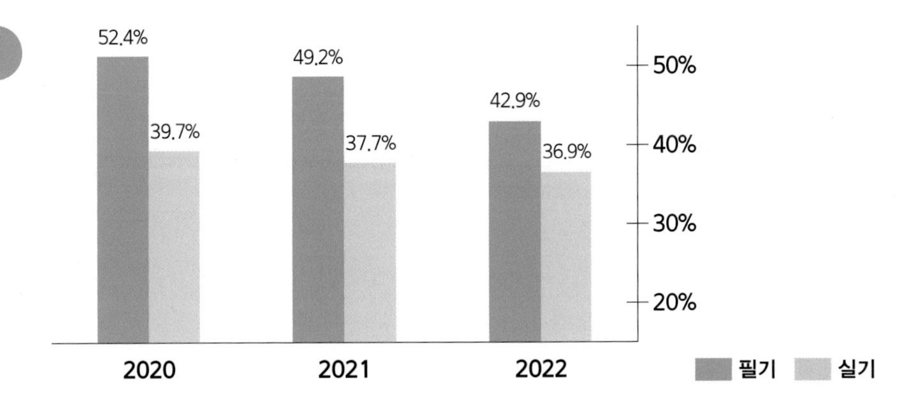

필기시험 출제기준

1. 네일미용 위생서비스	
네일미용의 이해	네일미용의 개념과 역사
네일숍 청결 작업	네일숍 시설 및 물품 청결, 네일숍 환경 위생 관리
네일숍 안전 관리	네일숍 안전수칙, 네일숍 시설·설비
미용기구 소독	네일미용 기기 소독, 네일미용 도구 소독
개인위생 관리	네일미용 작업자 위생 관리, 네일미용 고객 위생 관리, 네일의 병변
고객응대 서비스	고객응대 및 상담
피부의 이해	피부와 피부 부속 기관, 피부유형분석, 피부와 영양, 피부와 광선, 피부면역, 피부노화, 피부장애와 질환
화장품 분류	화장품 기초, 화장품 제조, 화장품의 종류와 기능
손발의 구조와 기능	뼈(골)의 형태 및 발생, 손과 발의 뼈대(골격), 손과 발의 근육, 손과 발의 신경

2. 네일 화장물 제거	
일반 네일 폴리시 제거	일반 네일 폴리시 성분, 일반 네일 폴리시 제거 작업
젤 네일 폴리시 제거	젤 네일 폴리시 성분, 젤 네일 폴리시 제거 작업
인조 네일 제거	인조 네일 제거방법 선택 및 제거 작업

3. 네일 기본관리	
프리에지 모양만들기	네일 파일 사용, 자연 네일 프리에지 모양
큐티클 부분 정리	자연 네일의 구조, 자연 네일의 특징, 큐티클 부분 정리 작업, 큐티클 부분 정리 도구
보습제 도포	네일미용 보습 제품 적용

4. 네일 화장물 적용 전 처리	
일반 네일 폴리시 전 처리	네일 유분기 및 잔여물 제거, 일반 네일 폴리시 전 처리 작업
젤 네일 폴리시 전 처리	젤 네일 폴리시 전 처리 작업
인조 네일 전 처리	인조 네일 전 처리 작업

5. 자연 네일 보강	
네일 랩 화장물 보강	네일 랩 화장물 보강 작업 및 도구
아크릴 화장물 보강	아크릴 화장물 보강 작업 및 도구
젤 화장물 보강	젤 화장물 보강 작업 및 도구

6. 네일 컬러링			
풀 코트 컬러 도포	풀 코트 컬러링	프렌치 컬러 도포	프렌치 컬러링
딥 프렌치 컬러 도포	딥 프렌치 컬러링	그러데이션 컬러 도포	그러데이션 컬러링

7. 네일 폴리시 아트	
일반 네일 폴리시 아트	기초 색채 배색 및 일반 네일 폴리시 아트 작업
젤 네일 폴리시 아트	기초 디자인 적용 및 젤 네일 폴리시 아트 작업
통 젤 네일 폴리시 아트	네일 폴리시 디자인 도구 및 통 젤 네일 폴리시 아트 작업

8. 팁 위드 파우더	
네일 팁 선택	네일 상태에 따른 네일 팁 선택
풀 커버 팁 작업	풀 커버 팁 활용 및 도구
프렌치 팁 작업	프렌치 팁 활용 및 도구
내추럴 팁 작업	내추럴 팁 활용 및 도구
9. 팁 위드 랩	
팁 위드 랩 네일 팁 적용	네일 팁 턱 제거 및 적용 작업
네일 랩 적용	네일 랩 오버레이 및 네일 랩 적용 작업
10. 랩 네일	
네일 랩 재단	네일 랩 재료 및 작업
네일 랩 접착	네일 랩 접착제 및 접착 작업
네일 랩 연장	인조 네일 구조 및 네일 랩 연장 작업
11. 젤 네일	
젤 화장물 활용	젤 네일 기구 및 젤 화장물 사용 방법
젤 원톤 스컬프처	네일 폼 적용 및 젤 원톤 스컬프처 작업
젤 프렌치 스컬프처	젤 브러시 활용 및 젤 프렌치 스컬프처 작업
12. 아크릴 네일	
아크릴 화장물 활용	아크릴 네일 도구 및 사용 방법
아크릴 원톤 스컬프처	아크릴 브러시 활용 및 아크릴 원톤 스컬프처 작업
아크릴 프렌치 스컬프처	스마일 라인 조형 및 아크릴 프렌치 스컬프처 작업
13. 인조 네일 보수	
팁 네일 보수	팁 네일 상태에 따른 화장물 제거 및 보수 작업
랩 네일 보수	랩 네일 상태에 따른 화장물 제거 및 보수 작업
아크릴 네일 보수	아크릴 네일 상태에 따른 화장물 제거 및 보수 작업
젤 네일 보수	젤 네일 상태에 따른 화장물 제거 및 보수 작업
14. 네일 화장물 적용 마무리	
일반 네일 폴리시 마무리	일반 네일 폴리시 잔여물 정리 및 건조
젤 네일 폴리시 마무리	젤 네일 폴리시 잔여물 정리 및 경화
인조 네일 마무리	인조 네일 잔여물 정리 및 광택
15. 공중위생관리	
공중보건	공중보건 기초, 질병관리, 가족 및 노인보건, 환경보건, 식품위생과 영양, 보건행정
소독	소독의 정의 및 분류, 미생물 총론, 병원성 미생물, 소독방법, 분야별 위생·소독
공중위생관리법규 (법, 시행령, 시행규칙)	목적 및 정의, 영업의 신고 및 폐업, 영업자 준수사항, 면허, 업무, 행정지도감독, 업소 위생등급, 위생교육, 벌칙, 시행령 및 시행규칙 관련 사항

차례

네일미용편

1장 **네일미용 위생서비스** 13
- 1절 네일미용의 이해 ········ 14
- 2절 네일숍 청결 작업 ········ 17
- 3절 네일숍 안전관리 ········ 18
- 4절 미용기구 소독 ········ 20
- 5절 개인 위생 관리 ········ 21
- 6절 고객응대 서비스 ········ 27
- 7절 피부의 이해 ········ 29
- 8절 화장품 분류 ········ 48
- 9절 손발의 구조와 기능 ········ 62

2장 **네일 화장물 제거** 75
- 1절 네일 화장물 제거 ········ 76

3장 **네일 기본관리** 81
- 1절 매니큐어 및 페디큐어 ········ 82
- 2절 프리에지 모양 만들기 ········ 83
- 3절 큐티클 부분 정리 ········ 86

4장 **네일 화장물 적용 전 처리** 97
- 1절 네일 화장물 적용 전 처리 ········ 98

5장 **자연 네일 보강** 101
- 1절 자연 네일 보강 ········ 102

6장 **네일 컬러링** 109
- 1절 네일 컬러링 ········ 110

7장 **네일 폴리시 아트** 115
- 1절 네일 폴리시 아트 ········ 116

8장 **인조 네일** 123
1절 팁 위드 파우더 124
2절 팁 위드 랩 127
3절 랩 네일 130
4절 젤 네일 134
5절 아크릴 네일 139

9장 **인조 네일 보수** 145
1절 인조 네일 보수 146

10장 **네일 화장물 적용 마무리** 151
1절 네일 화장물 적용 마무리 152

네일미용편 출제예상문제 154

공중위생관리편

1장 **공중위생관리** 171
1절 공중보건 172
2절 소독 196
3절 공중위생관리법규(법, 시행령, 시행규칙) 206

공중위생관리편 출제예상문제 223

실전모의고사편

미용사 네일 필기 실전모의고사 1회 238
미용사 네일 필기 실전모의고사 2회 252
미용사 네일 필기 실전모의고사 3회 266
미용사 네일 필기 실전모의고사 4회 280
미용사 네일 필기 실전모의고사 5회 294

네일미용편

네일미용편에 반영된 NCS학습모듈

- ☐ NCS 네일미용 위생서비스
- ☐ NCS 네일 화장물 제거
- ☐ NCS 네일 기본관리
- ☐ NCS 네일 화장물 적용 전 처리
- ☐ NCS 자연 네일 보강
- ☐ NCS 네일 컬러링
- ☐ NCS 네일 폴리시 아트
- ☐ NCS 팁 위드 파우더
- ☐ NCS 팁 위드 랩
- ☐ NCS 랩 네일
- ☐ NCS 젤 네일
- ☐ NCS 아크릴 네일
- ☐ NCS 인조 네일 보수
- ☐ NCS 네일 화장물 적용 마무리

네일미용 위생서비스

네일미용기구나 도구류 등은 고객과 작업자와 잦은 접촉을 가져온다. 따라서 살균이나 소독을 철저히 하며 작업 사전에 깨끗이 세척하여야 한다. 세제를 푼 미온수에 담갔다가 세척하거나 필요시 솔로 문질러 닦고, 흐르는 물에 깨끗이 헹군다. 이 과정은 매우 중요하기 때문에 생략되거나 단축되는 일이 없어야 한다. 소독과 세척 과정은 기구나 도구에 남아 있는 오염원의 대부분을 제거하거나, 시간이 지나 단단한 막을 형성할 수 있는 유기 물질과 오염물을 제거하는 역할을 한다. 소독된 기구류는 1회 사용하게 되면 사용한 것과 사용하지 않은 것을 구별해서 보관한다.

NCS학습모듈 네일미용 위생서비스 中

1절 네일미용의 이해

1 네일미용의 역사

1 한국의 네일미용

① **고려시대** : 고려 충선왕 때부터 부녀자와 처녀들 사이에서 '염지갑화'라고 하는 봉숭아물을 들이기 시작

② **조선시대** : 주술적인 의미로써 어른들뿐만 아니라 아이들에게도 손톱에 물들이는 풍습처럼 전해져 내려옴

③ **1992년** : 최초의 네일숍인 '그리피스'가 서울 이태원에 개업

④ **1995년** : 문화센터, 네일 전문 아카데미가 서울 압구정동에 개원

⑤ **1996년** : 전문 네일숍 오픈(헐리우드 네일), 백화점 네일 코너 입점(키스 네일)

⑥ **1997년** : 한국네일협회 창립, 인기스타들에 의해 네일미용 대중화

⑦ **1998년** : 한국네일협회에서 최초로 네일민간자격 시험제도 도입·시행

⑧ **2000년** : 미용 관련 대학에서 네일미용사 배출되기 시작

⑨ **2014년** : 미용사(네일) 국가기술자격증 제도화 시작

> **과년도 기출예제**
>
> **Q1** 한국의 네일미용의 역사에 관한 설명 중 틀린 것은?
>
> **A1** 한국의 네일 산업이 본격화되기 시작한 것은 1960년대 중반으로 미국의 영향으로 네일산업이 급성장하면서 대중화되기 시작함
>
> → 1990년대
>
> **Q2** 한국 네일미용의 역사와 가장 거리가 먼 것은?
>
> **A2** 상류층 여성들은 손톱 뿌리부분에 문신 바늘로 색소를 주입하여 상류층임을 과시함
>
> → 17세기 인도
>
> **Q3** 한국 네일미용에서 부녀자와 처녀들 사이에서 염지갑화라고 하는 봉선화 물들이기 풍습이 이루어졌던 시기로 옳은 것은?
>
> **A3** 고려시대

2 외국의 네일미용

(1) 고대 이집트 B.C 3000년경

① 관목에서 추출된 붉은 오렌지색 염료로 손톱을 물들임(주술적인 의미 포함, 오늘날 헤나의 주원료임)

② 왕족과 신분이 높은 계층은 적색, 신분이 낮은 계층은 옅은 색(신분과 지위확인)

③ 파라오 무덤에서 금속으로 만들어진 오렌지우드스틱 발견

④ 미이라의 손톱에 붉은색을 입혀 신분과 지위 확인

(2) 고대 중국 B.C 600년경

① 귀족들은 금색과 은색으로 손톱에 발라 신분 과시

② 고무나무 수액에서 추출한 끈끈한 액체와 젤라틴, 계란흰자난백, 벌꿀 등을 손톱에 바름

③ 홍화의 재배가 유행하여 연지를 만드는 홍화를 손톱에 물들여 조홍이라 함

> **과년도 기출예제**
>
> **Q** 네일미용의 역사에 대한 설명으로 틀린 것은?
>
> **A** 그리스에서는 계란흰자와 아라비아산 고무나무 수액을 섞어 손톱에 칠함
>
> → 고대 중국

(3) 그리스·로마

① 매니큐어는 남성의 전유물

② 매니큐어로 청결히 정리하는 관리 시작

③ '마누스(손)'와 '큐라(관리)'라는 라틴어에서 비롯된 합성어

(4) 중세시대(유럽)

① 군 지휘관이 전쟁터에 나가기 전에 특이한 머리모양과 함께 입술과 손톱에 동일한 색을 칠함

② 용맹을 과시하여 승리를 기원하는 목적으로 쓰여짐

> **과년도 기출예제**
> **Q** 네일 관리의 유래와 역사에 대한 설명으로 틀린 것은?
> **A** 중세시대에는 금색이나 은색 또는 검정이나 흑적색 등의 색상으로 특권층의 신분을 표시함

(5) 15세기

① **중국** : 명나라 왕조에서는 흑색과 적색을 손톱에 발라 신분 과시

② **유럽** : 손톱이 붉고 손가락이 희고 긴 손이 아름다운 여성으로 건강미의 기준

(6) 17~19세기

① 중국
- 역사상 가장 긴 손톱을 사용
- 손톱을 약 5인치(12.7cm) 정도 길러 보석, 금, 대나무 등으로 손톱을 장식하고 보호

② **프랑스** : 베르사유 궁전에서는 노크를 하지 않고 한쪽 손의 손톱을 길러 문을 긁는 것으로 방문

> **과년도 기출예제**
> **Q** 각 나라 네일미용 역사의 설명으로 틀리게 연결된 것은?
> **A** 미국 – 노크 행위는 예의에 어긋난 행동으로 여겨 손톱을 길게 길러 문을 긁도록 함
> → 프랑스

③ **인도**
- 네일 매트릭스에 문신용 바늘을 이용하여 색소를 주입하여 상류층 과시
- 주술적인 의미를 가짐

④ **영국** : 상류층은 손톱에 장밋빛 손톱 파우더를 사용함

(7) 근·현대

① 1800년
- 아몬드형 네일 유행
- 부드러운 양가죽으로 손톱 광택

② 1830년 : 발 전문의사인 시트Site가 치과에서 사용하였던 도구를 도안하여 오렌지우드스틱을 개발

③ 1885년 : 네일 폴리시 필름 형성제인 니트로셀룰로오스Nitrocellulose 개발

④ 1892년 : 시트Site에 의해 네일 관리가 미국에 도입

> **과년도 기출예제**
> **Q1** 네일 역사에 대한 설명으로 잘못 연결된 것은?
> **A1** 1970년대 – 아몬드형 네일 유행
> → 1880년대
>
> **Q2** 외국 네일미용 변천과 관련하여 그 시기와 내용의 연결이 옳은 것은?
> **A2** 1885년 : 폴리시의 필름형성제인 니트로셀룰로오스가 개발됨

⑤ 1900년
- 금속파일과 금속가위 등의 네일 도구로 네일 케어 시작
- 크림이나 파우더로 손톱에 광을 내거나 낙타털을 이용해 폴리시를 바르거나 광택을 냄
- 유럽에서도 본격적으로 네일 관리 시작

⑥ 1910년
- 미국의 매니큐어 제조회사 플라워리 설립
- 금속파일과 사포로 된 네일 파일이 제작

⑦ 1917년 : '보그' 잡지에 닥터 코로니Dr. Korony의 홈 매니큐어 세트 제품이 광고됨

⑧ 1925년
- 네일 폴리시 산업 본격화
- 투명한 계통의 폴리시가 생기면서 루눌라와 프리에지를 뺀 나머지 손톱 중앙에만 색을 바르는 것 유행

⑨ 1927년 : 화이트 폴리시, 큐티클 크림, 큐티클 리무버 제조

⑩ 1930년 : 제나 연구팀에 의해 네일 폴리시 리무버, 워머로션, 큐티클 오일, 네일 폴리시 제품 등 개발

⑪ 1932년
- 다양한 색상의 폴리시 제조
- 레블론사에서 최초로 립스틱과 잘 어울리는 색상의 폴리시를 출시

⑫ 1935년 : 인조손톱(네일 팁) 등장

⑬ 1940년
- 여배우(리타 헤이워드)에 의해 레드 폴리시를 풀 컬러링하는 것이 유행
- 남성들도 이발소에서 매니큐어 관리를 받음

⑭ 1948년 : 미국의 노린 레호에 의해 네일 도구와 기구를 사용하기 시작

⑮ 1956년 : 헬렌 걸리Helen Gerly가 최초로 미용학교에서 네일 수업을 강의하기 시작

⑯ 1957년
- 토마스 슬랙Tomas Slack이 '플렛폼'이라는 네일 폼을 개발해서 특허
- 포일을 사용한 아크릴 네일과 페디큐어가 행해짐

⑰ 1960년 : 실크와 린넨을 이용하여 약하고 부러지기 쉬운 네일을 보강하기 시작

⑱ 1967년 : 손과 발에 사용하는 트리트먼트 제품 출시

⑲ 1970년
- 네일 팁과 아크릴 제품을 이용해 인조 네일이 본격적으로 시작되고 부와 사치의 상징 활성기
- 아크릴 제품은 치과에서 사용하는 재료에서 발전

⑳ 1973년 : 미국의 네일 제조회사 IBD가 네일 접착제와 접착식 인조 손톱을 개발

㉑ 1975년 : 미국의 식약청FDA에서 메틸 메타아크릴레이트Methyl Methacrylate의 아크릴 제품을 사용 금지

㉒ 1976년
- 스퀘어 형태의 손톱이 유행
- 네일 랩이 등장하면서 네일미용이 미국에 정착

㉓ 1981년 : 에씨, 오피아이, 스타 등 많은 제품회사에서 네일 전문 제품, 핸드 제품, 네일 악세서리 등장

㉔ 1982년 : 미국의 네일 리스트인 타미 테일러Tammy Taylor가 아크릴 제품 개발

㉕ 1990년 : 네일 시장 급성장

㉖ 1992년 : 네일 산업 본격화되면서 정착되기 시작

㉗ 1994년
- 독일에서 라이트 큐어드 젤 시스템 출시
- 뉴욕 주에서 네일 테크니션 면허제도 도입

2절 네일숍 청결 작업

1 네일숍 시설 및 물품 청결

1 작업환경 최적화를 위한 정리

① 소독이 가능한 네일 기구들은 소독 후에 자외선 소독기에 보관
② 사용 전에 네일 기기 및 네일 화장물은 종류에 따라 정리하여 청결하게 정리·보관
③ 시술 후에는 제품을 청결하게 정리하여 보관
④ 고객의 개인 도구(퍼스널키트)는 고객의 성명 및 회원번호를 정리하여 보관
⑤ 가운과 타월은 사용 후 세탁 후 관리
⑥ 소독제와 소독 물품은 정해진 장소에 관리하고 보관
⑦ 화학제품은 사용설명서 및 물질안전보건자료MSDS를 보관하여 활용

2 작업환경 최적화를 위한 점검

① 소도구들은 사용하기 전에 20분 동안 소독기에 담가둠
② 소도구들은 전용 비누와 뜨거운 물에 세척 후 타월로 닦고 건조
③ 세척한 도구들은 절차에 따라 승인된 곳에 보관하거나 봉합·밀폐된 플라스틱 팩에 보관
④ 일회용 제품들은 반드시 폐기
⑤ 작업대는 소독 용액을 사용하여 소독
⑥ 손 소독은 살균용 비누로 손을 씻거나, 손 소독제(스프레이 타입, 젤 타입)를 사용

> **과년도 기출예제**
> **Q** 이·미용 작업 시 시술자의 손 소독 방법으로 가장 거리가 먼 것은?
> **A** 락스액에 충분히 담갔다가 깨끗이 헹굼

2 네일숍 환경 위생 관리

1 네일숍의 실내 공기환경

① 네일숍 실내의 최적화 온도는 18±2℃ 쾌적 습도는 40~75%를 유지
② 자연 환기와 신선한 공기의 유입을 고려하여 창문을 설치
③ 공기보다 무거운 성분이 있으므로 환기구를 아래쪽에도 설치
④ 천정에 배관을 설치하여 실내 전체에 인공 환기 장치를 설치
⑤ 겨울과 여름에는 냉·난방을 고려하여 공기청정기를 준비
⑥ 네일 작업장에 흡진기를 사용

> **과년도 기출예제**
> **Q** 네일미용 작업 시 실내 공기 환기 방법으로 틀린 것은?
> **A** 작업장 내에 설치된 커튼을 정기적으로 관리

> **참고** 악취의 원인이 될 수 있는 것들
> - 쓰레기통(일반적인 악취의 근원)
> - 열어 놓은 네일 화장품
> - 내부 화장실의 청결 상태
> - 사용한 타월이나 젖은 타월
> - 네일 화장품(화학)의 특유의 향

3절 네일숍 안전관리

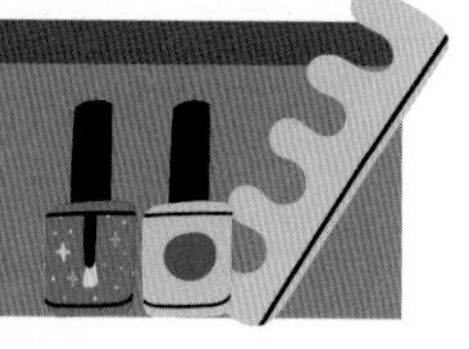

1 네일숍 안전수칙 및 시설·설비

1 네일숍의 화학물질의 안전관리

(1) 네일미용에 사용하는 화학물질

아세톤, 네일 폴리시 리무버, 네일 폴리시, 아크릴 리퀴드, 프라이머, 네일 접착제, 건조 활성제 등

(2) 과다 노출 시 부작용 증상

두통, 불면증, 콧물과 눈물, 목이 마르고 아픔, 피로감, 눈과 피부 충혈, 피부발진 및 염증, 호흡장애 등

(3) 화학물질 사용 시 주의사항

① 콘택트렌즈 사용을 피하고 보안경과 마스크 사용
② 화학물질은 피부에 닿지 않도록 주의
③ 보관 시 빛을 차단, 용기 뚜껑을 닫아 밀봉, 서늘한 곳인 재료 정리함에 보관
④ 사용한 페이퍼와 탈지면 등은 뚜껑이 있는 쓰레기통에 폐기
⑤ 스프레이 형보다 스포이드나 솔로 바르는 것을 선택
⑥ 통풍이 잘 되는 작업장에서 작업하며 환풍기를 사용하거나 수시로 환기
⑦ 한 번 덜어 사용한 네일 제품은 재사용하지 말아야 하며 반드시 폐기
⑧ 작업공간에서 음식물이나 음료 등을 금하고, 흡연 금지

> **과년도 기출예제**
> **Q** 화학물질로부터 자신과 고객을 보호하는 방법으로 틀린 것은?
> **A** 화학물질은 피부에 닿아도 되기 때문에 신경쓰지 않아도 됨

2 네일숍의 위생 및 안전

(1) 물질안전보건자료 MSDS, Material Safety Data Sheet

① 화학물질을 안전하게 사용하고 관리하기 위하여 필요한 정보를 기재하는 안전데이터시트
② 화학제품에 대한 정의, 위험한 첨가물에 대한 정보, 제조자명, 제품명, 성분과 성질, 취급상의 주의, 적용법규, 신체 적합성의 유무, 가연성이나 폭발 한계, 건강재해 데이터 등 기입
③ 보호와 예방조치에 대한 정보 기입

(2) 네일숍 안전관리

① 응급처치용품 구비 및 응급 시 대책기관의 연락망 확보
② 에어컨, 통풍구의 필터 자주 교환하고 청소
③ 음식물 섭취를 피하고 흡연을 금지하며 수시로 실내 공기환기
④ 냉·난방을 고려하여 공기청정기를 준비
⑤ 소화기 배치하고 인하성이 강한 제품은 화재의 위험이 없도록 보관
⑥ 모든 용기에 라벨을 붙이고 보관
⑦ 어린아이들의 손이 닿지 않도록 조심

> **과년도 기출예제**
> **Q** 네일숍의 안전관리를 위한 대처방법으로 가장 적합하지 않은 것은?
> **A** 가능하면 스프레이 형태의 화학물질을 사용함

(3) 네일숍 전기 안전 점검

① 전기 장치의 주된 사용법과 전류의 종류, 특성 등 안전수칙을 숙지
② 전기 장치는 습기가 많은 곳을 피해 항상 건조하게 유지
③ 마모되거나 손상된 전기 코드는 교체
④ 수시로 전기 코드 점검
⑤ 하나의 콘센트 플러그에 너무 많은 전기 사용을 금함
⑥ 전기 장치의 스위치를 먼저 끄고 플러그를 뽑아 전원을 차단
⑦ 덮개 있는 코드 사용

4절 미용기구 소독

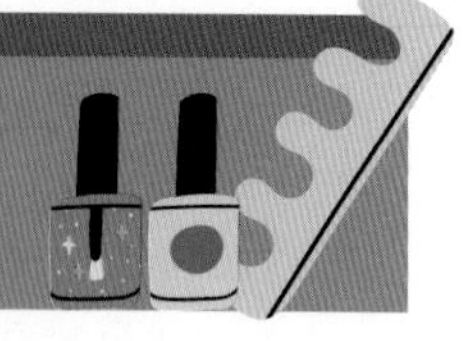

1 네일미용 기기 소독 및 도구 소독

1 네일미용 기기 소독

(1) 정의

네일미용 기기는 네일 작업 시 고객에게 서비스를 제공할 때 사용되는 기기

(2) 네일미용 기기 소독

① 작업 시 고객 피부와 접촉이 되므로 철저히 소독

② 소독이 어려운 기구인 전기 제품 및 네일미용 기기 등은 분리 가능한 부분을 소독 적용하며 항상 세척하여 청결 상태를 유지

③ 타월은 1회 사용 후 세탁·소독

④ 소독 및 세제용 화학제품은 서늘한 곳에 밀폐보관

2 네일미용 도구 소독

(1) 정의

네일미용 도구는 네일미용 작업자와 고객 사이에 접촉되는 기구나 도구

(2) 네일미용 도구 소독

① 살균이나 소독을 철저히 하여 유지

② 오염된 부분은 제거하고 소독과 세척

③ 소독된 도구는 1회만 사용 후 소독

④ 일회용 제품은 반드시 1회 사용 후 폐기

⑤ 네일 클리퍼, 네일 더스트 브러시, 큐티클 니퍼, 큐티클 푸셔, 오렌지우드스틱 등 매니큐어 작업 시 알코올 소독 용기에 담기(단, 오렌지우드스틱은 사용 후 폐기)

⑥ 70% 알코올로 도구 소독 후 건조

과년도 기출예제

Q1 네일 기기 및 도구류의 위생관리로 틀린 것은?

A1 큐티클 니퍼 및 네일 푸셔는 자외선 소독기에 소독할 수 없음

→ 자외선 소독기에 소독할 수 있음

Q2 매니큐어 작업 시 알코올 소독 용기에 담가 소독하는 기구로 적절하지 못한 것은?

A2 네일 파일

5절 개인 위생 관리

1 네일미용 작업자 및 고객 위생 관리

1 네일미용 작업자의 위생 및 안전

① 손은 청결하게 자주 씻고 수시로 손 소독
② 작업자의 용모는 청결한 상태 유지
③ 건강 상태 유무 확인(전염성 질환일 경우 소독 후 휴식)
④ 고객과 대면하는 경우 마스크 착용
⑤ 고객과의 신체 접촉 전후로는 소독
⑥ 의자의 높낮이를 조절하여 허리에 부담을 주지 않게 작업
⑦ 계속적인 작업으로 골격과 근육에 불편감과 통증이 발생할 수 있으므로 간단하고 규칙적으로 스트레칭

2 네일미용 고객 위생 관리

① 고객에게 개인 사물함을 제공, 귀중품은 따로 보관하고 분실이나 도난사고가 없도록 고객의 소지품 안전관리
② 네일 제품과 도구의 사용 시 고객 피부에 과민반응이 있을 경우 작업을 중지하고 전문의에게 의뢰
③ 네일 서비스를 할 때는 상처를 내지 않도록 조심하지만, 작업도중 출혈이 있을 시 지혈제 사용 후 작업 중지
④ 작업 전후에는 70% 알코올이나 소독용액으로 작업자와 고객의 손을 닦음
⑤ 한 고객의 작업이 끝난 후 네일 도구는 반드시 소독한 후 자외선 소독기에 보관
⑥ 일회용품은 사용 후 반드시 폐기

과년도 기출예제

Q 네일숍에서의 감염 예방 방법으로 가장 거리가 먼 것은?

A 작업 장소에서 음식을 먹을 때는 환기에 유의해야 함

2 네일의 병변

1 오니코시스 Onychosis

① 오니코시스는 손·발톱 병을 뜻하는 네일과 관련된 모든 질병을 총칭하는 용어
② 네일의 질병, 이상증세, 감염 여부를 구별하고 작업을 할 수 있는 네일인지 아닌지를 파악한 후 경우에 따라 의사의 진료를 권유할 것

2 시술이 가능한 이상 네일

(1) 교조증(오니코파지)

① **증상** : 손톱을 물어뜯어 손톱의 크기가 작아지고 손톱이 울퉁불퉁한 증상

② **원인** : 심리적 불안감, 스트레스 등으로 습관적으로 물어뜯어 발생

③ **관리** : 정기적인 매니큐어 관리와 인조 네일 작업으로 관리

> **과년도 기출예제**
>
> Q1 손톱의 이상증상 중 손톱을 심하게 물어뜯어 생기는 증상으로 인조 손톱 관리나 매니큐어를 통해 습관을 개선할 수 있는 것은?
>
> A1 교조증
>
> Q2 잘못된 습관으로 손톱을 물어뜯어 손톱이 자라지 못하는 증상은?
>
> A2 교조증
>
> Q3 네일 질환 중 교조증의 원인과 관리방법 중 가장 적합한 것은?
>
> A3 손톱을 심하게 물어뜯을 경우 원인이 되며 인조 손톱을 붙여서 교정할 수 있음

(2) 조내생증(파고드는 손·발톱, 오니코크립토시스, 인그로운 네일)

① **증상** : 손·발톱 양 사이드 부분이 살로 파고드는 현상

② **원인** : 유전적인 요인, 너무 짧게 깎는 경우, 지나치게 꽉 끼는 신발의 압박과 심한 운동, 외상 등으로 발생

③ **관리** : 페디큐어 시술시 스퀘어 형태로 발톱 모양을 하고 심한 경우나 감염된 경우는 전문의와 상담 권장

> **과년도 기출예제**
>
> Q1 손톱과 발톱을 너무 짧게 자를 경우 발생할 수 있는 것은?
>
> A1 오니코크립토시스
>
> Q2 파고드는 발톱을 예방하기 위한 발톱 모양으로 적합한 것은?
>
> A2 스퀘어형

(3) 표피조막증(테리지움, 조갑익상편)

① **증상** : 큐티클이 과잉 성장하여 네일 바디에 과도하게 자라나오는 증상

② **원인** : 인체에 유해한 성분이 들어간 제품과 변질된 제품의 사용으로 발생

③ **관리** : 조심스럽게 큐티클을 밀어주고 조금씩 큐티클을 정리해 주며 핫오일 매니큐어로 꾸준히 관리

> **과년도 기출예제**
>
> Q 큐티클이 과잉 성장하여 손톱 위로 자라는 질병은?
>
> A 표피조막(테리지움)

(4) 거스러미(행 네일)

① **증상** : 손톱 주위 큐티클의 작은 균열로 건조해서 거스러미가 일어난 증상

② **원인** : 건조하거나 잦은 화학제품의 사용, 큐티클을 잡아떼거나 물어뜯는 버릇, 잘못된 니퍼 사용으로도 발생

③ **관리** : 핫오일, 파라핀 매니큐어 관리가 효과적이고 큐티클 오일, 핸드 로션 등의 보습 제품 사용

> **과년도 기출예제**
>
> Q 다음 중 네일미용 시술이 가능한 경우는?
>
> A 행 네일

(5) 변색된 네일(디스컬러드 네일)

① **증상** : 청색, 황색, 검푸른색, 자색 등으로 나타나는 증상

② **원인** : 혈액순환, 심장이 좋지 못한 상태, 흡연, 과도한 자외선 노출, 네일 폴리시의 착색으로 발생

③ **관리** : 표면을 다듬거나 네일 표백제를 사용하면 효과적, 근본적인 치료는 전문의 상담

> **과년도 기출예제**
>
> Q 변색된 손톱의 특성이 아닌 것은?
>
> A 네일 바디에 퍼런 멍이 반점처럼 나타남

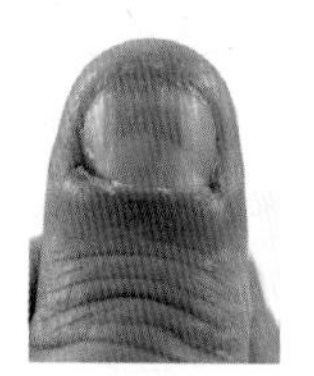
교조증

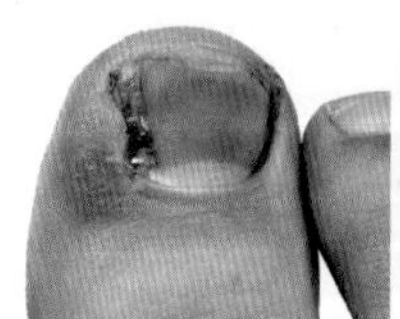
조내생증

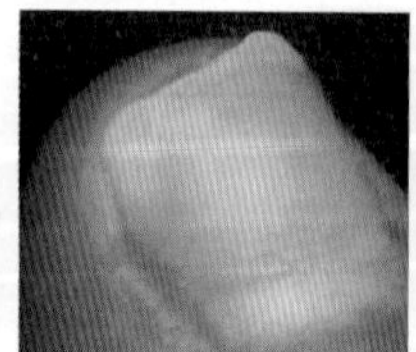
표피조막증

거스러미

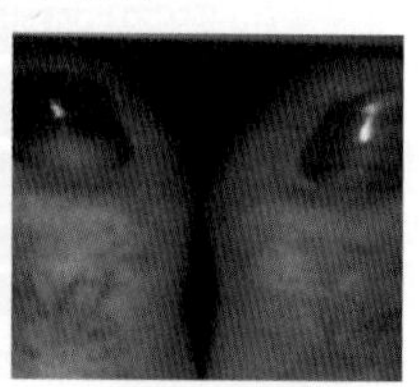
변색된 네일

(6) 조갑종렬증(오니코렉시스)

① **증상** : 네일 바디 균열이 발생하여 세로로 골이 파져 갈라지거나 부서지는 증상

② **원인** : 매트릭스 외상, 잦은 화학제품 사용, 손톱의 건조로 발생

③ **관리** : 표면 다듬고 네일 강화제 도포, 네일 주위에 보습제품 사용, 핫오일 매니큐어 관리

> **과년도 기출예제**
> **Q** 조갑종렬증(오니코렉시스)에 관한 설명으로 옳은 것은?
> **A** 손톱이 갈라지거나 부서지는 증상

(7) 고랑 파인 손톱(훠로우, 커러제이션)

① **증상** : 네일 바디에 세로나 가로로 고랑이 파여 있는 증상

② **원인** : 유전성, 순환기 계통의 질병, 빈혈, 고열, 임신, 홍역, 신경성, 아연 부족, 식습관 등으로 발생

③ **관리** : 표면을 다듬고 네일 강화제 도포, 심한 경우에는 일정기간 인조 네일을 작업하는 것이 효과적

(8) 조갑연화증(에그셸 네일, 계란껍질 네일)

① **증상** : 손톱 끝이 겹겹이 벗겨지면서 계란껍질 같이 얇고 흰색을 띠고 네일 끝이 굴곡진 증상

② **원인** : 불규칙적인 식습관, 다이어트 등으로 비타민, 철, 결핍성의 빈혈, 신경 계통의 이상으로 발생

③ **관리** : 프리에지의 손상 부분을 제거하고 표면을 다듬어 네일 강화제를 도포

> **과년도 기출예제**
> **Q** 부드럽고 가늘며 하얗게 되어 네일 끝이 굴곡진 상태의 증상으로 질병, 다이어트, 신경성 등에서 기인되는 네일 병변으로 옳은 것은?
> **A** 계란껍질 네일

(9) 조갑모반(니버스)

① **증상** : 손톱 표면에 갈색이나 흑색으로 변하는 증상

② **원인** : 멜라닌색소 증가 및 침착으로 인하여 발생, 약물의 부작용과 악성흑색종으로도 발생

③ **관리** : 색소가 없어질 때까지 네일 폴리시를 바르거나 악성흑색종이 의심될 경우 전문의 상담

(10) 조백반증(루코니키아, 백색조갑)

① **증상** : 손톱에 하얀 반점이 있는 증상

② **원인** : 선천성인 경우 손톱의 생성 중에 구조적 이상으로 발생, 외상으로 인해 기포현상으로 발생

③ **관리** : 표면 정리하여 제거, 손톱이 자라면서 증상이 없어짐

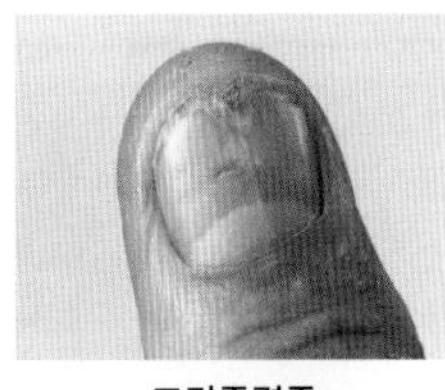
조갑종렬증

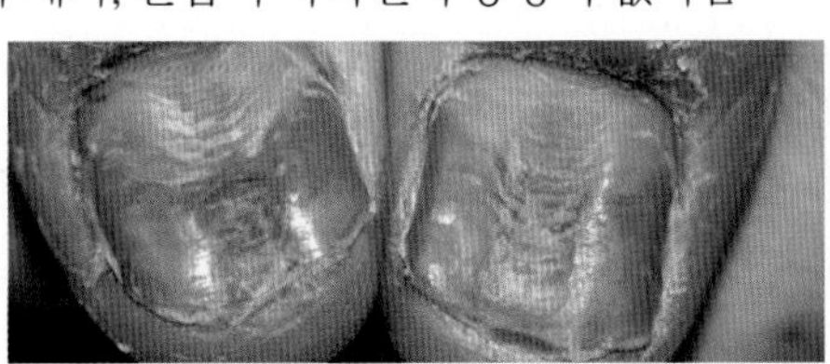
고랑 파인 손톱

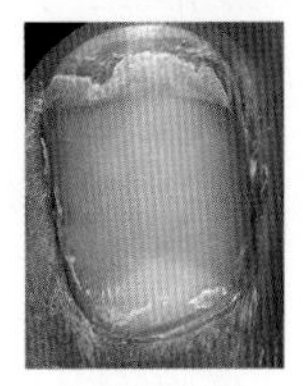
조갑연화증

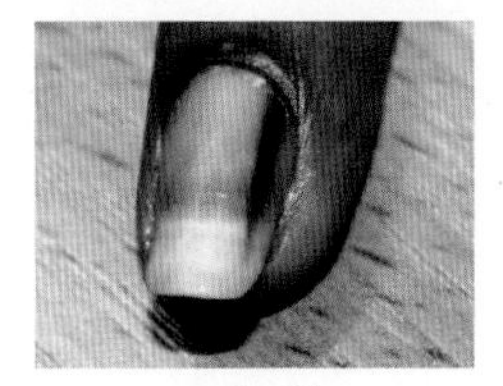
조갑모반

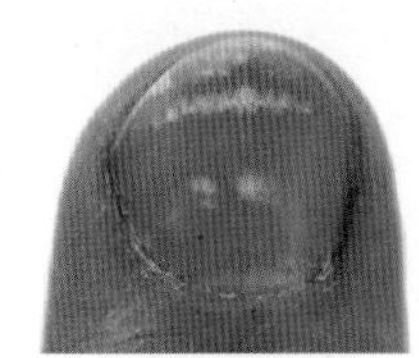
조백반증

(11) 조갑위축증(오니카트로피아)

① **증상** : 윤기와 광택이 없고 크기가 작아 두께가 얇아지고 오므라들며 떨어져나가는 증상

② **원인** : 선·후천적인 요인, 원인불명의 염증성(편평태선), 매트릭스 손상, 내과적 질병, 잦은 화학제품으로 발생

③ **관리** : 증상이 심하지 않은 경우 조심스럽게 네일을 관리하며 근본적인 치료를 위해서 전문의와 상담 권장

(12) 조갑비대증(오니콕시스)

① **증상** : 네일의 과잉 성장으로 비정상적으로 두꺼워지고 변색된 증상

② **원인** : 발톱내부의 감염이나 손상, 질병, 상해, 꽉 끼는 신발을 신은 경우

③ **관리** : 네일 파일로 조금씩 두께를 제거하거나 부석 가루를 사용하는 것이 효과적이며, 정기적인 관리를 권장

(13) 멍든 네일(헤마토마, 혈종)

① **증상** : 네일 베드에 피가 응결된 상태로 멍이 반점처럼 나타나는 증상

② **원인** : 외부의 충격으로 발생

③ **관리** : 네일이 잘 고정되어 있는 상태라면 매니큐어 관리, 심한 경우 자라나올 때까지 작업하지 않음

(14) 숟가락 네일(스푼 네일)

① **증상** : 숟가락 형으로 손톱이 함몰된 상태

② **원인** : 선천성 요인, 빈혈, 갑상샘 질병, 당뇨병 등

③ **관리** : 외부 환경으로부터 보호하기 위해 인조 네일 작업이 효과적, 내부적 요인이 의심될 경우 전문의 상담

(15) 조갑청색증(오니코사이아노시스)

① **증상** : 네일의 색이 푸르스름하게 변하는 증상

② **원인** : 혈액순환이 이루어지지 않아 네일 베드의 작은 혈관에 환원혈색소 증가, 산소 포화도가 떨어져 발생

③ **관리** : 일반적인 관리 가능, 조기치료를 위해 전문의 상담

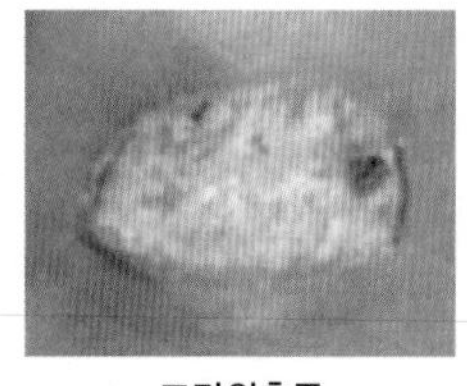

조갑위축증

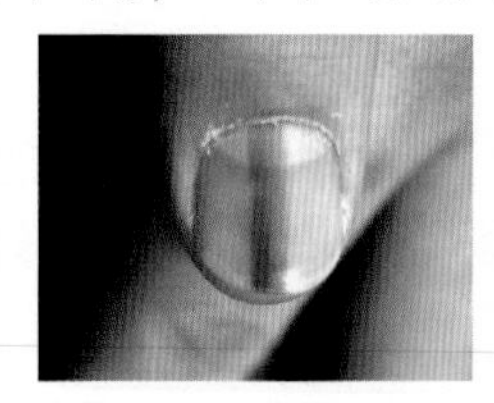

조갑비대증

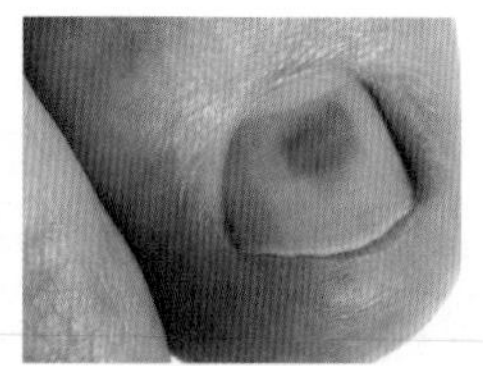

멍든 네일

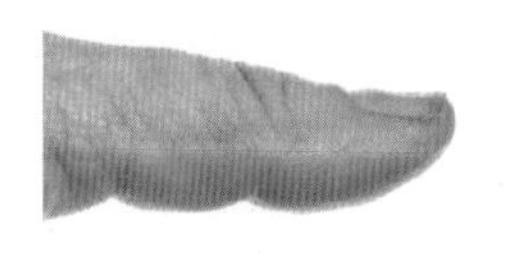

숟가락 네일

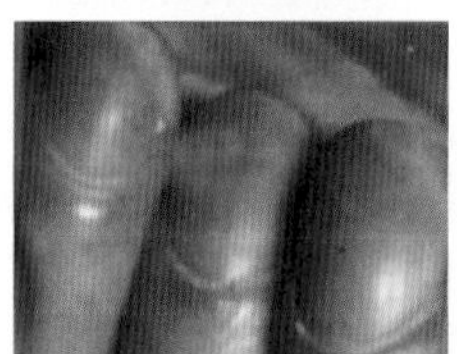

조갑청색증

3 시술이 불가능한 이상 네일

(1) 사상균(몰드, 곰팡이)

① **증상** : 황록색으로 보이며 점차 갈색에서 검은색으로 변하는 증상

② **원인** : 습기, 열, 공기에 의해 균이 번식, 수분 23~25% 함유, 전처리 작업 시 네일 바디에 수분을 제거하지 못한 경우, 인조 네일의 보수시기가 지나 균이 번식되어 발생

> **과년도 기출예제**
> **Q** 표피성 진균증 중 네일 몰드는 습기, 열, 공기에 의해 균이 번식되어 발생한다. 이때 몰드가 발생한 수분 함유율이 옳게 표기된 것은?
> **A** 23~25%

(2) 조갑진균증(오니코마이코시스, 펑거스)

① **증상** : 흰색 또는 누렇게 변색되고 프리에지가 감염되어 점차 루눌라로 퍼져 감염된 부분이 떨어져 나가며 심한 경우에는 네일 베드가 드러나는 증상으로 손·발톱의 무좀

② **원인** : 외상, 하이포니키움 부분에 상처를 입어 손상된 틈을 통해 진균, 백선균의 감염이 원인, 네일의 무좀, 습도가 높은 환경이 유지되거나 인조 네일의 관리 소홀로도 발생

(3) 무좀(발진균증, 티니아페디스)

① **증상** : 발바닥과 발가락 사이에 붉은색의 물집이 잡히거나 피부 사이가 부어올라 하얗고 습하게 되며 피부가 가렵고 갈라지는 증상으로 발의 무좀

② **원인** : 신발에 습도가 높은 환경이 유지되거나 발에 생기는 진균, 백선균 감염이 원인

(4) 조갑염(오니키아)

① **증상** : 네일 밑의 피부조직 일부가 없어지거나 함몰된 상태로 염증이 부어올라 고름이 형성된 증상

② **원인** : 네일 클리퍼로 네일을 재단할 때 하이포니키움의 상처가 생기거나 위생처리가 되지 않은 네일 도구들을 사용하여 박테리아에 감염되었을 때 발생

(5) 조갑주위염(파로니키아)

① **증상** : 네일 주위의 피부가 빨갛게 부어오르며 살이 물러지는 증상

② **원인** : 손거스러미를 뜯거나 위생처리가 되지 않은 네일 도구를 사용하여 네일 주위 피부에 상처가 생겼을 경우 박테리아에 감염되어 발생, 네일 폴드의 감염으로 발생

> **과년도 기출예제**
> **Q** 네일 도구를 제대로 위생처리하지 않고 사용했을 때 생기는 질병으로 시술할 수 없는 손톱의 병변은?
> **A** 오니키아(조갑염)

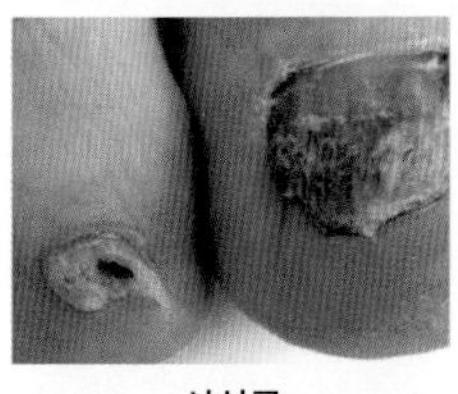
사상균

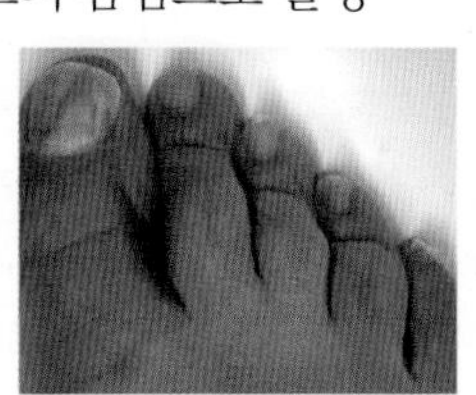
조갑진균증

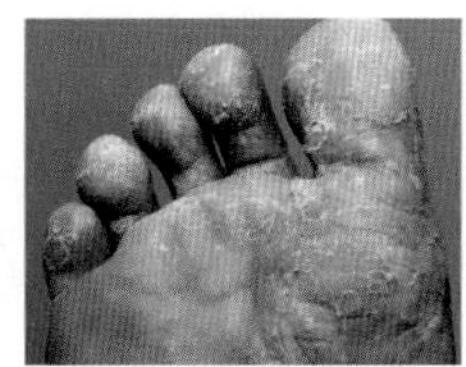
무좀

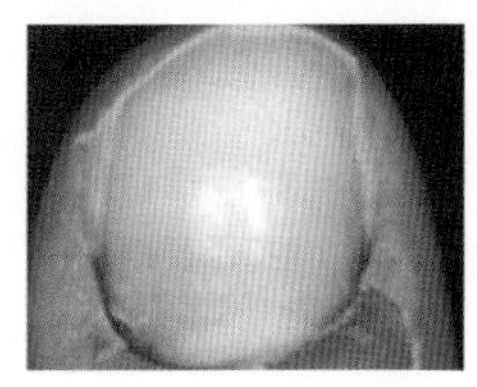
조갑염

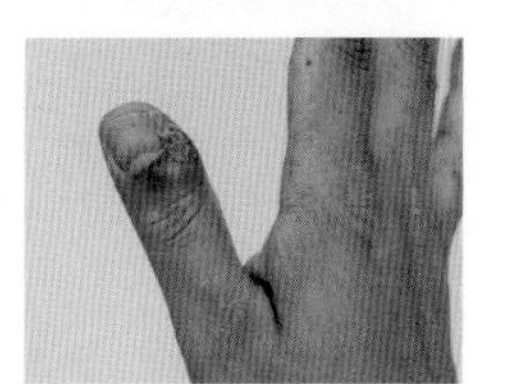
조갑주위염

(6) 조갑박리증(오니코리시스)

① **증상** : 네일 프리에지에서 발생하여 네일 바디가 네일 베드에서 루눌라까지 점차 분리, 회백색으로 보이는 증상

② **원인** : 외상, 잦은 하이포니키움 손상과 감염증, 빈혈, 내과적 질병, 화학제품의 과도한 사용

> **과년도 기출예제**
> **Q** 네일숍에서 시술이 불가능한 손톱 병변에 해당하는 것은?
> **A** 조갑박리증(오니코리시스)

(7) 조갑탈락증(오니콥토시스)

① **증상** : 네일의 일부분 혹은 전체가 떨어져 나가는 증상

② **원인** : 매독, 고열, 약물의 부작용, 건강장애, 심한 외상으로 발생

(8) 조갑구만증(오니코그리포시스)

① **증상** : 네일이 두꺼워지며 피부 속으로 파고들고 손이나 발가락이 밖으로 심한 변형을 동반하는 증상

② **원인** : 원인은 아직 알려지지 않음

(9) 화농성 육아종(파이로제닉그래뉴로마)

① **증상** : 육아조직으로 이루어진 염증성 결절상태의 증상

② **원인** : 위생 처리가 되지 않은 네일 도구 사용, 네일 주위 피부의 상처, 박테리아 감염으로 화농성 염증, 외상에 의한 상처와 내향성 손·발톱으로 인해 발생

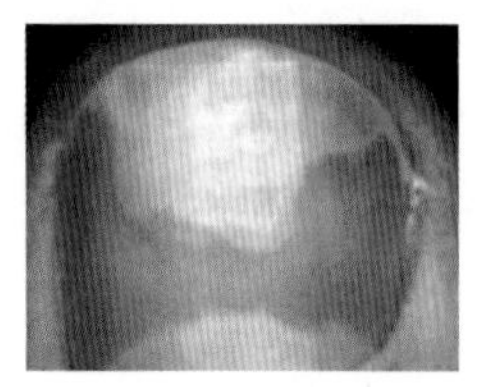
조갑박리증

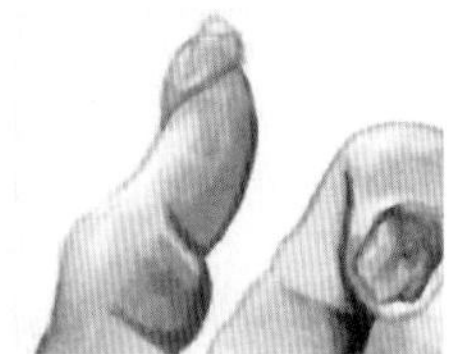
조갑탈락증

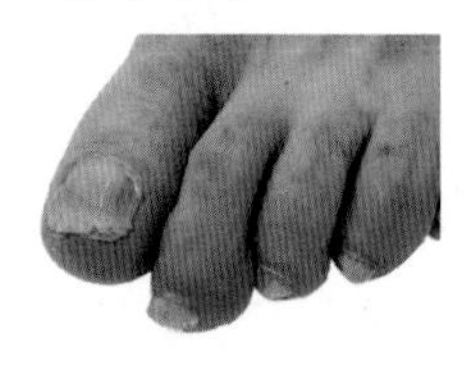
조갑구만증

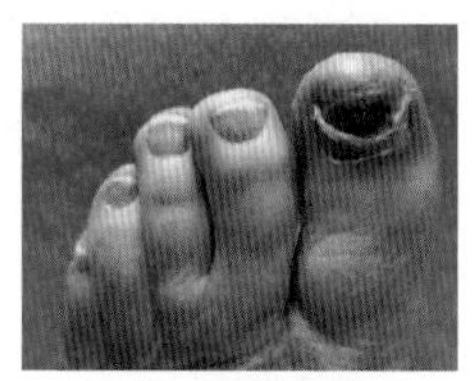
화농성 육아종

6절 고객응대 서비스

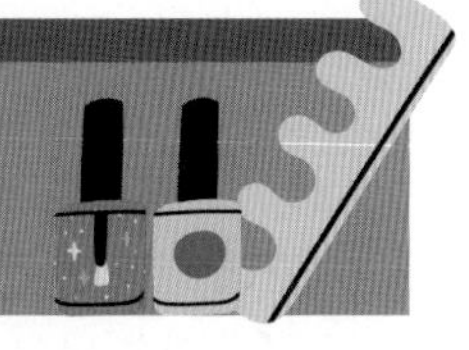

1 고객응대 및 상담

1 네일미용인의 윤리

① 정직하고 공평하며 공손한 마음으로 예의 바르고 성실하게 행동
② 타인의 생각이나 권리를 존중
③ 네일 도구에 대한 준비성 철저
④ 바른 품행과 상냥한 언행, 타인의 험담을 하지 않을 것
⑤ 맡은 바 의무를 다하며 본인의 행동에 책임지고 정직하여야 할 것
⑥ 약속시간, 근무태도를 엄수
⑦ 새로운 기술을 숙지하고 동료들의 재능을 인정하며 존중
⑧ 정부의 미용업 관련 법규나 네일숍의 운영정책과 규칙을 준수

> **과년도 기출예제**
> **Q** 네일숍 고객관리 방법으로 틀린 것은?
> **A** 고객의 잘못된 관리방법을 제품 판매로 연결함

2 네일미용인의 전문적인 자세

① 청결하고 단정한 복장을 하고 깔끔한 외모를 유지
② 고객응대를 할 때는 항상 밝고 긍정적인 마인드, 예의 바르게 행동
③ 고객의 예약 확인 후 시술내용을 사전 숙지
④ 자기개발을 위해 새로운 기술을 연구하고 노력하는 전문인으로 자부심을 갖기
⑤ 동료들의 재능을 인정하고 존중

> **과년도 기출예제**
> **Q** 네일 관리 후 고객이 불만족할 경우 네일미용인이 우선적으로 해야 할 대처 방법으로 가장 적합한 것은?
> **A** 불만족 부분을 파악하고 해결방안 모색

3 고객에 대한 자세

① 하루일의 계획과 일정 체크는 고객관리의 시작이므로 스케줄을 항시 점검하고 고객과 시간 약속 엄수
② 작업 준비는 고객이 작업 테이블에 앉기 전에 미리 준비
③ 고객에게 알맞은 서비스를 제공하기 위해 작업 전 충분한 상담
④ 네일 상태를 파악하고 선택 가능한 작업방법과 관리방법을 설명
⑤ 신뢰를 형성하기 위해 숙련된 기술과 능숙한 서비스 제공
⑥ 금전관계나 사적인 문제는 이야기를 금하고 작업 중 개인 휴대폰 사용 금할 것
⑦ 모든 고객은 공평하게 하여야 할 것

> **과년도 기출예제**
> **Q1** 고객을 위한 네일미용인의 자세가 아닌 것은?
> **A1** 고객의 경제상태 파악
>
> **Q2** 고객을 응대할 때 네일 아티스트의 자세로 틀린 것은?
> **A2** 진상고객은 단념해야 함

4 고객 상담과 진단

① 고객의 방문 목적과 동기를 파악하여 원하는 서비스가 어떤 것인지 확인
② 고객의 건강 상태와 피부, 알레르기, 생활습관 등을 고려하여 네일 상태를 전문적인 관리를 할 수 있도록 파악

과년도 기출예제
Q 고객관리에 대한 설명으로 옳은 것은?
A 네일제품으로 인한 알레르기 반응이 생길 수 있으므로 원인이 되는 제품의 사용을 멈추도록 함

5 고객관리와 카드

① 전화예약 접수 시 먼저 네일숍 이름과 자신의 이름을 말함
② 상냥한 목소리로 응대하고 예약관리카드를 사용하여 관리
③ 예약날짜, 시간, 원하는 서비스와 담당 네일미용사 확인
④ 시술의 우선순위에 대한 논쟁을 막기 위해 예약 고객을 우선시 함
⑤ 대화를 바탕으로 고객 요구사항을 파악
⑥ 직무와 취향 등을 파악하여 관리방법을 제시
⑦ 고객의 질문에 경청하며 성의 있게 대답
⑧ 고객이 도착하기 전에 필요한 물건과 도구 준비
⑨ 고객에게 소지품과 옷 보관함 제공
⑩ 상담 후 동의를 얻어 고객관리카드 작성
⑪ 개인 정보 수집 등은 사전에 동의를 구하고 이름, 주소, 연락처 등을 기재
⑫ 관리가 끝난 후 그날의 관리내용과 추가사항도 기재
⑬ 재방문 고객도 관리를 받을 때마다 변경사항과 그날의 서비스 추가사항 작성

과년도 기출예제
Q 네일미용관리 중 고객관리에 대한 응대로 지켜야 할 사항이 아닌 것은?
A 관리 중에는 고객과 대화를 나누지 않음

6 고객관리카드에 기재할 사항

① 건강상태와 질병의 유무(의료기록 사항)
② 피부 타입과 화장품 알레르기 부작용
③ 손·발톱 병변 유무확인
④ 보습상태, 선호하는 컬러 파악
⑤ 작업관련사항(가격, 제품 판매내역, 담당 네일미용사의 성명)
⑥ 작업 시 주의사항
⑦ 사후관리에 대한 조언과 대처방법

과년도 기출예제
Q1 다음 중 고객관리카드의 작성 시 기록해야 할 내용과 가장 거리가 먼 것은?
A1 고객의 학력여부 및 가족사항

Q2 네일서비스 고객관리카드에 기재하지 않아도 되는 것은?
A2 은행 계좌정보와 고객의 월수입

7절 피부의 이해

1 피부의 구조 및 기능

1 피부의 구조

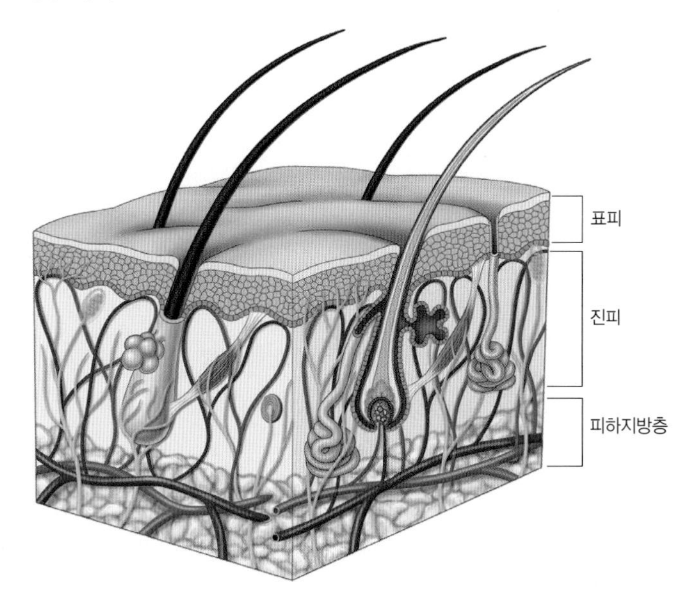

① 외측에서부터 표피, 진피, 피하조직으로 이루어져 있음
② 피지선, 한선, 모발, 손톱 등의 부속기관이 존재
③ 피부 표면의 형태는 가는 홈이 종횡으로 있어서 작고 불규칙한 삼각형이나 마름모꼴 등을 이루고 있음
④ 표피와 진피의 경계선의 형태는 물결 상으로 되어 있음

과년도 기출예제

Q1 표피와 진피의 경계선의 형태는?
A1 물결 상

Q2 사람의 피부 표면은 주로 어떤 형태인가?
A2 삼각 또는 마름모꼴의 다각형

2 피부의 기능

(1) 보호 기능

① 수분유지
② 물리적·화학적 자극에 대한 보호
③ 자외선·세균·미생물로부터의 침입 보호

(2) 저장 기능

① 표피는 수분 보유
② 진피는 수분과 전해질 저장
③ 피하지방은 칼로리와 지방 저장

과년도 기출예제

Q 피부의 기능과 그 설명이 틀린 것은?
A 저장 기능-진피조직은 신체 중 가장 큰 저장기관으로 각종 영양분과 수분을 보유하고 있음

(3) 체온조절 기능

① 땀, 혈관의 확장 및 수축 작용을 통해 열이 발생

② 한선, 혈관, 입모근, 저장지방 등을 통해 조절

(4) 흡수 기능

① 외부의 온도를 흡수하고 감지

② 피부 부속기관(한선, 피지선, 모낭)을 통해 흡수

③ 이물질은 막아주고 선택적으로 투과

(5) 감각 기능(지각 기능)

① 머켈(촉각)세포가 감지

② 온각 〈 냉각 〈 압각 〈 통각

③ 감각수용기로서 역할을 수행

(6) 호흡 기능 : 인체의 약 99%는 폐로 호흡을 하지만, 피부로 약 1% 정도의 가스 교환

(7) 비타민 D의 합성 기능 : 콜레스테롤이 자외선과 합성하여 비타민 D를 생성

(8) 분비, 배출 기능 : 흡수보다 배출이 더 강하므로 피지와 땀을 분비

3 표피의 구조

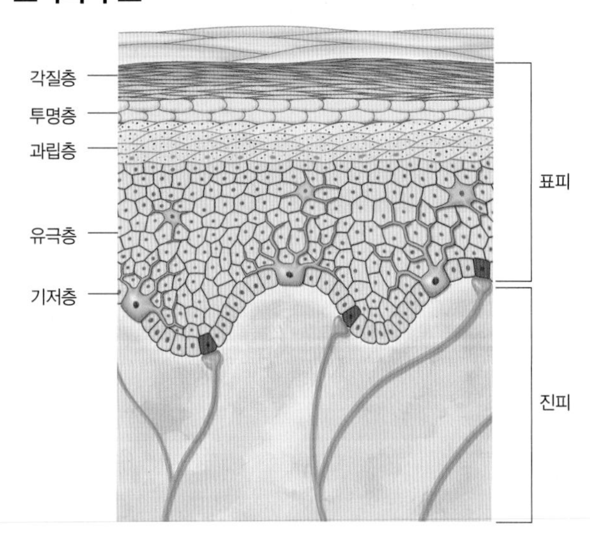

(1) 각질층

① 케라틴, 천연보습인자, 지질로 구성

② 무핵층으로 죽은 각질세포가 쌓여 계속적인 박리 현상을 일으키며, 표피의 가장 바깥층에 위치

③ 수분함유량 10~20%

참고

10% 이하로 떨어지면 건조해 지면서 주름이 생기고 거칠어짐

(2) 투명층

① 2~3겹의 죽은 무핵층
② 손바닥과 발바닥에 존재
③ **엘라이딘** : 반유동성 성분, 피부를 투명·윤기 있게 함, 빛을 차단하는 역할

(3) 과립층

① 레인방어막이 있어 피부의 수분증발은 막고, 외부로부터 과도한 수분침투 저지
② 각화과정이 시작되는 층
③ 유핵세포와 무핵세포가 공존
④ 3~5겹의 다이아몬드형 과립세포

> **과년도 기출예제**
> **Q** 정상피부와 비교하여 점막으로 이루어진 피부의 특징으로 옳지 않은 것은?
> **A** 혀와 경구개를 제외한 입안의 점막은 과립층을 가지고 있음

(4) 유극층(가시층)

① 유핵층
② 표피 중 가장 두꺼운 층
③ **랑게르한스세포** : 면역기능 담당
④ 세포분열로 피부손상을 복구
⑤ 세포 사이 림프액이 있어 물질교환을 하는 세포간교를 형성

(5) 기저층

① 표피의 가장 아래에 있는 어린세포층
② 물결모양(원주형)의 단층
③ **멜라닌세포** : 세포의 10:1의 비율로 구성
④ **각질형성세포** : 세포의 4:1의 비율로 구성
⑤ 진피의 유두층과 붙어 있어 모세혈관을 통해 영양을 공급받아 세포분열을 통해 새로운 세포를 형성

> **과년도 기출예제**
> **Q1** 멜라노사이트가 주로 분포되어 있는 곳은?
> **A1** 기저층
>
> **Q2** 멜라닌세포가 주로 위치하는 곳은?
> **A2** 기저층

4 표피의 구성세포

(1) 랑게르한스세포(면역기능세포)

① 유극층에 존재
② 피부의 항원을 인식하여 면역작용
③ 외부의 이물질을 림프구로 전달하여 바이러스로부터 보호
④ 내인성 노화가 진행될 때 감소함

(2) 멜라닌세포(색소세포)

① 대부분 기저층에 존재
② 문어발과 같은 수상돌기를 가지고 있어 자외선으로부터 진피를 보호
③ 인종, 성별, 피부색과 관계없이 멜라닌세포의 수는 모두 동일

> **참고**
> - 멜라닌 : 흑색소
> - 헤모글로빈 : 적색소
> - 카로틴 : 황색소

(3) 머켈세포(촉각세포)

① 손바닥, 발바닥, 입술, 코, 생식기 등에 분포

② 표피의 촉감을 감지하며, 유극층과 기저층 사이에 존재

(4) 각질형성세포(각화세포)

① 기저층에서 형성되어 세포분열을 하여 각질층으로 이동

② 각화주기는 4주(약 28일) 정도 소요

③ 케라틴을 생성

5 진피의 구조

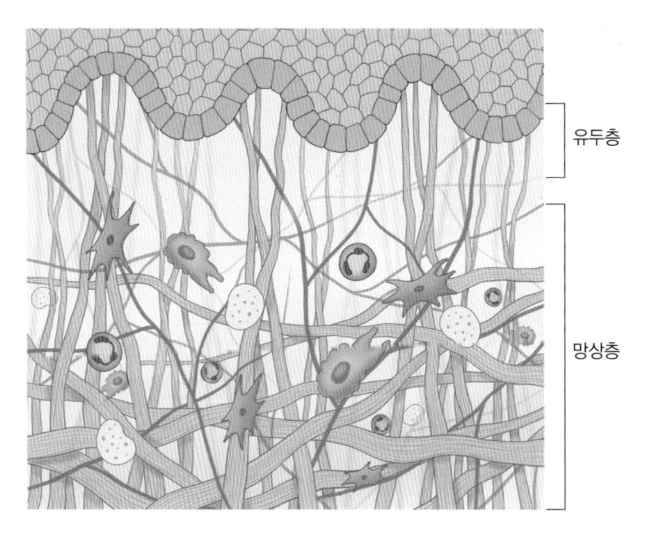

(1) 유두층

① 진피의 10~20% 차지

② 수직 형태의 결합조직

③ 진피층 상부에 물결모양

④ 피부의 탄력과 관련(노화되면 편평해짐)

⑤ 모세혈관, 신경종말 분포

(2) 망상층

① 진피의 80~90% 차지

② 그물모양의 결합조직

③ 유두층 아래 존재하며 섬세한 그물 모양의 층으로 피하조직과 연결

④ 냉각, 온각, 압각등의 감각기관이 존재하고, 교원섬유(콜라겐)와 탄력섬유(엘라스틴)이 존재

⑤ 모낭, 혈관, 림프관, 입모근, 피지선, 한선, 모유두, 신경 등의 부속기관 분포

6 진피의 구성세포

(1) 탄력섬유(엘라스틴)

① 섬유아세포에서 만들어짐
② 탄력성이 있어 변형된 피부를 원래의 모습으로 되돌리는 기능
③ 피부이완과 주름에 관여

(2) 교원섬유(콜라겐)

① 섬유아세포의 내부에서 생성
② 피부의 탄력성과 신축성을 줌
③ 노화가 진행되면 피부의 탄력감소와 주름의 원인

(3) 비만세포(마스트세포)

① 알레르기와 면역계에 작용하는 세포
② 히스타민을 분비 → 모세혈관 확장증 유발

(4) 기질(무코다당류)

① 히알루론산 : 주성분
② 보습 효과
③ 피부의 영양공급
④ 수분을 유지
⑤ 노화 방지

과년도 기출예제

Q 동물성 단백질의 일종으로 피부의 탄력유지에 매우 중요한 역할을 하며 피부의 파열을 방지하는 스프링 역할을 하는 것은?

A 엘라스틴

과년도 기출예제

Q 자외선으로부터 어느 정도 피부를 보호하며 진피조직에 투여하면 피부주름과 처짐 현상에 가장 효과적인 것은?

A 콜라겐

7 피하조직

① 저장 기능 : 인체에서 소모되고 남은 영양이나 에너지 저장
② 체온 조절, 방어 기능, 신진대사 역할
③ 남성보다 여성에게 더 많음
④ 지방층의 두께에 따라 비만의 정도 결정
⑤ 셀룰라이트 현상 : 피하지방의 축적으로 주변의 결합조직과 림프관에 압박을 주어 체내에 노폐물이 배출되지 못하고 쌓여 순환장애와 탄력 저하로 울퉁불퉁하게 보이는 현상

과년도 기출예제

Q 피부구조에서 지방세포가 주로 위치하고 있는 곳은?

A 피하조직

2 피부 부속기관의 구조 및 기능

1 피지선(기름샘)

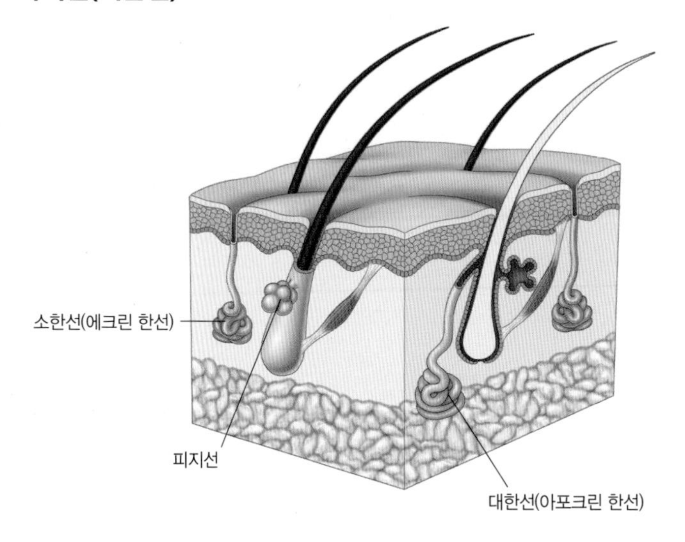

① 진피 망상층에 위치
② 모낭에 연결되어 모공을 통해 피지 분비
③ 피지를 분비하는 선(코 주위에 발달)
④ 손바닥과 발바닥에는 피지선이 없음
⑤ 성인은 하루에 약 1~2g의 피지 분비
⑥ 사춘기에 접어들면서 왕성하게 분비
⑦ 남성호르몬에 의해 자극받음
⑧ 트리글리세라이드 43%, 왁스에스테르 23%, 스쿠알렌 15%, 콜레스테롤 4%
⑨ 여성은 40세 이후 감소하고, 남성은 60세 정도에 퇴화(개인차가 있음)

과년도 기출예제

Q1 얼굴에서 피지선이 가장 발달된 곳은?
A1 코 옆 부분

Q2 피지선에 대한 설명으로 틀린 것은?
A2 피지의 1일 분비량은 10~20g 정도

Q3 인체에 있어 피지선이 존재하지 않는 곳은?
A3 손바닥

2 한선(땀샘) 특징

① 진피와 피하조직의 경계에 위치
② 입술, 음부를 제외한 전신에 존재
③ 체내 노폐물 등의 분비물 배출
④ 체온 조절 역할 : 땀 분비
⑤ 성인은 하루에 약 700~900cc의 땀을 분비
⑥ 열 발산 방지작용
⑦ 대한선과 소한선으로 분류

3 한선의 종류

(1) 아포크린 한선(대한선)

① 남성보다 여성 생리 중에 냄새가 강함
② 점성이 있고 단백질 함유량이 많은 땀을 생성(특유의 체취)
③ 모낭에 부착되어 모공을 통해 분비
④ 분비량 : 흑인 〉 백인 〉 동양인
⑤ 사춘기 이후에 발달하지만, 갱년기에 위축
⑥ 위치 : 귀 주변, 배꼽, 성기 주변, 얼굴, 두피, 유두 주변 등 특정 부위에만 존재

과년도 기출예제
Q 사춘기 이후 성호르몬의 영향을 받아 분비되기 시작하는 땀샘으로 체취선이라고 하는 것은?
A 대한선

(2) 에크린 한선(소한선)

① 무색, 무취의 맑은 액체를 분비
② 실뭉치 같은 모양으로 진피에 위치
③ 체온 조절 역할
④ 전신에 분포(입술, 생식기 제외)
⑤ 손바닥, 발바닥, 이마에 많이 분포

과년도 기출예제
Q 에크린 땀샘(소한선)이 가장 많이 분포된 곳은?
A 발바닥

4 땀의 이상 분비현상

(1) 무한증

① 땀이 분비되지 않는 현상(피부병이 원인)
② 피부의 수분 부족으로 인한 다양한 문제 발생

(2) 소한증

① 땀의 분비가 감소하는 현상
② 갑상선 기능의 저하, 금속성 중독, 신경계 질환의 원인

(3) 다한증

① 땀의 과다 분비
② 무좀, 습진, 땀띠 등을 유발

(4) 액취증 : 대한선 분비물이 세균에 의해 부패되어 악취 유발

(5) 땀띠(한진) : 땀의 분비통로가 막혀 땀이 배출되지 못해 발생

과년도 기출예제
Q 다한증과 관련한 설명으로 가장 거리가 먼 것은?
A 더위에 견디기 어려움

5 입모근

① 체온 조절 역할 : 추위에 피부가 노출되거나 공포를 느끼면 입모근이 수축하여 모근을 닫아 체온손실을 막음
② 모낭의 측면에 위치
③ 모근부 아래의 1/3 지점에 비스듬히 붙어 있는 근육
④ 속눈썹, 눈썹, 코털, 겨드랑이(액와)를 제외하고 전신에 분포

과년도 기출예제
Q 다음 중 입모근과 가장 관련 있는 것은?
A 체온 조절

6 모발

(1) 모수질

① 모발의 가장 안쪽 부분
② 모발에 따라 수질의 크기가 다름
③ 잔털에는 없음

(2) 모피질

① 모발의 85~90% 차지
② 모발 색을 결정하는 멜라닌색소와 섬유질을 함유
③ 멜라닌 양이 많은 순서 : 흑 〉 갈 〉 적 〉 금발 〉 백발

(3) 모표피

① 모발의 10~15%로 가장 바깥 부분
② 비늘처럼 겹쳐 있는 각질세포로 구성

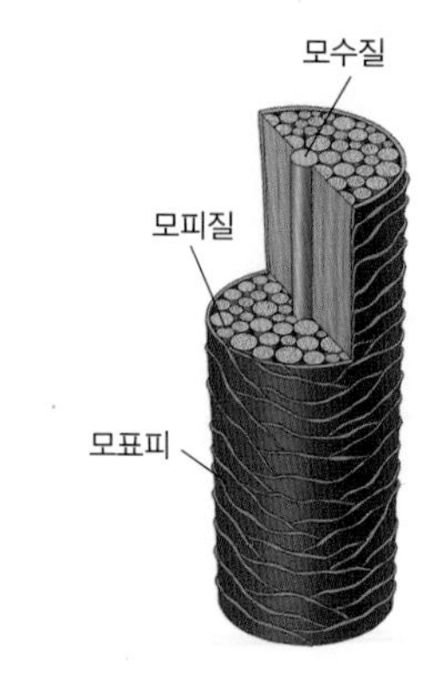

과년도 기출예제

Q 다음 중 체모의 색상을 좌우하는 멜라닌이 가장 많이 함유되어 있는 곳은?

A 모피질

3 피부유형 분석

1 피부유형의 성상 및 특징

(1) 정상피부(중성피부)

① 표면이 전반적으로 매끄러움
② 주름과 여드름 그리고 색소침착이 없음
③ 촉촉함

(2) 건성피부

① 피지분비량이 적어 건조함
② 각질층의 수분량이 적어 각질이 쉽게 생김
③ 세안 후 당김
④ 잔주름이 쉽게 생김
⑤ 피부결이 얇고 섬세함

(3) 지성피부

① 모세혈관이 확장되어 피부가 거침
② 피지분비량이 많아 오염물질이나 먼지 등이 달라붙어 모공이 막혀 여드름이나 뾰루지 같은 피부 트러블이 자주 발생하기 쉬움

2 문제성 피부유형의 성상 및 특징

(1) 민감성(예민성) 피부

① 눈으로 보기에는 피부결이 섬세하고 깨끗해 보임
② 피부가 얇고 붉으며 거칠고 주름이 잘 생김
③ 작은 자극에도 쉽게 탄력이 떨어짐
④ 알레르기 접촉 피부염, 두드러기, 뾰루지 등 피부트러블 자주 발생

과년도 기출예제
Q 얼굴에 있어 T존 부위는 번들거리고, 볼 부위는 당기는 피부 유형은?
A 복합성 피부

(2) 복합성 피부

① 중성피부, 지성피부, 건성피부 중 현저하게 다른 두 가지 이상의 현상이 복합적으로 나타남
② T존 부위를 중심으로 기름기 분비가 많아 지성피부로 기울기 쉬워 피부 결이 거칠고 모공이 큼
③ U존은 대체로 기름 분비량이 적어 건조하며 예민한 피부로 피부결이 얇고 모공이 작고 섬세함

3 건강한 피부를 유지하기 위한 방법

① 적당한 수분을 항상 유지하기
② 두꺼운 각질층 제거하기
③ 충분한 수면과 영양을 공급하기
④ 일광욕을 많이 하면 환경적 노화현상이 일어남

4 피부와 영양

1 영양소

(1) 영양소의 작용 및 종류

구분	작용	종류
열량소	열량공급 작용(에너지원)	탄수화물, 지방, 단백질
구성소	인체 조직 구성 작용	탄수화물, 지방, 단백질, 무기질, 물
조절소	인체 생리적 기능 조절 작용	단백질, 무기질, 물, 비타민

과년도 기출예제
Q1 영양소의 3대 작용으로 틀린 것은?
A1 에너지 열량 감소

Q2 5대 영양소 중 신체의 생리기능 조절에 주로 작용하는 것은?
A2 비타민, 무기질

(2) 영양소의 분류

① **3대영양소** : 탄수화물, 지방, 단백질
② **5대영양소** : 탄수화물, 지방, 단백질, 무기질, 비타민
③ **6대영양소** : 탄수화물, 지방, 단백질, 무기질, 비타민, 물
④ **7대영양소** : 탄수화물, 지방, 단백질, 무기질, 비타민, 물, 식이섬유

(3) 영양소의 기능

① 에너지 보급과 신체의 체온을 유지하여 신체 조직의 형성과 보수에 관여
② 혈액 및 골격 형성과 체력 유지에 관여
③ 생리 기능의 조절 작용 및 피부의 건강 유지를 도와줌

2 탄수화물(당질)

① 1g당 4kcal의 에너지를 발생
② 신체의 중요한 에너지원으로 혈당 유지
③ 탄수화물은 세포를 활성화하여 피부세포의 활력과 보습 효과
④ 장에서 포도당, 과당, 갈락토오스로 흡수

결핍	발육 부진, 기력 부족, 체중 감소, 신진 대사 기능 저하, 피부가 거칠어짐
과잉	피부건조, 접촉성 피부염, 산성화로 피부 저항력 저하

3 단백질

① 1g당 4kcal의 에너지를 발생
② 신체 성장 유지에 필요한 조직형성
③ 피부, 모발, 손·발톱, 골격, 근육 등의 체조직 구성
④ 피부에 영양공급, 재생작용 등
⑤ 항체를 형성하여 면역과 세균감염을 억제하며, 피부에 윤기와 탄력을 부여
⑥ 체내의 수분 조절과 pH평형을 유지하며 효소와 호르몬 합성을 도움
⑦ 소장에서 아미노산 형태로 흡수
⑧ **결핍 시** : 빈혈, 피부가 거칠어지고 잔주름 생성, 손·발톱의 이상 발생, 발육 저하, 조기 노화, 피지 분비 감소
⑨ **과잉 시** : 비만, 불면증, 신경증, 색소 침착 원인
⑩ **아미노산** : 단백질의 기본 구성단위

과년도 기출예제

Q1 다음 중 영양소와 그 최종 분해로 연결이 옳은 것은?
A1 단백질–아미노산

Q2 식생활이 탄수화물이 주가 되며, 단백질과 무기질이 부족한 음식물을 장기적으로 섭취함으로써 발생되는 단백질 결핍증은?
A2 콰시오르코르증

필수 아미노산	체내에서 합성할 수 없으므로 음식을 통해 공급
불필수 아미노산	체내에서 합성되는 아미노산

4 지방(지질)

① 1g당 9kcal의 에너지를 발생
② 여분은 피하지방조직에 저장 후 필요시 사용
③ 체조직 구성, 피부 건강 유지, 피부 탄력과 저항력 증진 및 체온 조절과 장기 보호 기능
④ 소장에서 지용성 비타민의 소화와 흡수를 도움

⑤ **결핍 시** : 체중 감소, 신진대사 저하, 세포의 활약 감소로 피부가 거칠어짐
⑥ **과잉 시** : 콜레스테롤의 수치가 높아져 혈액순환 방해
⑦ **지방산** : 포화지방산과 불포화지방산으로 구분

포화지방산	상온에서 고체 및 반고체 상태 유지
불포화산지방산(필수지방산)	상온에서 액체 상태 유지(리놀산, 리놀렌산, 아라키돈산)

5 무기질(미네랄)

① 체내의 pH를 조절하고, 호르몬과 효소의 구성 성분으로 신체의 필수 성분
② **칼슘(Ca)** : 뼈와 치아 형성, 결핍 시 혈액 응고 현상이 나타남
③ **인(P)** : 세포의 핵산, 세포막 구성, 골격과 치아 형성
④ **마그네슘(Mg)**
- 체내의 산과 알칼리의 평형유지
- 신경전달과 근육이완
- 탄수화물, 지방, 단백질의 대사에 관여

⑤ **나트륨(Na)** : 수분 균형 유지, 삼투압 조절, 근육의 탄력 유지
⑥ **칼륨(K)** : pH 균형과 삼투압 조절, 신경과 근육 활동
⑦ **황(S)** : 케라틴 합성에 관여, 아미노산 중 시스테인, 시스틴에 함유
⑧ **철분(Fe)** : 헤모글로빈의 구성 요소, 면역기능 유지, 피부의 혈색 유지
⑨ **요오드(I)** : 갑상선 호르몬 구성 요소, 모세혈관의 기능을 정상화
⑩ **구리(Cu)** : 효소의 성분 및 효소 반응의 촉진
⑪ **아연(Zn)** : 생체막 구조 기능의 정상 유지 도움
⑫ **셀레늄(Se)** : 항산화 작용, 노화억제, 면역기능, 셀레노 메티오닌과 셀레노 시스테인의 형태

과년도 기출예제
Q 다음 중 뼈와 치아의 주성분이며, 결핍되면 혈액의 응고현상이 나타나는 영양소는?
A 칼슘

6 지용성 비타민 A, D, E, K

(1) 지용성 비타민

① 지방에 녹는 비타민
② 과잉 섭취 시 체내에 저장
③ 결핍되거나 과잉 시 인체에 이상이 발생할 수 있음

(2) 비타민 A(레티놀, 항질병 비타민)

① 피부 세포 형성, 피부각화 정상화, 피지 억제, 여드름 완화, 멜라닌 색소 합성 억제, 피부 재생, 항산화 작용, 점막 손상 방지
② **결핍** : 피부 각화증, 피부 건조, 세균 감염, 야맹증, 색소 침착, 모발 퇴색, 손톱 균열

과년도 기출예제
Q 지용성 비타민이 아닌 것은?
A Vitamin B

과년도 기출예제
Q1 비타민에 대한 설명 중 틀린 것은?
A1 비타민 A는 많은 양이 피부에서 합성됨

Q2 피부 상피 세포 조직의 성장과 유지 및 점막 손상 방지에 필수적인 비타민은?
A2 비타민 A

(3) 비타민 D(칼시페롤, 항구루병 비타민)

① 골격 발육 촉진, 칼슘 흡수 촉진, 골다공증 예방

② 자외선과 표피의 콜레스테롤 작용을 통해 합성 가능

③ **결핍** : 구루병, 골다공증

④ **과잉** : 탈모, 신장결석, 체중 감소

> **과년도 기출예제**
> **Q** 성장기 어린이의 대사성 질환으로 비타민 D 결핍 시 뼈 발육에 변형을 일으키는 것은?
> **A** 구루병

(4) 비타민 E(토코페롤, 항산화 비타민)

① 항산화 기능으로 노화 지연, 피부병 증상 예방, 세포 호흡 촉진, 혈액순환 개선

② **결핍** : 혈액 응고 저하로 과다 출혈 발생, 응고 지연, 피부염 발생, 모세혈관 약화

(5) 비타민 K(항출혈성 비타민)

① 출혈 시 혈액 응고 촉진작용, 피부염과 습진에 효과적

② **결핍** : 혈액 응고 저하로 과다 출혈 발생, 응고 지연, 피부염 발생, 모세혈관 약화

7 수용성 비타민 B, C, H, P

(1) 수용성 비타민

① 물에 녹는 비타민

② 체내에 저장되지 않음

(2) 비타민 B_1(티아민, 정신적 비타민)

① 자율신경계 조절로 신경 기능을 정상화하며 상처 치유에 효과적

② **결핍** : 각기병, 피로, 수면 장애, 피부 부종, 발진, 홍반, 수포 형성

(3) 비타민 B_2(리보플라빈, 항피부염성 비타민)

① 성장 촉진

② 여드름 피부 진정에 효과적

③ 자외선 과민 피부, 비듬, 구강 질병에도 탁월

④ **결핍** : 구순염, 습진, 부스럼, 피부염, 과민피부, 피로감

> **과년도 기출예제**
> **Q** 리보플라빈이라고도 하며, 녹색 채소류, 밀의 배아, 효모, 계란, 우유 등에 함유되어 있고 결핍되면 피부염을 일으키는 것은?
> **A** 비타민 B_2

(4) 비타민 B_3(나이아신)

① 염증 완화, 피부 탄력과 건강 유지

② **결핍** : 탈모, 백내장, 성장 부진, 코와 입 주위 피부병, 현기증, 설사, 우울증

(5) 비타민 B_6(피리독신, 항피부염 비타민)

① 피지 분비 억제 및 피부 염증 방지

② 단백질과 아미노산의 신진대사 촉매제

③ **결핍** : 근육통, 신경통, 구각염, 구토, 접촉성 피부염, 지루성 피부염

(6) 비타민 B_{12}(시아노코발라민, 항악성 빈혈 비타민)

① 적혈구 생성으로 조혈 작용에 관여, DNA 합성, 세포 조직 형성

② **결핍** : 악성 빈혈, 아토피, 지루성 피부염, 신경계 이상, 세포 조직 변형, 성장 장애

(7) 비타민 C(아스코르빈산, 피부미용 비타민)

① 항산화 기능으로 콜라겐 생성을 도와 노화 예방에 탁월
② 멜라닌 색소 형성 억제, 교원질 형성, 모세혈관 강화
③ **결핍** : 괴혈병 유발, 빈혈, 기미와 같은 색소 침착, 잇몸 출혈

> **과년도 기출예제**
> **Q** 야채를 고온에서 요리할 때 가장 파괴되기 쉬운 비타민은?
> **A** 비타민 C

(8) 비타민 H(바이오틴)

① 탈모 예방, 피부 탄력에 관여, 효과적 염증 치유
② **결핍** : 창백한 피부, 피부염, 피지 저하, 피부 건조

(9) 비타민 P(바이오 플라보노이드)

① 모세혈관 강화, 출혈 방지, 부종 정상화, 노화 방지, 알레르기 예방, 피부병 치료
② 비타민 C의 기능을 보강
③ **결핍** : 멍, 만성 부종, 모세혈관 손상, 출혈

5 피부와 광선

1 자외선의 종류

(1) 자외선 A(UV–A)

① 장파장 320~400nm
② 생활 자외선으로 유리창을 통과함
③ 피부의 제일 깊은 진피까지 침투하여 주름 생성
④ 광노화로 인해 주름과 탄력 저하
⑤ 색소침착, 피부의 건조화, 인공 선탠

(2) 자외선 B(UV–B)

① 중파장 290~320nm
② 비타민 D 합성
③ 표피 기저층까지 침투
④ 유리에 의하여 차단 가능
⑤ 일광화상으로 수포 발생, 피부 홍반 유발

> **과년도 기출예제**
> **Q1** 다음 중 자외선 B(UV–B)의 파장 범위는?
> **A1** 290~320nm
>
> **Q2** 일광화상의 주된 원인이 되는 자외선은?
> **A2** UV–B

(3) 자외선 C(UV–C)

① 단파장 200~290nm
② 살균 작용(자외선 소독기)
③ 오존층에 의해 차단되나 최근 오존층 파괴로 주의 필요
④ 가장 강한 자외선
⑤ 도달하게 되면 피부암의 원인

> **과년도 기출예제**
> **Q** 다음 태양광선 중 파장이 가장 짧은 것은?
> **A** UV–C

2 자외선이 피부에 미치는 효과

(1) 긍정적인 효과

① 미생물 등을 살균
② 비타민 D의 형성으로 구루병을 예방
③ 식욕과 수면의 증진
④ 내분비선 활성화 등의 강장 효과

(2) 부정적인 효과

① 피부가 붉어지는 홍반 반응
② 과도하게 노출될 경우 일광화상 발생
③ 멜라닌의 과다 증식(색소침착, 피부건조, 수포생성)

과년도 기출예제
Q 피부에 대한 자외선의 영향으로 피부의 급성반응과 가장 거리가 먼 것은?
A 광노화

3 적외선이 피부에 미치는 효과

① 가시광선보다 파장이 길고 피부 깊숙이 침투하며 열을 발산하여 피부로 온도를 느낄 수 있음
② 피부에 열을 가하여 피부를 이완시키고 신체의 면역력을 강화시킴(혈류 증가)
③ 피부 심층까지 영양분을 침투시켜 생성물이 흡수되도록 돕는 역할
④ 피지선과 한선의 기능 활성화로 노폐물 배출을 돕고, 셀룰라이트를 관리
⑤ 신경말단 및 근조직에 영향(근육이완, 통증, 긴장감 완화)

과년도 기출예제
Q 적외선이 피부에 미치는 작용이 아닌 것은?
A 비타민 D 형성 작용

6 피부면역

1 피부의 면역

(1) 선천적 면역 : 태어날 때부터 가지고 있는 저항력

(2) 후천적 면역 : 체내로 침입했던 항원을 기억하여 특이성 면역 반응
① **수동면역** : 수유나 인공적인 혈청 주사를 통하여 생김
② **능동면역** : 예방접종이나 감염에 의하여 생김

과년도 기출예제
Q 피부의 면역에 관한 설명으로 옳은 것은?
A B림프구는 면역글로불린이라고 불리는 항체를 생성함

2 피부의 면역

① **표피** : 랑게르한스세포, 각질형성세포(사이토카인 생성) 면역 반응
② **진피** : 대식세포, 비만세포가 피부면역의 중요한 역할
③ **각질층** : 라멜라 구조로 외부로부터 보호
④ **표지막** : 박테리아 성장 억제

7 피부노화

1 노화피부

(1) 내인성 노화(생리적 노화)

① 나이에 따른 자연스러운 노화과정
② 랑게르한스세포의 감소 : 면역력 저하, 신진대사 기능 저하
③ 세포재생 주기 지연으로 인한 상처 회복 둔화
④ 콜라겐의 합성량이 감소하고 엘라스틴이 변성되어 깊은 주름 발생
⑤ 피부 당김이 심하고 탄력성과 긴장도가 떨어지므로 근육층이 늘어짐

과년도 기출예제
Q 노화피부에 대한 전형적인 증세는?
A 유분과 수분이 부족함

(2) 외인성 노화, 광노화(환경적 노화)

① 바람·자외선 등의 외부 환경으로 일어나는 노화과정
② 각질층이 두꺼워짐
③ 피지선과 한선이 퇴화되어 피부의 윤기가 떨어져 건조해짐
④ 모세혈관이 확장
⑤ 자외선에 대한 방어능력 저하로 색소침착 증가

2 노화피부의 원인

① 자외선, 열, 흡연 등 유해한 외부적 요인
② 스트레스를 받으면 노화 촉진물질인 활성산소 발생
③ 질병이나 수면부족
④ 연령증가에 따라 생리기능 저하 및 호르몬 변화
⑤ 피부구조의 기능 저하
⑥ 유·수분 부족

과년도 기출예제
Q1 건강한 피부를 유지하기 위한 방법이 아닌 것은?
A1 일광욕을 많이 해야 건강한 피부가 됨

Q2 흡연이 인체에 미치는 영향에 대한 설명으로 적절하지 않은 것은?
A2 간접흡연은 인체에 해롭지 않음

8 피부장애와 질환

1 원발진

① 1차적인 피부 질환의 초기 증상
② **반점** : 피부에 함몰이 없으며 주근깨, 기미, 오타모반, 백반, 몽고반점 등
③ **홍반** : 모세혈관의 충혈과 확장으로 피부가 둥글게 부어오른 상태로 시간이 지남에 따라 크기가 변함
④ **면포** : 피지, 각질세포, 박테리아가 서로 엉겨서 막혀 좁쌀 크기로 튀어나와 있는 상태(비염증성 여드름)
⑤ **소수포** : 1cm 미만의 물집(투명한 액체)

과년도 기출예제
Q1 다음 중 원발진에 해당하는 피부질환은?
A1 면포

Q2 다음 중 원발진에 해당하는 피부질환은?
A2 구진

Q3 피지, 각질세포, 박테리아가 서로 엉겨서 모공이 막힌 상태를 무엇이라 하는가?
A3 면포

⑥ **대수포** : 1cm 이상의 액체와 혈액을 포함한 물집
⑦ **팽진** : 일시적 발진으로 가려움 동반, 시간이 지나면 없어짐, 진피 내 부종현상(두드러기, 알레르기)
⑧ **구진** : 여드름1단계, 1cm 미만, 표피에 형성되는 붉은 융기, 상처 없이 치유(시간이 지나면 사라짐)
⑨ **농포** : 여드름2단계, 1cm 미만으로 피부 위로 고름이 잡히며 염증을 동반(만지면 통증 동반)
⑩ **결절** : 여드름3단계, 1cm 이상, 경계가 명확한 단단한 융기(통증 동반)
⑪ **낭종** : 여드름4단계, 피부가 융기된 상태, 진피까지 침투, 심한통증, 흉터가 생김
⑫ **종양** : 2cm 이상, 과잉 증식되는 세포의 집합조직에 고름과 피지가 축적된 상태로 악성종양과 양성종양으로 구분

2 속발진

① 원발진에서 더 진행된 2차적 상태와 증상
② **가피** : 표피층에 고름, 분비물이 말라 굳은 상태(혈액의 마른 덩어리로 딱지)
③ **미란** : 수포가 터진 후 표피가 벗겨진 표피의 결손 상태(흉터 없이 치유)
④ **균열** : 심한 건조증이나 질병, 외상에 의해 표피가 갈라진 상태로 발뒤꿈치를 예로 들 수 있음
⑤ **인설(비듬)** : 각화과정 이상으로 발생(표피성 진균증, 건선, 지루성 등)
⑥ **찰상** : 손톱으로 긁거나 기계적 자극으로 생기는 표피의 박리 상태
⑦ **태선화** : 장기간에 걸쳐 긁어서 표피가 건조하고 두꺼워지며 딱딱한 상태(접촉성 피부염)
⑧ **궤양** : 진피와 피하지방층까지의 조직이 손상되어 깊숙이 상처가 생긴 상태로 치료 후에도 흉터가 남음
⑨ **켈로이드** : 상처가 치유되면서 결합조직이 과다 증식되어 흉터가 표면 위로 굵게 융기된 상태
⑩ **흉터(반흔)** : 진피 이하까지 조직이 손상되어 세포 재생이 더 이상 되지 않아 상처의 흔적이 남은 상태

3 여드름

(1) 여드름의 원인

① 유전적 영향, 모낭 내 이상 각화, 피지의 과잉 분비
② 여드름 균의 군락 형성, 염증 반응
③ 열과 습기에 의한 자극, 물리적·기계적 자극, 압력과 마찰
④ 사춘기에 남성 호르몬(테스토스테론) 과잉 → 피지선의 분비 왕성 → 모낭의 상피가 이각화증 → 모낭이 막힘 → 면포 형성(여드름의 기본 병변)
⑤ 잘못된 식습관과 스트레스, 위장 장애, 변비, 수면 부족, 음주 등
⑥ 화장품이나 의약품의 부적절한 사용, 과도한 세제 사용 등

과년도 기출예제
Q 여드름을 유발하는 호르몬은?
A 안드로겐

(2) 여드름의 종류

① 비염증성 여드름(면포성 여드름)

백면포 (화이트헤드)	모공이 막혀 피지와 각질이 뒤엉킨 피부 위 좁쌀 형태의 흰색 여드름
흑면포 (블랙헤드)	모공이 열린 형태로 피지와 각질이 피부 밖으로 나와 산화된 상태

> **과년도 기출예제**
> **Q** 피부 관리가 가능한 여드름의 단계로 가장 적절한 것은?
> **A** 흰면포

② 염증성 여드름

구진	붉은여드름	1단계	모낭 내에 축적된 피지에 여드름 균이 번식하면서 염증이 발생된 약간의 통증이 동반되는 여드름
농포	화농성여드름	2단계	염증 반응이 진전되면서 박테리아로 인하여 악화되어 고름이 생기고 피부표면에 농이 보이는 형태의 여드름
결절	결절성여드름	3단계	통증이 동반되는 검붉은 색의 염증이 진피까지 깊숙이 위치한 여드름으로 흉터가 생길 수 있음
낭포	낭종성여드름	4단계	피부가 융기된 상태로 진피에 자리 잡고 있으며 심한 통증이 동반되고 치료 후 흉터가 남는 여드름

4 색소질환

(1) 과색소 질환

① 기미, 주근깨, 노인성 반점, 검버섯, 오타씨 모반, 악성 흑색종, 안면 흑피증, 멜라닌 세포 모반 등

② 원인 : 유전적 요인, 임신, 갱년기 장애

(2) 저색소 침착질환

① 백반증, 백피증(백색증)

② 후천성 피부 변화로 인한 탈색소 질환

③ 멜라닌세포가 결핍된 흰색 반점형

④ 타원형 또는 부정형의 흰색 반점

(3) 색소침착의 원인

① 자외선 내분비 기능장애, 임신, 갱년기 장애, 유전적 요인

② 정신적 불안과 스트레스, 질이 좋지 않은 화장품의 사용, 썬텐기

③ 유형 : 표피형(갈색), 진피형(청회색), 혼합형(갈회색)

> **과년도 기출예제**
> **Q1** 다음 중 기미의 생성 유발 요인이 아닌 것은?
> **A1** 갑상선 기능 저하
>
> **Q2** 다음 중 기미의 유형이 아닌 것은?
> **A2** 피하조직형 기미

> **과년도 기출예제**
> **Q1** 백반증에 관한 내용 중 틀린 것은?
> **A1** 멜라닌 세포의 과다한 증식으로 일어남
>
> **Q2** 멜라닌 색소 결핍의 선척적 질환으로 쉽게 일광화상을 입는 피부병변은?
> **A2** 백색증

5 감염성 피부질환

(1) 바이러스성

① **단순포진(헤르페스 심플렉스)**

- 한 곳에 국한하여 물집이 발생하는 수포성 병변
- 같은 부위에 재발 가능, 입술주위, 성기에 주로 나타남

② **대상포진(헤르페스 자아스터)**

- 잠복했던 수두 바이러스에 의해 발생되며 심한 통증을 동반
- 신경을 따라 길게 나타나는 군집 수포성 피부 발진
- 거의 재발하지 않으며, 노화피부에 주로 나타남

③ **수두**

- 대상포진 바이러스 1차 감염으로 발생되나 2차 감염 시 흉터가 남을 수 있음
- 가려움을 동반한 수포성 발진

④ **홍역**

- 일반적으로 소아에게 나타남
- 강한 전염성으로 접촉자의 90% 이상이 발병

⑤ **사마귀**

- 유두종 바이러스HPV에 의한 감염으로 발생
- 표피의 과다한 증식으로 구진 형태로 나타남

⑥ **풍진** : 귀 뒤, 목 뒤의 림프절 비대와 통증으로 얼굴, 몸에 발진

과년도 기출예제

Q1 바이러스성 피부질환은?
A1 단순포진

Q2 단순포진이 나타나는 증상으로 가장 거리가 먼 것은?
A2 통증이 심하여 다른 부위로 통증이 퍼짐

과년도 기출예제

Q 진균에 의한 피부병변이 아닌 것은?
A 대상포진

(2) 세균성

① **농가진** : 화농성 연쇄상구균, 포도상구균에 의해 발생되며 강한 전염력, 진물, 가려움증

② **모낭염** : 모낭이 박테리아에 감염되어 발생하여 고름이 형성되는 증상

③ **절종(종기)** : 황색 포도상구균에 의해 발생하여 모낭에서 나타나는 급성 화농성 염증의 증상

④ **봉소염** : 용혈성 연쇄구균에 의해 발생하며 홍반과 수포에서 점차 감염

(3) 진균성

① **족부백선(발무좀)** : 곰팡이균에 의해 발생, 피부껍질이 벗겨지고 가려움을 동반, 주로 손과 발에서 번식

② **두부백선(머리무좀)** : 두피에 발생하는 피부사상균에 의한 질환

③ **칸디다증** : 알비칸스균 등의 진균 감염으로 인해 발생되며 붉은 반점과 가려움을 동반하는 염증성 질환(손톱, 피부, 구강, 질, 소화관 등)

④ **어루러기** : 말라세지아라는 효모균에 의해 피부각질층과 머리카락 등 진균이 감염되어 발생

⑤ **완선** : 사타구니에 발행하는 진균성 질환

6 안검주위 및 기타 피부질환

① **비립종**

- 신진대사의 저조가 원인
- 눈 밑 얇은 부위에 위치
- 기름샘과 땀구멍에 주로 생성
- 좁쌀크기의 각질 세포

② **한관종(물사마귀)** : 에크린 한선의 구진으로 눈 주위나 광대뼈 주변으로 주로 발생

③ **화상**

- 제1도 화상 : 피부가 붉어짐
- 제2도 화상 : 홍반, 부종, 통증뿐만 아니라 진피까지 수포 형성
- 제3도 화상 : 흉터가 남음

④ **주사**

- 지루성 피부에 잘 생기며, 코 중심으로 나비 모양(만성 충혈성 질환)
- 혈액순환 저하로 모세혈관이 확장된 상태

과년도 기출예제

Q1 신진대사의 저조가 원인으로 중년 여성 피부의 유핵층에 자리하며, 안면의 상반부에 위치한 기름샘과 땀구멍에 주로 생성하며 모래알 크기의 각질세포로서 특히 눈 아래 부분에 생기는 피부병변은?

A1 비립종

Q2 외인성 피부질환의 원인과 가장 거리가 먼 것은?

A2 유전인자

Q3 기계적 손상에 의한 피부질환이 아닌 것은?

A3 종양

8절 화장품 분류

1 화장품 기초

1 화장품의 정의 및 목적

① 인체를 청결·미화하여 매력을 증진시키며 용모를 변화시키기 위해 사용
② 피부와 모발을 건강하게 유지시키기 위해 사용
③ 인체에 사용되는 물품으로 인체에 대한 작용이 경미한 것으로 사용

> **과년도 기출예제**
> **Q** 화장품의 사용목적과 가장 거리가 먼 것은?
> **A** 인체에 대한 약리적인 효과를 주기 위해 사용

2 화장품의 4대 요건

① **안전성** : 피부에 대한 자극, 홍반, 알레르기, 독성 등 부작용이 없어야 함
② **사용성** : 발림성, 흡수성, 편리성, 기호성 등 향취, 피부에 사용감이 좋아야 함
③ **유효성** : 노화예방, 미백, 자외선 차단, 보습, 세정, 색채 효과 등의 적절한 효능을 부여해야 함
④ **안정성** : 변질, 변색, 변취, 미생물 오염이 없어야 함

> **과년도 기출예제**
> **Q1** 다음 중 화장품의 4대 요인이 아닌 것은?
> **A1** 기능성
>
> **Q2** 화장품의 4대 요건에 속하지 않는 것은?
> **A2** 치유성
>
> **Q3** 화장품의 요건 중 제품이 일정 기간 동안 변질되거나 분리되지 않는 것을 의미하는 것은 무엇인가?
> **A3** 안정성
>
> **Q4** 화장품 제조와 판매 시 품질의 특성으로 틀린 것은?
> **A4** 효과성

3 화장품의 분류

(1) 화장품

① 세안, 세정, 청결, 미용을 목적
② 얼굴뿐 아니라 전신에 사용
③ 지속적, 장기간으로 관리
④ 부작용이 없어야 함
⑤ 기초 화장품, 색조 화장품 등

(2) 의약외품

① 식약처의 허가 및 인증에 의한 화장품
② 특정부위에 사용
③ 단속적, 장기간 관리
④ 부작용이 없어야 함
⑤ 구취제거제, 탈모방지제, 여성청결제, 데오도란트 등

(3) 의약품

① 환자를 대상으로 함
② 치료, 예방, 진단의 목적
③ 특정부위에 사용

④ 일정 기간 동안만 관리
⑤ 부작용이 있을 수 있음
⑥ 연고, 항생제 등

4 화장품의 기재 사항

① 화장품의 명칭
② 영업자의 상호 및 주소
③ 해당 화장품 제조에 사용된 모든 성분
④ 내용물의 용량 또는 중량
⑤ 제조번호
⑥ 사용기한 또는 개봉 후 사용기간
⑦ 가격
⑧ 기능성 화장품의 경우 "기능성화장품"이라는 글자 또는 기능성 화장품을 나타내는 도안으로서 식품의약품안전처장이 정하는 도안
⑨ 사용할 때의 주의사항

2 화장품 제조

1 화장품의 수성원료

(1) 물(정제수, 연수)

① 화장품에서 가장 큰 비율을 차지
② 화장수, 크림, 로션의 기초 물질
③ 수분 공급의 기능으로 피부 보습 작용
④ 세균과 금속이온이 제거된 정제수 사용

(2) 알코올(에탄올, 에틸알코올)

① 에탄올 함량이 많으면 소독과 살균 효과
② 휘발성이 있어 피부에 시원한 청량감과 가벼운 수렴 효과
③ 일반적으로 알코올 10% 전후 함유량 사용(함유량이 많으면 피부에 자극유발)
④ 화장수, 육모제, 아스트린젠트, 향수 등 사용

과년도 기출예제

Q1 화장품의 원료로써 알코올의 작용에 대한 설명으로 틀린 것은?
A1 흡수작용이 강하기 때문에 건조의 목적으로 사용함

Q2 일반적으로 많이 사용하고 있는 화장수의 알코올 함유량은?
A2 10% 전후

2 화장품의 유성원료

(1) 오일

① 피부에 유연성, 윤활성 부여
② 피부 표면에 친유성 막을 형성하여 피부를 보호하여 수분 증발 저지

과년도 기출예제

Q 화장품의 피부흡수에 관한 설명으로 옳은 것은?
A 분자량이 적을수록 피부흡수율이 높음

③ **천연 오일** : 천연물에서 추출하여 가수 분해, 수소화 등의 공정을 거쳐 유도체로 이용(식물성 오일, 동물성 오일, 광물성 오일)

④ **합성 오일** : 화학적으로 합성한 오일로 식물성 오일이나 광물성 오일에 비해 쉽게 변질되지 않으며 사용감이 좋음(실리콘 오일, 미리스틴산 아이소프로필, 지방산 등)

⑤ **식물성 오일**

- 식물의 잎이나 열매에서 추출
- 피부 자극 없으나 부패가 쉬우며, 피부 흡수가 늦음
- 올리브유, 맥아유, 피마자유, 아보카도유, 로즈힙 오일, 월견초유 등

⑥ **동물성 오일**

- 동물의 피하조직이나 장기에서 추출
- 냄새가 좋지 않기 때문에 정제한 것을 사용
- 피부 친화성이 좋고 흡수가 빠름
- 리놀린, 밍크 오일, 스쿠알렌 등

⑦ **광물성 오일**

- 석유 등 광물질에서 추출
- 무색 투명하고 냄새가 없음
- 피부 흡수가 비교적 좋음
- 바셀린, 유동파라핀, 미네랄 오일 등

(2) 왁스

① 고형화제인 유성 성분

② 제품의 변질이 적음

③ 화학적으로 고급 지방산에 고급 알코올이 결합된 에스테르를 의미

④ 화장품의 굳기를 조절, 광택을 부여하는 역할

⑤ 립스틱, 크림, 탈모제 등

⑥ **식물성 왁스** : 카르나우바 왁스, 칸델리라 왁스 등

⑦ **동물성 왁스** : 라놀린, 밀납, 경납, 망치고래유, 향유고래유 등

과년도 기출예제

Q1 화장품 성분 중 기초화장품이나 메이크업 화장품에 널리 사용되는 고형의 유성 성분으로 화학적으로는 고급지방산에 고급알코올이 결합된 에스테르이며, 화장품의 굳기를 증가시켜 주는 원료에 속하는 것은?

A1 왁스

Q2 양모에서 추출한 동물성 왁스는?

A2 라놀린

(3) 고급 지방산

① 탄소수를 많이 가진 지방산

② 지방산을 동물성 유지의 주성분

③ 천연의 유지와 밀납 등에 에스테르를 함유

④ 비누, 각종 계면활성제, 첨가제 등의 원료로 사용

⑤ 스테아르산, 팔미트산, 라우린산, 올레산, 미리스트산 등

(4) 방부제

① 공기 노출, 불순물 침투로 부패하게 되는데 미생물 증가 억제를 통한 혼탁, 분리, 변색, 악취 등의 예방

② 일정 기간 보존을 위한 보존제 역할(박테리아, 곰팡이 성장 억제)

과년도 기출예제

Q 방부제가 갖추어야 할 조건이 아닌 것은?

A 독특한 색상과 냄새를 지녀야 함

③ 배합량이 많으면 피부 트러블 유발로 피부에 대한 테스트 거쳐 안진성 확인 후 사용
④ 파라벤류(파라옥시안식향산메틸, 파라옥시안식향산프로필), 디아졸리디닐우레아, 이미다졸리다이닐우레아 등

(5) 보습제

① 보습 능력 좋고 휘발성이 없어야 함
② 보습 유지, 피부 건조 완화, 표피대사과정의 조절, 미백 및 노화 예방에도 효과
③ 고분자 물질(콜라겐, 히알루론산), 글리세린, 세라마이드, 천연보습인자(아미노산), 오일류 등

과년도 기출예제
Q 보습제가 갖추어야 할 조건으로 틀린 것은?
A 모공수축을 위해 휘발성이 있을 것

(6) pH 조절제

① 화장품 법규상 사용 가능한 pH 조절 범위 : 3~9
② 스트러스 계열 : pH를 산성화 시킴
③ 암모늄 카보나이트 : pH를 알칼리화 시킴

(7) 산화(산패)방지제

① 산화산패되는 것을 방지하며 항산화제라고도 함
② 화장품 제조, 보관, 유통, 판매 단계에서 화장품이 산소를 흡수해 산화하는 것을 방지하기 위해 첨가하는 물질
③ 토코페릴 아세테이트, 뷰틸하이드록시아니솔BHA 등

(8) 금속봉쇄제

① 물 또는 원료 중의 미량 금속이온은 화장품의 효과를 저해시키므로 이를 막기 위해 첨가
② 산화산패방지제로서도 효과가 있음
③ 구연산, 인산, 아스콜빈산, 글루콘산, 폴리인산나트륨, 에틸렌다이아민테트라초산EDTA 나트륨 등

(9) 향료

① 다양한 원료의 냄새를 중화하여 좋은 향을 부과, 휘발성이 필요
② **천연 식물성 향료** : 가격이 저렴, 레몬, 장미, 베르가못, 계피, 종자 등
③ **천연 동물성 향료** : 가격이 비쌈, 사향, 영묘향, 용연향 등
④ **합성 향료** : 벤젠 계열, 테르펜 계열의 화학적으로 합성한 향료

(10) 색소

① 물과 알코올 등의 용제에 녹는 색소
② 화장품 색을 조정하고 시각적인 색상을 부여
③ **염료**
- 물과 오일에 녹음
- 수용성 염료 : 물에 녹음
- 유용성 염료 : 오일에 녹음

④ **안료**

- 물과 오일에 녹지 않음
- 메이크업 제품에 사용
- 무기안료 : 빛, 산, 알카리에 강하고 내광성·내열성에 좋으며 커버력이 우수
- 유기안료 : 유기용매에 녹아 색이 번짐, 색, 선명, 착색력 좋음
- 레이크 : 물에 녹는 염료를 금속염과 반응시켜 용제에 녹지 않는 물질로 만든 안료

(11) 계면활성제

① 물(친수성기)과 기름(친유성기)의 경계면, 즉 계면의 성질을 변화시킬 수 있음

② 한 분자 내에 둥근 머리 모양의 친수성기와 막대 꼬리 모양의 친유성기로 구성

③ 기체, 액체, 고체의 계면 자유에너지를 저하시켜 세정작용을 하는 화합물

과년도 기출예제
Q 계면활성제 중 가장 살균력이 강한 것은?
A 양이온성

④ **양이온성**

- 살균, 소독 작용
- 정전기 발생 억제
- 헤어 린스, 헤어 트리트먼트, 유연제

양이온성

⑤ **음이온성**

- 세정 작용, 기포 형성 작용
- 비누, 샴푸, 클렌징 폼, 치약

음이온성

⑥ **양쪽성**

양쪽성

- 세정 작용, 살균력, 유연 효과
- 피부 저자극, 피부 안정성
- 베이비 샴푸, 저자극 샴푸

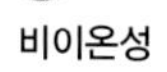

비이온성

⑦ **비이온성**

- 피부 자극이 적어 기초 화장품에 주로 사용
- 유화력, 습윤력, 가용화력, 분산력 우수
- 화장수의 가용제, 크림의 유화제, 클렌징 크림의 세정제

⑧ **피부 자극의 세기** : 양이온성 〉 음이온성 〉 양쪽성 〉 비이온성

⑨ **세정력 세기** : 음이온성 〉 양이온성 〉 양쪽성 〉 비이온성

과년도 기출예제
Q 계면활성제에 대한 설명으로 옳은 것은?
A 비이온성 계면활성제는 피부에 대한 안전성이 높고 유화력이 우수하여 에멀전의 유화제로 사용됨

3 화장품의 기술

(1) 분산

① 물 또는 오일 성분에 미세한 고체 입자를 액체 속에 균일하게 혼합시킨 것

② 파운데이션, 립스틱, 아이섀도 등의 메이크업 화장품

과년도 기출예제
Q 메이크업 화장품에 주로 사용되는 제조방법은?
A 분산

(2) 유화

① 물과 오일을 안정한 상태로 균일하게 섞은 것
② 크림과 로션의 제조에 쓰이는 기술
③ O/W(수중유형)
- 물 안에 기름이 분산되어 수분감이 많고 촉촉함
- 지속성이 낮음
- 지성피부, 여드름 피부에 적당함
- 에센스, 로션(에멀전), 핸드 로션

④ W/O(유중수형)
- 기름 안에 물이 분산되어 유분이 많고 사용감이 무거움
- 지속성이 높음
- 영양 크림, 클렌징 크림, 자외선 차단 크림

O/W형(수중유형)

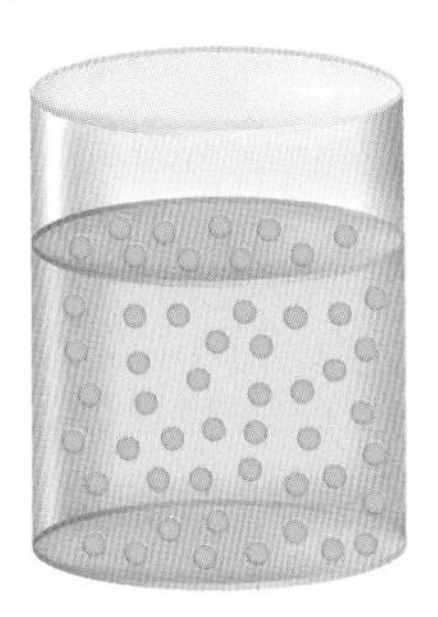
W/O형(유중수형)

과년도 기출예제

Q1 다량의 유성 성분을 물에 일정 기간 동안 안정한 상태로 균일하게 혼합시키는 화장품 제조기술은?
A1 유화

Q2 에멀전의 형태를 가장 잘 설명한 것은?
A2 두 가지 또는 그 이상의 액상물질이 균일하게 혼합되어 있는 것

(3) 가용화

① 물과 소량의 오일성분이 계면활성제에 의해 투명하게 용해시키는 것
② 화장수, 향수, 헤어 토닉, 에센스 등

3 화장품의 종류와 기능

1 화장품의 분류

① **기초화장품** : 클렌징 제품, 딥 클렌징 제품, 화장수, 로션, 크림, 에센스, 팩 등
② **기능성 화장품** : 미백 화장품, 주름개선 화장품, 자외선 차단제품, 피부태닝 화장품 등
③ **여드름 화장품** : 여드름 피부에 맞는 화장품
④ **메이크업 화장품** : 메이크업 베이스, 파운데이션, 베이스, 아이섀도, 아이라이너, 마스카라, 립스틱 등
⑤ **모발 화장품** : 샴푸, 린스, 트리트먼트 제품, 정발제, 육모제 등

과년도 기출예제

Q1 화장품의 분류에 관한 설명 중 틀린 것은?
A1 팩, 마사지 크림은 스페셜 화장품에 속함

Q2 손을 대상으로 하는 제품 중 알코올을 주베이스로 하며, 청결 및 소독을 주된 목적으로 하는 제품은?
A2 새니타이저

⑥ **바디관리 화장품** : 바디클렌징 제품, 트리트먼트 제품, 데오도란트 등
⑦ **향수** : 샤워코롱, 오데코롱, 오데토일렛, 오데퍼퓸, 퍼퓸 등
⑧ **에센셜 오일 및 캐리어 오일** : 에센셜 오일 제품, 베이스 오일 제품 등
⑨ **네일 화장품** : 베이스 코트, 네일 폴리시, 탑 코트 등

> **과년도 기출예제**
> Q1 기초화장품을 사용하는 목적이 아닌 것은?
> A1 피부결점 보완
>
> Q2 기초화장품의 기능이 아닌 것은?
> A2 피부결점 커버

2 기초화장품

(1) 기초화장품의 목적

피부 세안, 피부 정돈, 피부 보호를 목적으로 피부를 건강하게 유지하기 위해 사용

(2) 클렌징

① 피부의 청결 유지와 보습, 잔주름, 여드름 방지 등의 효과
② 피지, 메이크업 잔여물, 노폐물의 제거(각질 제거, 피부 세정)
③ 피부의 신진대사 촉진, 피부의 생리적 기능 정상화 촉진(보호, 보습)
④ 분자량이 적을수록 제품 흡수율이 높고 피부 호흡을 원활히 도움(피부 정돈)
⑤ 비누, 클렌징 폼, 클렌징 워터, 클렌징 젤, 클렌징 로션, 클렌징 크림, 클렌징 오일 등

> **과년도 기출예제**
> Q 세정제에 대한 설명으로 옳지 않은 것은?
> A 세정제는 피지선에서 분비되는 피지와 피부장벽의 구성요소인 지질성분을 제거하기 위하여 사용됨

(3) 딥 클렌징

① 클렌징으로 제거되지 않은 노폐물이나 묵은 각질을 물리적·화학적·생물학적으로 제거 가능
② 민감성 피부는 주의
③ **스크럽(물리적)**
- 각질 제거, 세안, 마사지 효과
- 지성피부 : 주 2~3회
- 건성피부 : 주 1~2회

④ **고마쥐(물리적)** : 건조된 제품을 근육 결대로 밀어서 각질 제거
⑤ **AHA(화학적)** : 산으로 각질 제거, 글리콜산은 사탕수수에 함유된 것으로 침투력이 좋음
⑥ **효소(생물학적)** : 단백질 분해 효소 각질 제거

(4) 화장수(스킨)

① 피부의 잔여물 제거
② 정상적인 pH 밸런스를 맞추어 피부 정돈
③ **유연 화장수**
- 보습 효과
- 건성피부, 노화피부에 사용

> **과년도 기출예제**
> Q1 화장수의 역할이 아닌 것은?
> A1 피부 노폐물의 분비를 촉진시킴
>
> Q2 화장수에 대한 설명 중 올바르지 않은 것은?
> A2 유연 화장수는 모공을 수축시켜 피부결을 섬세하게 정리함

④ **수렴 화장수(아스트린젠트)**

- 모공 수축 효과
- 알코올 성분이 많음
- 지성피부, 복합성 피부에 효과적으로 사용

(5) 에멀젼(로션)

① 유·수분 공급

② 유분막 형성으로 피부 보호·보습

③ 발림성이 좋고 피부에 빨리 흡수되며 사용감이 산뜻함

④ 두 가지 또는 그 이상의 액상 물질이 균일하게 혼합되어 있는 상태

(6) 에센스

① 좋은 영양 성분을 농축해 만든 것

② 피부 보호와 탄력, 영양 증진

(7) 팩

① 피부에 보호막 형성

② 보습과 영양 공급

③ 워시 오프타입, 티슈 오프타입, 오프타입(패치타입), 분말타입 등

3 기능성 화장품

(1) 기능성 화장품의 정의

① 피부의 미백에 도움을 주는 제품

② 피부의 주름개선에 도움을 주는 제품

③ 피부를 곱게 태워주거나 자외선으로부터 피부를 보호하는 데 도움을 주는 제품

④ 모발의 색상 변화·제거 또는 영양공급에 도움을 주는 제품

⑤ 피부나 모발의 기능 약화로 인한 건조함, 갈라짐, 빠짐, 각질화 등을 방지하거나 개선하는 데 도움을 주는 제품

과년도 기출예제

Q 화장품법상 화장품이 인체에 사용되는 목적 중 틀린 것은?

A 인체의 용모를 치료함

(2) 기능성 화장품의 범위

① 피부에 멜라닌색소가 침착하는 것을 방지하며 기미·주근깨 등의 생성을 억제함으로써 피부의 미백에 도움을 주는 기능을 가진 화장품

② 피부에 침착된 멜라닌색소의 색을 엷게 하여 피부의 미백에 도움을 주는 기능을 가진 화장품

③ 피부에 탄력을 주어 피부의 주름을 완화 또는 개선하는 기능을 가진 화장품

④ 강한 햇볕을 방지하여 피부를 곱게 태워주는 기능을 가진 화장품

⑤ 자외선을 차단 또는 산란시켜 자외선으로부터 피부를 보호하는 기능을 가진 화장품

참고 

화장품법 개정(시행 2020.8.5.)으로 기능성 화장품의 정의, 기능성 화장품의 범위가 변경되었습니다. 혼란을 줄이기 위해 법 내용을 그대로 실었습니다. 학습에 참고 바랍니다.

⑥ 모발의 색상을 변화시키는 기능을 가진 화장품(탈염·탈색 포함, 일시적으로 모발의 색상을 변화시키는 제품 제외)
⑦ 체모를 제거하는 기능을 가진 화장품(물리적으로 체모를 제거하는 제품 제외)
⑧ 탈모 증상의 완화에 도움을 주는 화장품(코팅 등 물리적으로 모발을 굵게 보이게 하는 제품 제외)
⑨ 여드름성 피부를 완화하는 데 도움을 주는 화장품(인체세정용 제품류로 한정)
⑩ 피부장벽의 기능을 회복하여 가려움 등의 개선에 도움을 주는 화장품(피부장벽 : 피부의 가장 바깥 쪽에 존재하는 각질층의 표피)
⑪ 튼살로 인한 붉은 선을 엷게 하는 데 도움을 주는 화장품

(3) 미백 제품

① 멜라닌 활성을 도와주는 타이로시나제 효소의 작용을 억제
② 타이로시나제는 타이로신의 산화를 촉매하는 효소
③ **성분** : 비타민 C, 코직산, 감초, 레몬, 구연산, 플라센타, 알부틴, 하이드로퀴논

과년도 기출예제

Q1 피부의 미백을 돕는 데 사용되는 화장품 성분이 아닌 것은?
A1 캄퍼, 카모마일

Q2 다음 중 미백 기능과 가장 거리가 먼 것은?
A2 캠퍼

(4) 주름 개선 제품

① 피부 탄력 강화, 콜라겐 합성 촉진, 표피 신진대사 촉진, 섬유아세포의 증가로 주름 개선
② **레티놀(비타민 A)**
- 콜라겐과 엘라스틴의 생성을 촉진
- 케라티노사이트의 증식 촉진
- 표피의 두께 증가
- 히아루론산 생성을 촉진 : 피부 주름을 개선시키고 탄력 증대

③ **아하(AHA)**
- 화학적인 필링제의 성분
- 각질세포의 세포 간 결합력을 약화
- 각질세포의 탈락 촉진 → 세포증식 증가, 세포활성 증가 → 주름 감소

④ **토코페롤(비타민 E)** : 산화제, 항노화제
⑤ **베타카로틴** : 피부 재생 효과, 유연 효과

과년도 기출예제

Q1 비타민 A 유도체로 콜라겐 생성을 촉진, 케라티노사이트의 증식 촉진, 표피의 두께 증가, 히아루론산 생성을 촉진하여 피부 주름을 개선시키고 탄력을 증대시키는 성분은?
A1 레티놀

Q2 AHA에 대한 설명으로 옳은 것은?
A2 글리콜산은 사탕수수에 함유된 것으로 침투력이 좋음
➔ 글리콜산 : 가장 작은 AHA

(5) 피부 태닝 제품

① 자외선에 의한 홍반을 막고 멜라닌 색소의 양을 늘려 피부색을 건강한 갈색으로 태움
② **성분** : DHA(피부 태닝 화장품)
③ 태닝 크림, 태닝 오일, 태닝 스프레이

과년도 기출예제

Q 기능성 화장품에 사용되는 원료와 그 기능의 연결이 틀린 것은?
A DHA – 자외선 차단

(6) 자외선 차단 제품

① 자외선으로부터 피부를 보호하기 위해 사용
② 일광노출 전 발라야 효과가 좋음

③ **자외선 차단지수 SPF** Sun Protection Factor

- 자외선 B(UV-B)의 차단효과를 표시하는 단위
- 숫자가 높을수록 차단 기능이 강함
- 자외선 양이 1일 때 SPF 15 차단제를 바르면 피부에 닿는 자외선의 양이 15분의 1로 줄어든다는 의미
- SPF 1은 아무것도 바르지 않고 자외선 B에 노출되었을 때, 피부 자극이나 홍반이 생기지 않고 견딜 수 있는 시간인 약 15분을 의미

④ **자외선 흡수제**

- 화학적으로 피부 침투 차단
- 투명하게 표현
- 민감한 피부에는 접촉성 피부염 유발
- 성분 : 파라아미노안식향산, 옥틸디메틸파바, 옥틸메톡시신나메이트, 벤조페논, 옥사벤존

⑤ **자외선 산란제**

- 물리적으로 자외선을 산란 또는 반사
- 차단 성분에 의한 백탁 현상
- 차단 효과 우수
- 성분 : 산화아연(징크옥사이드), 이산화티탄(티타늄디옥사이드)

과년도 기출예제

Q1 자외선 차단지수의 설명으로 옳지 않은 것은?
A1 SPF 1이란 대략 1시간을 의미함

Q2 SPF에 대한 설명으로 틀린 것은?
A2 오존층으로부터 자외선이 차단되는 정보를 알아보기 위한 목적으로 이용됨

Q3 자외선 차단 성분의 기능이 아닌 것은?
A3 미백작용을 함

Q4 자외선 차단제의 올바른 사용법은?
A4 도포 후 시간이 경과되면 덧바르는 것이 좋음

Q5 피부 표면에 물리적인 장벽을 만들어 자외선을 반사하고 분산하는 자외선 차단 성분은?
A5 이산화티탄

(7) 핸드 제품(새니타이저)

손을 대상으로 알코올을 주 베이스로 하며, 청결 및 소독을 주된 목적으로 함

(8) 여드름 케어 제품

① **살리실산** : 염증, 붉은기, 부기 감소와 항염증 작용에 효과
② **글리시리진산** : 감초에서 추출한 주성분으로 소염, 항염증, 항알레르기 작용에 효과
③ **글리콜산** : 사탕수수에 추출된 것으로 침투력이 좋음, 피부 세포 재생에 효과
④ **카모마일** : 주성분은 아줄렌, 살균·소독·항염 작용, 진정, 민감성, 혈행 촉진, 항알레르기 피부에 효과
⑤ **벤조일 퍼옥사이드** : 피지 조절, 살균, 방부 작용
⑥ **티트리** : 피지 조절, 살균·소독 작용, 항염증, 감염을 일으킨 상처 치유에 효과
⑦ **레틴산** : 각질 형성을 억제하며 배출을 촉진
⑧ **솔비톨** : 습윤 조정제, 보습, 세균 발육 저지력, 방부 작용에 효과
⑨ **로즈마리** : 항산화, 기미 예방, 항염증, 항알레르기, 향균 작용에 효과
⑩ **하마멜리스** : 수렴 효과, 각화 정상화, 가피 생성을 촉진하는 효과
⑪ **레몬** : 수렴, 보습, 세포 부활 작용에 효과
⑫ **감초** : 독성 제거, 해독, 소염, 자극 완화, 상처 치유, 항알레르기 작용에 효과

과년도 기출예제

Q 아줄렌은 어디에서 얻어지는가?
A 카모마일

과년도 기출예제

Q 여드름 피부에 맞는 화장품 성분으로 거리가 먼 것은?
A 알부틴
→ 캄퍼, 로즈마리 추출물, 하마멜리스

4 메이크업 화장품

(1) 베이스 메이크업

① **메이크업 베이스** : 피부색을 고르게 보이게 하고 파운데이션이 잘 발라지게 도와줌

② **파운데이션**

- 지속성 높음, 피부 결점 보완, 광택과 투명감 부여
- 외부 환경 및 자외선으로부터 피부 보호
- 리퀴드 : 자연스러운 표현, 산뜻한 사용감
- 크림 : 커버력, 지속성 우수
- 케이크 : 빠르고 간편한 사용성, 밀착력
- 컨실러 : 부분 잡티 커버

③ **파우더** : 피부색 정돈, 파운데이션의 유분기를 잡아 주고 땀이나 피지의 분비 억제

(2) 포인트 메이크업

① **립스틱** : 입술의 형태를 수정하고 보완, 입술에 색감을 주어 얼굴의 혈색을 좋게 표현

② **블러셔** : 얼굴에 입체감 부여, 광대뼈 부분을 커버

③ **아이섀도** : 눈에 색채와 음영을 주어 입체감을 표현

④ **아이브로** : 눈썹 모양을 조정하여 눈매 강조

⑤ **마스카라** : 속눈썹의 숱을 풍성하게 하거나 길고 짙어 보이게 표현

⑥ **아이라이너** : 눈의 윤곽을 강조하며 눈의 모양을 변화시켜 눈매의 개성을 연출

> **과년도 기출예제**
> **Q** 다음 중 립스틱의 성분으로 가장 거리가 먼 것은?
> **A** 알코올

5 모발 화장품

(1) 샴푸(세정제)

① 모발과 두피의 노폐물을 제거하기 위하여 사용

② 거품이 섬세하고 풍부하며 지속성을 가져야 함

③ 두피와 모발 및 눈에 대한 자극이 없어야 함

(2) 트리트먼트 제품

① **린스** : 정전기 방지, 모발의 표면을 보호하면서 빗질을 좋게 하며 자연스러운 광택을 줌

② **트리트먼트** : 모발 손상 예방, 손상된 모발 회복, 컨디셔닝 성분(유수분 공급)

③ **팩** : 모발과 두피 손상 예방, 모발과 두피에 영양 공급

> **과년도 기출예제**
> **Q** 린스의 기능으로 틀린 것은?
> **A** 세정력이 강함
> → 정전기 방지, 모발 표면 보호, 자연스러운 광택

(3) 정발제

① 모발을 원하는 형태로 고정

② 스타일링 기능

③ 모발의 형태를 고정할 수 있게 정돈

④ 헤어 왁스, 헤어 젤, 헤어 무스, 헤어 스프레이, 헤어 오일, 헤어 리퀴드

(4) 육모제(헤어토닉)

① 살균력이 있어 모발과 두피를 청결히 함
② 두피에 발라 마사지할 때 혈액순환을 좋게 함
③ 비듬과 가려움 제거, 모근 강화, 탈모 방지

6 바디 관리 화장품

(1) 바디 클렌저

① 전신의 노폐물을 제거하여 청결함 유지
② 바디 스크럽, 바디 솔트를 이용하여 묵은 노폐물과 각질을 제거
③ 세균의 증식을 억제
④ 피부 각질층의 세포 간 지질을 보호
⑤ 바디 샴푸, 바디 스크럽, 바디 솔트 등

과년도 기출예제

Q 바디 샴푸가 갖추어야 할 이상적인 성질과 거리가 먼 것은?
A 각질의 제거 능력
➜ 적절한 세정력, 풍부한 거품과 거품의 지속성, 피부에 대한 높은 안정성

(2) 바디 트리트먼트

① 피부의 보습과 건조함을 방지하여 피부 보호
② 유분을 부여하여 영양 공급
③ 바디 로션, 바디 크림, 바디 오일

(3) 데오도란트

① 땀 분비로 인한 냄새와 세균 증식을 억제하기 위해 겨드랑이 부위에 사용
② 피부 상재균의 증식을 억제하는 항균기능을 가짐
③ 발생한 체취를 억제하는 기능
④ 스프레이, 로션, 파우더, 스틱 타입

과년도 기출예제

Q 피부 상재균의 증식을 억제하는 항균기능을 가지고 있고, 발생한 체취를 억제하는 기능을 가진 것은?
A 데오도란트

7 향수

(1) 정의 : 식물에서 추출한 정유

(2) 구비 요건

① 기분 전환에 사용할 수 있도록 향의 특징이 있어야 함
② 향의 확산성이 좋아야 함
③ 일정 시간 동안의 지속성이 있어야 함
④ 시대성에 부합하는 향이어야 함
⑤ 향의 조화가 잘 이루어져야 함

과년도 기출예제

Q 향수의 구비 요건으로 가장 거리가 먼 것은?
A 확산성이 낮아야 함
➜ 확산성이 좋아야 함

(3) 농도 단계에 따른 분류

구분	함유량	지속성
퍼퓸	15~30%	약 6~7시간
오데퍼퓸	9~12%	약 5~6시간
오데토일렛	6~8%	약 3~5시간
오데코롱	3~5%	약 1~2시간
샤워코롱	1~3%	약 1시간

과년도 기출예제

Q 향수에 대한 설명으로 옳은 것은?

A 퍼퓸 – 알코올 70%와 향수원액을 30% 포함하며, 향이 3일 정도 지속됨

(4) 향수의 부향률 크기

퍼퓸 〉 오데퍼퓸 〉 오데토일렛 〉 오데코롱 〉 샤워코롱

과년도 기출예제

Q 향수의 부향률이 높은 순에서 낮은 순으로 바르게 정렬된 것은?

A 퍼퓸 〉 오데퍼퓸 〉 오데토일렛 〉 오데코롱

(5) 발향에 따른 분류

① **톱 노트** : 향수를 뿌린 후 첫 느낌, 휘발성이 강해 지속력이 떨어짐(시트러스, 그린)

② **미들 노트** : 알코올이 날아간 후의 향취로 꽃향, 과일향으로 풍요로움을 더해 줌(플로럴, 프루티)

③ **베이스 노트** : 시간이 지난 후 자신의 체취와 섞여 나는 향취로 휘발성이 낮아 향이 오래 지속됨(무스크, 우디)

8 에센셜 오일(아로마 오일)

(1) 에센셜 오일의 특징

① 식물의 꽃이나 줄기, 뿌리, 씨 등 다양한 부위에서 추출한 휘발성과 혼합성이 있는 오일

② 화상, 여드름, 염증 등의 치유

③ 감기, 호흡기 장애, 정서불안, 수면장애 등 심신의 건강 및 미용효과를 높임

④ 피지·지방에 쉽게 용해되어 피부를 통한 흡수 용이

⑤ 혈액과 림프액을 통해 체내를 순환하여 피부 개선

⑥ 분자량이 작아 침투력이 강함

⑦ **활용법** : 목욕법, 흡입법, 마사지법, 확산법 등

⑧ **추출법** : 수증기 증류법, 압착법, 용제 추출법 등

과년도 기출예제

Q 식물의 꽃, 잎, 줄기, 뿌리, 씨, 과피, 수지 등에서 방향성이 높은 물질을 추출한 휘발성 오일은?

A 에센셜 오일

(2) 에센셜 오일의 종류

① **티트리** : 피지 조절, 방부 작용, 살균·소독 작용, 여드름 피부에 효과

② **레몬** : 기분 상승, 미백 작용, 살균 작용, 지성피부와 여드름 피부에 효과

③ **카모마일** : 진정 작용, 살균·소독 항염 작용, 여드름 피부에 효과

④ **라벤더** : 불면증·스트레스·긴장 완화, 일광 화상, 상처 치유에 효과

⑤ **자스민** : 기분 전환, 산모의 모유 분비 촉진, 정서적 안정에 효과
⑥ **유칼립투스** : 근육통 치유, 염증 치유, 감기, 천식 등 호흡기 질환에 효과
⑦ **시더우드** : 수렴·살균 작용, 지성피부 및 여드름 피부에 효과
⑧ **로즈마리** : 기억력 증진과 두통 완화 효과, 혈행 촉진, 진통작용
⑨ **페퍼민트** : 혈액순환 촉진(멘톨), 피로회복, 졸음 방지에 효과, 통증완화
⑩ **마조람** : 모세혈관 확장, 혈액의 흐름을 좋게 하므로 멍든 피부에 효과
⑪ **베르가못** : 진정작용과 신경안정, 피지 제거, 지성피부에 효과

과년도 기출예제

Q1 햇빛에 노출했을 때 색소침착의 우려가 있어 사용 시 유의해야 하는 에센셜 오일은?
A1 레몬

Q2 라벤더 에센셜 오일의 효능에 대한 설명으로 가장 거리가 먼 것은?
A2 모유생성작용
→ 재생작용, 화상치유작용, 이완작용

(3) 에센셜 오일 사용 시 주의사항

① 개봉 후 1년 이내 사용 : 공기, 빛 등에 의해 변질
② 희석 없이 직접 피부 사용 금지 : 희석되지 않은 상태에서는 두통, 메스꺼움, 불쾌감을 줄 수 있음
③ 직접 눈 부위에 닿지 않도록 함
④ 직사광선을 피하고 통풍이 잘 되고 자외선이 차단되는 갈색 병에 뚜껑을 닫아 보관
⑤ 사용 전에 안전성 데이터를 숙지하여 미리 패치 테스트를 실시
⑥ 임산부, 고혈압, 간질병 환자 등 사용 금지

과년도 기출예제

Q 에센셜 오일의 보관 방법으로 틀린 것은?
A 투명하고 공기가 통할 수 있는 용기에 보관
→ 갈색 병에 뚜껑을 닫아 보관

9 캐리어 오일(베이스 오일)

(1) 캐리어 오일의 특징

① 주로 식물의 씨앗에서 추출한 오일
② 에센셜 오일을 희석시켜 피부에 자극 없이 피부 깊숙이 전달
③ 캐리어 오일과 에센셜 오일은 원액(원액을 사용할 수 없음)을 섞어 사용

(2) 캐리어 오일의 종류

① **호호바 오일**
- 인체 피지와 지방산의 조성이 유사하여 피부 친화성이 좋음
- 쉽게 산화되지 않아 안정성이 높음
- 여드름 피부, 건성피부 등 모든 피부에 적합

② **아몬드 오일** : 피부 연화 작용 우수, 튼살, 가려움증, 건성피부에 효과
③ **맥아 오일(윗점 오일)** : 항산화 작용, 습진·건선·노화 억제 효과
④ **아보카도 오일** : 건성·민감성·노화·습진피부에 효과
⑤ **달맞이 오일**
- 불포화지방산(리놀산 70%, 감마-리놀렌산 10%)의 트리글리세리드 함유
- 항염증, 항혈전 작용, 항알레르기, 아토피성 피부염에 효과

⑥ **코코넛 오일** : 피부노화, 목주름 등에 효과
⑦ **살구씨유 오일** : 에몰리언트 효과가 우수, 조기 노화 피부 및 민감성 피부에 효과

9절 손발의 구조와 기능

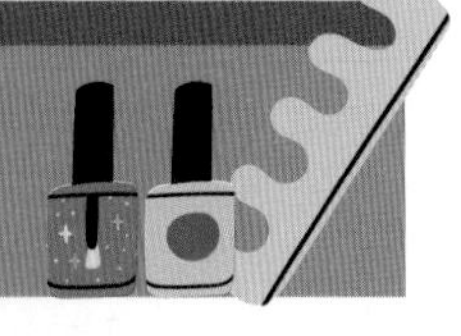

1 뼈(골)의 형태 및 발생

1 골격계

① 206개(관절로 연결)

② 체중의 약 20%를 차치

③ 뼈와 연골, 인대, 관절 등으로 구성

2 뼈의 기능

① **지지 기능** : 신체를 지지

② **보호 기능** : 내부 장기를 보호

③ **운동 기능** : 근육의 수축을 이용하여 운동 시 지지대의 역할

④ **저장 기능** : 칼슘(Ca), 인(P) 등의 무기질을 저장

⑤ **조혈 기능** : 혈액세포 생성

> **과년도 기출예제**
>
> **Q1** 뼈의 기능이 아닌 것은?
>
> **A1** 흡수 기능
>
> → 지렛대 역할, 보호 작용, 무기질 저장
>
> **Q2** 손가락 뼈의 기능으로 틀린 것은?
>
> **A2** 흡수 기능
>
> → 지지 기능, 보호 작용, 운동 기능

3 뼈의 형태

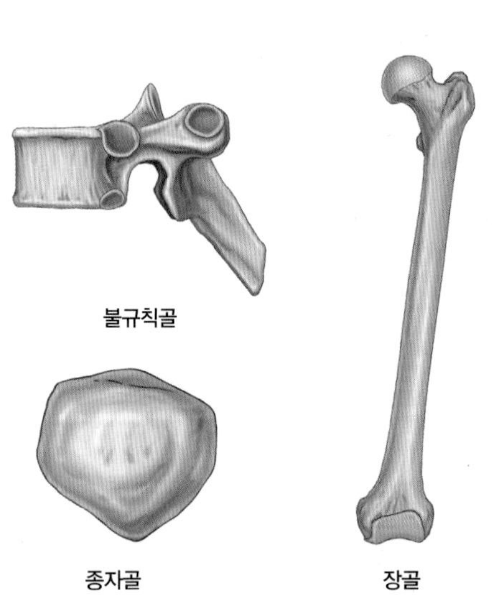

(1) 장골

① 골수강을 형성하는 길이가 긴뼈

② **상지(상체골격)** : 상완골, 척골, 요골 및 지골 등

③ **하지(하체골격)** : 대퇴골, 결골, 비골 등

(2) 단골

① 골수강이 없는 짧고 어느 정도 불규칙하게 생긴 길이가 짧은 뼈

② 수근골, 수지골, 족근골, 족지골 등

(3) 편평골

① 골수강이 없는 납작한 뼈
② 두정골, 전두골, 후두골, 측두골, 견갑골 등

(4) 불규칙골

① 불규칙한 형태를 갖는 뼈
② 척추골, 접형골, 사골, 천골, 미골 등

(5) 종자골

① 씨앗 형태의 작은 뼈
② 건이나 관절낭 속에 있으며 주로 손발에 존재
③ 슬개골

(6) 함기골

① 뼈 속에 공간이 있어 공기를 함유하고 있는 특수한 뼈
② 전두골, 상악골, 측두골, 접형골, 사골

4 뼈의 구조

(1) 골막

① 뼈의 표면을 싸고 있는 교원섬유질의 튼튼한 막
② 골내막(내층)과 골외막(외층)으로 구성된 결합조직
③ 뼈의 보호, 영양 및 발육에 중요한 역할

> **과년도 기출예제**
> **Q** 다음 중 뼈의 구조가 아닌 것은?
> **A** 골질
> → 골막, 골수, 골조직

(2) 골조직

① **치밀골** : 골 외부의 단단한 백색의 조직이며 하버스관에 의해 구성되어 혈관과 신경의 통로
② **해면골** : 골 내부를 이루며 망사구조로 구멍이 많은 모양으로 불규칙하게 결합된 골조직

(3) 골수강

뼈 속 터널 같은 공간으로 조혈조직인 골수가 이 공간을 채움

(4) 골수

① **적골수** : 골수강 사이의 공간을 채우고 혈액을 생성하는 조혈작용
② **황골수** : 골수강 사이의 공간을 채우고 조혈작용을 거의 하지 않음

5 뼈의 발생과 성장

① **골화** : 단단하지 않은 조직에서 단단하게 변화하여 뼈가 형성되는 과정
② **골단연골** : 성장판연골이라고도 하며 성장기에 있어 뼈의 길이 성장이 일어나는 곳
③ **골단판** : 성장판이라고도 하며 성장기까지 뼈의 길이 성장을 주도하는 곳
④ **골단** : 성장에 관여하며 골단연골의 성장이 멈추면서 완전한 뼈가 형성되는 장골의 양쪽 둥근 끝부분

2 손과 발의 뼈대(골격)

1 손의 뼈(골격)

(1) 손뼈의 구성

① 총 27개의 뼈

② 수근골 : 8개, 중수골 : 5개, 수지골 : 14개

(2) 수지골(손가락뼈)

① **기절골** : 첫마디 손가락뼈 5개

② **중절골** : 중간마디 손가락뼈 4개

③ **말절골** : 끝마디 손가락뼈 5개

④ **1지** : 기절골, 말절골

⑤ **2~5지** : 기절골, 중절골, 말절골

(3) 중수골(손바닥뼈)

엄지손허리뼈~소지손허리뼈(1지~5지)

(4) 수근골(손목뼈)

① **원위부** : 대능형골, 소능형골, 유두골, 유구골

② **근위부** : 주상골, 월상골, 삼각골, 두상골

(5) 척골(아래팔의 내측)

① 손목뼈와 연결

② 소지방향으로 연결되는 뼈

(6) 요골(아래팔의 외측)

① 손목뼈와 연결

② 무지방향으로 연결

과년도 기출예제

Q1 다음 중 손가락의 수지골 뼈의 명칭이 아닌 것은?

A1 요골

Q2 손가락마디에 있는 뼈로서 총 14개로 구성되어 있는 뼈는?

A2 손가락뼈(수지골)

Q3 몸쪽 손목뼈(근위 수근골)가 아닌 것은?

A3 알머리뼈(유두골)

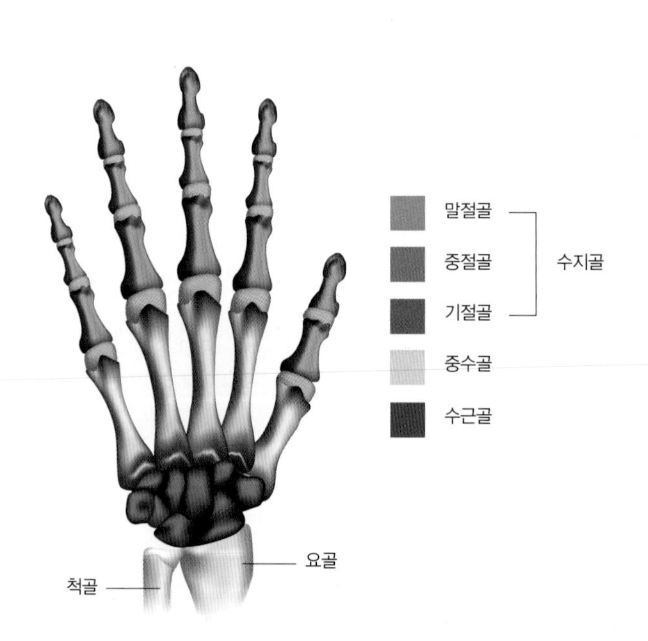

2 발의 뼈(골격)

(1) 발뼈의 구성

① 총 26개

② 족근골 : 7개, 중족골 : 5개, 족지골 : 14개

과년도 기출예제

Q 손과 발의 뼈구조에 대한 설명으로 틀린 것은?

A 발목뼈는 몸의 무게를 지탱하는 5개의 길고 가는 뼈로 체중을 지탱하기 위해 튼튼하고 길

(2) 족지골(발가락뼈)

① **기절골** : 첫마디 발가락뼈 5개

② **중절골** : 중간마디 발가락뼈 4개

③ **말절골** : 끝마디 발가락뼈 5개

④ **1지** : 기절골, 말절골

⑤ **2~5지** : 기절골, 중절골, 말절골

(3) 중족골(발등뼈)

엄지발허리뼈~소지발 허리뼈(1지~5지)

(4) 족근골(발목뼈)

① **원위부** : 내측설상골, 중간설상골, 외측설상골, 입방골

② **근위부** : 거골, 종골, 주상골

(5) 경골

① 하퇴의 내측을 구성하는 뼈

② 2개

(6) 비골

① 경골 바깥쪽에 있는 가는 뼈

② 1개

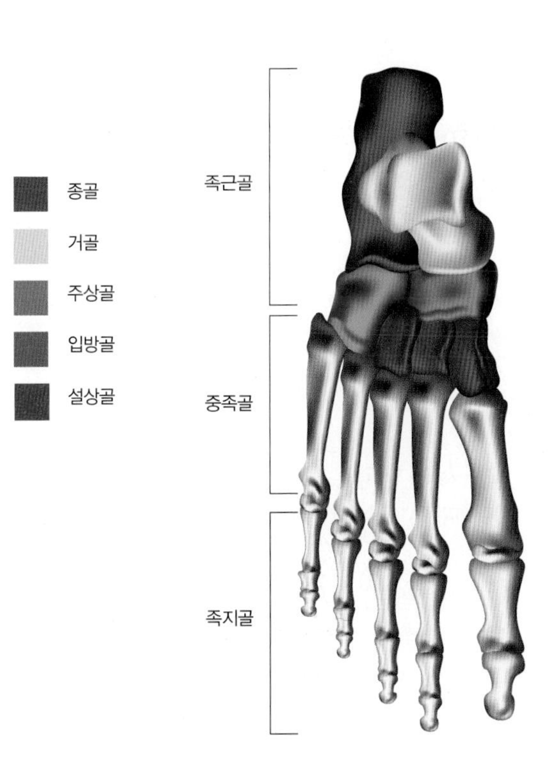

3 손과 발의 근육

1 근육

① 수축과 이완이 있는 모든 조직
② 약 650개
③ 형태와 크기가 다양
④ 체중의 40~50%를 차지

2 근육의 분류

(1) 골격근

① 가로무늬근(횡문근)으로 뼈와 뼈 사이에 붙어 있는 근육
② 의지대로 움직일 수 있는 근(수의근)으로 중추신경계에서 조절

(2) 평활근

① 민무늬근으로 의지대로 움직이지 않는 근(불수의근)
② 위, 방광, 자궁 등의 벽을 이루고 있는 내장근
③ 교감신경계에서 조절, 불수의적으로 수축하고 이완

(3) 심근

① 가로무늬근(횡문근)으로 심장을 구성하는 근육
② 심장에서만 발견(심장근)

과년도 기출예제

Q 골격근에 대한 설명으로 틀린 것은?
A 인체의 약 60%를 차지함

3 근육의 기능

① 운동을 일으킴
② 자세를 유지
③ APT에너지가 방출하면서 열을 발생
④ 혈관의 확장과 수축을 관장
⑤ 수축을 통해 혈액의 순환을 일으킴
⑥ 물질이 들어오고 나가는 문 역할

과년도 기출예제

Q 손 근육의 역할에 대한 설명으로 틀린 것은?
A 자세를 유지하기 위해 지지대 역할을 함

4 손(발)근육의 형태

① **신근(평근)** : 손(발)가락을 벌리거나 펴서 내·외측 회전과 내·외향에 작용
② **외전근(벌림근)** : 손(발)가락 사이를 벌리는 근육(엄지와 소지의 벌리는 외향에 작용)
③ **굴근(굽힘근)** : 손(발)목과 손(발)가락을 구부리는 내·외향에 작용
④ **내전근(모음근)** : 손(발)가락 사이로 모으거나 붙이는 근육(모으는 내향에 작용)

과년도 기출예제

Q1 손가락과 손가락 사이가 붙지 않고 벌어지게 하는 외향에 작용하는 손등의 근육은?
A1 외전근

Q2 손의 근육과 가장 거리가 먼 것은?
A2 엎침근(회내근)

Q3 손목을 굽히고 손가락을 구부리는데 작용하는 근육은?
A3 굴근

⑤ **대립근(맞섬근)** : 물건을 쥐거나 잡을 때 작용하는 근육
⑥ **회외근** : 손(발)바닥을 위로 향하게 하는 근육
⑦ **회내근** : 손(발)목을 안쪽으로 또는 손(발)등을 위쪽으로 향하게 하는 근육

참고 승모근

견갑골을 올리고 내·외측 회전에 관여함으로써 위팔을 올리거나 내릴 때 또는 바깥쪽으로 돌릴 때 사용되는 근육

5 손의 근육 종류

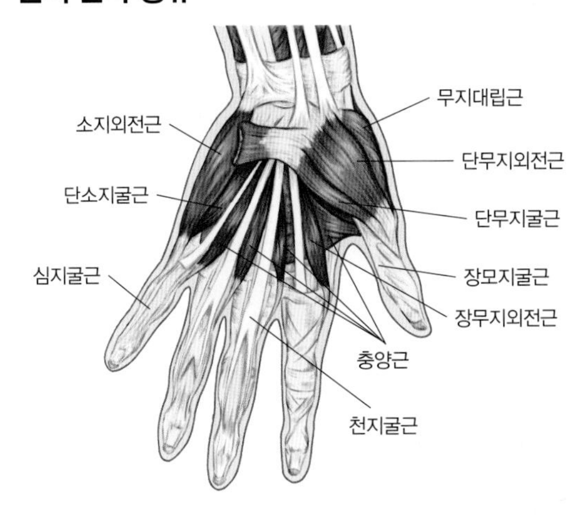

과년도 기출예제

Q1 다음 중 손의 중간근(중수근)에 속하는 것은?
A1 벌레근(충양근)

Q2 둘째~다섯째 손가락에 작용을 하여 손허리뼈 사이를 메워주는 손의 근육은?
A2 벌레근(충양근)

Q3 다음 중 손의 근육이 아닌 것은?
A3 반힘줄근(반건양근)

(1) 무지구근(엄지손가락의 근육)

엄지폄근	단무지신근	• 엄지손가락을 펴고 손목을 펴는 근육 • 무지 손허리 손가락 관절 신전에 관여
	장무지신근	• 모든 엄지손가락의 관절을 지나고 엄지를 펴는 근육 • 모든 무지 손가락관절의 신전에 관여
엄지굽힘근	단무지굴근	• 엄지손가락을 구부리는 근육 • 무지의 굴곡에 관여(무지대립근 보조)
	장무지굴근	• 모든 엄지손가락 관절을 지나가고 엄지를 구부리는 근육 • 무지와 수근의 굴곡에 관여(무지대립근 보조)
엄지벌림근	단무지외전근	• 엄지손가락을 벌리는 근육 • 무지의 외전에 관여
	장무지외전근	• 엄지손가락과 손목을 벌리는 근육 • 무지와 수근의 외전에 관여
엄지모음근	무지내전근	• 엄지손가락을 모으는 근육 • 무지의 내전과 굴곡(무지대립근 보조)
엄지맞섬근	무지대립근	• 엄지손가락을 다른 손가락과 마주보고 물건을 잡게 하는 근육 • 무지의 대립과 굴곡에 관여

(2) 중수근, 중간근(손허리뼈 사이의 근육)

벌레근	충양근	• 손허리뼈 사이를 메어주고 글쓰기, 식사에 있어 중요한 기능 • 2~5지 손가락뼈사이관절의 신전에 관여 • 손허리 손가락관절의 굴곡에 관여 • 손목 손허리관절의 굴곡에 관여
손등쪽 뼈사이근	배측골간근	• 손허리뼈 사이를 메어주고 3지 손가락을 기준으로 손가락을 펴는 기능 • 손목 손허리관절은 굽히고 손가락뼈사이관절을 펴는 근육 • 2~5지 손가락의 외전에 관여 • 손허리 손가락관절의 굴곡에 관여 • 손가락뼈사이관절의 신전에 관여
손바닥쪽 뼈사이근	장측골간근	• 2지, 4지, 5지 손가락을 3지를 중심으로 모으고 손가락 사이를 좁히는 기능 • 손허리 손가락관절은 굽히고 손가락뼈사이관절은 펴는 근육 • 2지, 4지, 5지 손가락의 내전에 관여 • 손가락뼈사이관절 신전에 관여
얕은손가락 굽힘근	천지굴근	• 2~5지 손허리 손가락관절과 동일한 손가락의 손가락뼈사이관절을 굽히는 근육 • 2~5지 손가락의 근위손가락관절의 굴곡에 관여 • 손허리 손가락관절의 굴곡에 관여(손목의 굴곡을 보조)
깊은손가락 굽힘근	심지굴근	• 2~5지 손허리 손가락관절과 동일한 손가락의 손가락뼈사이관절을 굽히는 근육 • 2~5지 손가락의 원위손가락관절의 굴곡에 관여 • 손허리 손가락관절의 굴곡에 관여(손목의 굴곡을 보조)
손가락 폄근	지신근	• 2~5지 손가락을 펴는 근육 • 2~5지 손가락 손허리 손가락관절 신전에 관여
검지손가락 폄근	시지신근	• 2지 손가락을 펴는 근육 • 시지 손허리 손가락관절의 신전에 관여

(3) 소지구근(소지손가락의 근육)

소지폄근	소지신근	• 소지손가락을 펴는 근육 • 소지 손허리손가락관절의 신전에 관여
소지굽힘근	소지굴근, 단소지굴근	• 소지손가락을 구부리는 근육 • 소지 손허리손가락관절의 굴곡에 관여
소지벌림근	소지외전근	• 소지손가락을 벌리는 근육 • 소지 손허리손가락관절의 외전에 관여
소지맞섬근	소지대립근	• 소지손가락을 구부리고 동시에 모아주는 근육 • 소지의 무지에 대한 대립에 관여

6 발의 근육 종류

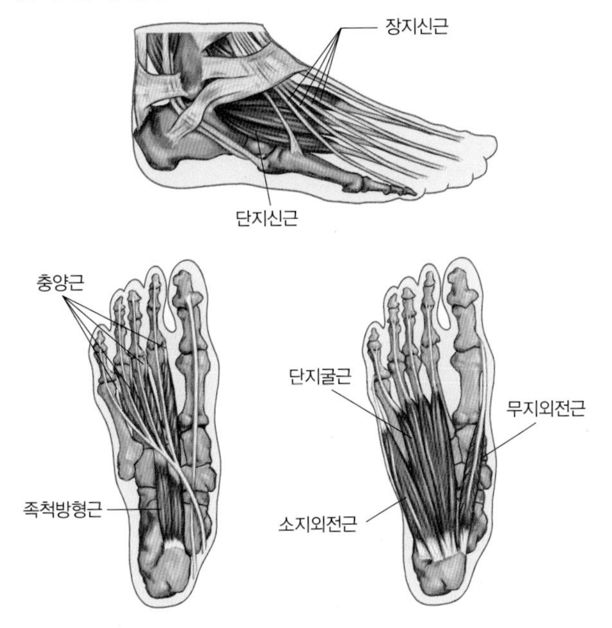

과년도 기출예제

Q1 다음 중 발의 근육에 해당하는 것은?

A1 족배근

Q2 발허리뼈(중족골) 관절을 굴곡시키고, 외측 4개 발가락의 지골간관절을 신전시키는 발의 근육은?

A2 벌레근(충양근)

(1) 족배근(발등의 근육)

엄지평근	단무지신근	• 엄지발가락을 펴게 도와주는 근육 • 무지의 신전의 보조에 관여
	장무지신근	• 엄지발가락, 발목을 펴는 근육 • 걸음을 걸을 때 엄지발가락이 바르게 바닥에 닿게 해줌 • 무지의 신전에 관여(발목, 발등의 굴곡을 보조)
	단지신근	• 1~4지 발가락을 펴는 근육 • 장지신근을 지지하며 걸음을 걷는 것을 돕게 해줌 • 1~4지 발가락 신전에 관여
	장지신근	• 2~5지 발가락을 펴는 근육 • 걸음을 걸을 때 발가락이 바르게 바닥에 닿게 해줌 • 2~5지 발가락 신전에 관여(발목, 발등의 굴곡을 보조)

(2) 중족골, 중간근(발허리뼈 사이의 근육)

벌레근	충앙근	• 발허리발가락관절은 굽히고 발가락 뼈사이관절은 펴는 근육 • 2~5지 발가락 지골간관절의 신전 관여 • 발허리발가락관절의 굴곡 관여
발등쪽 뼈사이근	배측골간근	• 2~5지 발가락을 벌리는 근육 • 2~5지 발가락의 외전에 관여
발다닥쪽 뼈사이근	저측골간근	• 3~5지 발가락을 모으는 근육 • 3~5지 발가락의 내전에 관여

(3) 족저근(발바닥 근육)

엄지굽힘근	단무지굴근	• 엄지발가락을 굽히는 근육 • 무지의 굴곡에 관여
	장무지굴근	• 엄지발가락과 발목관절을 굽히는 근육 • 발의 안쪽 발바닥궁을 지탱함 • 무지의 전체 굴곡에 관여(발목 저측 굴곡의 보조)
발가락	단지굴근	• 2~5지 발가락을 굽히는 근육 • 2~5지 발가락 근위지 관절 굴곡에 관여
굽힘금	장지굴근	• 2~5지 발가락을 굽히는 근육 • 균형을 잡거나 걸음을 걸을 때 발이 바닥에 단단히 닿게 함 • 2~5지 발가락의 굴곡에 관여
소지굽힘금	단소지굴근	• 소지지 발가락을 굽히는 근육 • 소지의 굴곡에 관여
엄지벌림근	무지외전근	• 엄지발가락을 벌리는 근육 • 무지의 외전에 관여
소지벌림근	소지외전근	• 소지발가락을 벌리는 근육 • 소지의 외전에 관여
엄지모음근	무지내전근	• 엄지발가락을 모으는 근육 • 무지의 내전에 관여
발바닥 네모근	족저방형근, 족척방형근	• 발가락을 발바닥쪽으로 구부리도록 하는 근육 • 장지굴근의 보조에 관여

4 손과 발의 신경

1 신경계

(1) 뉴런(신경원)

① 최소 단위인 신경세포
② 환경이 주는 자극에 반응, 다른 세포에 반응을 전달시켜 몸과 뇌가 활동할 수 있게 함
③ **수상돌기** : 외부로부터의 자극을 세포체에 전달
④ **세포체** : 수상돌기를 통해 받은 자극을 축삭에 전달하고 신경세포에서 필수적인 생명 근원으로 핵이 존재
⑤ **축삭돌기** : 세포체에서 받은 자극을 다른 뉴런의 (말초)수상돌기로 신호 전달

(2) 시냅스

① 하나의 뉴런이 또 다른 뉴런과 연결되는 특수한 부위
② 축삭돌기와 수상돌기가 연결되는 곳

(3) 신경교세포

① 뉴런을 지지하고 보호하는 역할
② 신경섬유를 재생하고 보호에 관여

2 신경계의 기능

① **운동기능** : 조직이나 세포가 맡은 역할을 할 수 있도록 작용하는 기능
② **감각기능** : 외부의 자극을 받아들이고 느끼는 기능
③ **조정기능** : 중추신경계를 통해 통합하고 조절하는 기능
④ **전달기능** : 일정한 방향으로 전달하는 기능

3 신경계의 분류

중추신경	뇌	대뇌, 소뇌, 중뇌, 간뇌, 연수	운동, 감각, 조건반사, 기억, 사고, 판단, 감정 등 역할
	척수	뇌와 함께 중추신경계를 이루며 연수에 이어져 길게 뻗은 원통형의 신경조직	
말초신경	체성신경	뇌신경(12쌍)	운동신경, 감각신경, 혼합신경, 자율신경
		척수신경(31쌍)	척추로부터 나오는 신경
	자율신경	교감신경	심장, 기관지, 눈의 홍채, 혈관, 땀샘, 장, 부신수질, 타액선에 반응
		부교감신경	

과년도 기출예제

Q 신경조직과 관련된 설명으로 옳은 것은?
A 말초신경은 외부나 체내에 가해진 자극에 의해 감각기에 발생한 신경흥분을 중추신경에 전달함

4 팔 · 손 신경(상지신경)

(1) 액와신경(겨드랑이신경)

① 겨드랑이 부위의 신경
② 삼각근과 소원근에 분포

(2) 근피신근육(근육피부신경)

① 위쪽 팔 근육(운동기능), 아래 팔 일부 피부(감각기능)를 담당하는 근육, 피부신경
② 굴근에 분포

(3) 정중신경(중앙신경)

① 일부 손바닥의 감각, 움직임, 손목의 뒤집힘 등의 운동기능을 담당하는 신경
② 아래팔앞쪽근육, 엄지손가락근육, 손바닥의 피부에 분포

(4) 요골신경(노뼈신경)

① 팔과 손등의 외측 엄지손가락 쪽을 지배하는 혼합성 신경
② 신근에 분포

(5) 척골신경(자뼈신경)

① 손바닥 안쪽의 근을 지배하고 피부감각을 주관하는 신경
② 팔뚝과 손의 소지 쪽에 분포

(6) 수지골신경(손가락신경)

① 손가락의 열, 한기, 촉감, 압박감, 통증 등의 감각을 느끼는 신경
② 손과 손가락에 분포(검지에 많이 분포)

5 다리 · 발 신경(하지신경)

(1) 대퇴신경(넙다리신경)

① 근육을 지배하고 감각을 느끼는 신경
② 대퇴부의 신근과 하부의 피부에 분포

(2) 좌골신경(궁둥신경)

① 다리의 감각을 느끼고 근육의 운동을 조절하는 신경
② 다리 뒤쪽을 따라 아래로 분포

(3) 경골신경(정강신경)

① 근육을 지배하고 피지를 하퇴의 후면과 발바닥의 피부로 보내는 기능을 하는 신경
② 다리, 무릎, 종아리, 발바닥의 피부, 발가락 밑에 분포

(4) 총비골신경(온종아리신경)

① 궁둥신경에서 분지되어 종아리 바깥쪽과 발등으로 연결되는 종아리 신경
② 무릎 뒤에서 경골의 머리까지 내려가 둘로 나뉨

과년도 기출예제

Q1 자율 신경에 대한 설명으로 틀린 것은?
A1 복재신경 – 종아리 뒤 바깥쪽을 내려와 발뒤꿈치의 바깥쪽 뒤에 분포

Q2 다음 중 하지의 신경에 속하지 않는 것은?
A2 액와신경

(5) 천비골신경(얕은종아리신경)

① 주로 감각을 느끼는 신경

② 발 피부에 분포

(6) 배측신경(깊은종아리신경)

① 주로 운동성으로 하퇴의 근육을 지배하는 신경

② 발등에 분포

(7) 비복신경(장딴지신경)

① 장딴지의 바깥부분, 발목, 발뒤꿈치 등에 감각을 느끼는 신경

② 종아리 뒤쪽으로 연결되는 장딴지에 분포

(8) 복재신경(두렁신경)

① 다리 안쪽과 무릎에 감각을 전하는 신경

② 정강이 안쪽과 발등 안쪽의 피부에 분포

2장

네일 화장물 제거

일반 네일 폴리시의 제거는 알맞은 제거제만 선택하면 손톱에 큰 손상을 초래하지 않고 제거에 큰 어려움이 없어 일반인들도 편리하게 이용한다. 하지만 네일 파일을 활용해야 하는 젤 네일 폴리시와 인조 네일의 경우에는 네일의 구조를 숙지하지 않으면 잘못된 제거로 인하여 손톱이 크게 손상될 수 있으므로, 네일미용사는 반드시 네일의 구조와 네일 파일의 활용 방법을 숙지한 후 제거의 과정을 수행해야 한다.

NCS학습모듈 네일 화장물 제거 中

1절 네일 화장물 제거

1 네일 화장물 제거제 유형별 특징 및 선택

1 아세톤

① 인조 네일(팁, 아크릴, 젤 등)을 제거할 때 사용
② 휘발성이 강하고 인화성이 있는 제품
③ 무색의 액체이며 백화 현상이 있는 제품
④ 탈지면에 적셔 호일을 이용하여 제거
⑤ 건조함을 유발할 수 있기 때문에 주의
⑥ 100% 퓨어 아세톤

2 젤 네일 폴리시 리무버

① 젤 네일 폴리시를 제거할 때 사용하는 제품
② 탈지면에 적셔 호일을 이용하여 제거
③ 아세톤, 에틸아세테이트, 오일, 글리세롤

3 일반 네일 폴리시 리무버

① 일반 네일 폴리시를 제거할 때 사용하는 제품
② 아세톤, 에틸아세테이트, 오일, 글리세롤

2 네일 화장물 유형별 제거 작업

1 일반 네일 폴리시 화장물 유형

(1) 일반 네일 폴리시

① 네일 칼라, 네일 에나멜, 네일 락커
② 컬러 본연의 색을 내기 위해 2회 도포
③ 인화성과 휘발성이 있어 취급 시 주의
④ 기포가 생길 수 있으므로 위·아래로 흔들지 말고 좌우로 돌려서 섞어 사용
⑤ 자연건조, 네일 폴리시 건조기, 퀵 폴리시 드라이로 건조
⑥ 브러시 잡는 각도는 45°로 바르는 것이 가장 적합
⑦ 니트로셀룰로오스, 부틸아세테이트, 에틸아세테이트, 이소프로필알코올, 토실아마이드, 톨루엔, 안료 등

> **과년도 기출예제**
> **Q** 네일 에나멜에 대한 설명으로 틀린 것은?
> **A** 피막 형성제로 톨루엔이 함유되어 있음
> → 피막 형성제 : 니트로셀룰로오스

(2) 베이스 코트

① 네일 폴리시를 바르기 전에 사용(1회 도포)
② 손톱에 네일 폴리시의 색소 침착을 막아줌
③ 칼라의 밀착력을 높여줌
④ 송진, 이소프로필알코올, 부틸아세테이트, 니트로셀룰로오스 등

베이스 코트

(3) 탑 코트

① 네일 폴리시를 바른 후 사용(1회 도포)
② 네일 폴리시의 색 보호와 광택력, 지속력 유지
③ 2~3일 후 다시 바르면 유색 폴리시를 새로 바른 것 같은 효과
④ 송진, 니트로셀룰로오스, 용해제알코올, 폴리에스터, 레진 등

2 일반 네일 폴리시 화장물 제거

(1) 일반 네일 폴리시 화장물 제거에 필요한 재료

탈지면, 네일 폴리시 리무버, 디스펜서, 오렌지우드스틱

(2) 일반 네일 폴리시 화장물 제거 작업

① 네일 폴리시 리무버를 탈지면에 적셔 묵은 네일 폴리시 제거
② 오렌지우드스틱에 탈지면을 말아서 꼼꼼히 제거

참고

- 일반 네일 폴리시의 물성과 도포 상태, 유지 기간에 따라 올려두는 시간 조절
- 탈지면에 너무 많은 양의 일반 네일 폴리시 리무버를 적시면 제거 시 용액이 흐를 수 있으므로 적절한 양을 조절
- 샌딩 파일로 표면 정리 시 거칠게 다듬지 않는 것에 유의

3 젤 네일 폴리시 화장물 유형

(1) 젤 네일 폴리시

① 건조는 젤 램프기기로 경화(큐어링)
② 경화 전에 수정이 가능하며 오래 유지되는 장점
③ 아크릴레이트의 올리고머 분자구조
④ 탄력성, 광택력, 지속력 유지
⑤ 네일 폴리시에 비해 제거가 어려움
⑥ 에틸아세테이트, 아크릴레이트, 안료

4 젤 네일 폴리시 화장물 제거

(1) 젤 네일 폴리시 화장물 제거에 필요한 재료

탈지면, 젤 네일 폴리시 리무버 또는 아세톤, 알루미늄 호일, 큐티클 오일, 큐티클 푸셔, 오렌지우드스틱, 인조 네일 파일, 샌드 버퍼, 더스트 브러시

(2) 젤 네일 폴리시 화장물 제거 작업

① **탑 젤 제거** : 인조 네일용 파일(그릿이 낮은 파일)을 사용하여 탑 젤을 제거

② **더스트 제거** : 더스트 브러시를 사용하여 네일 주변의 더스트 제거

③ **오일 바르기** : 피부를 보호하기 위하여 큐티클 오일을 네일 주변 피부에 도포

④ **제거제 도포** : 젤 네일 폴리시 리무버 또는 아세톤 적신 탈지면을 올리기

⑤ **호일 마감** : 호일에 공기가 통하지 않게 감싸주고 약 10분 후 제거

⑥ **젤 네일 폴리시 화장물 제거**

- 오렌지우드스틱과 푸셔를 사용하여 제거된 부분 긁어내기
- 잔여 제거물이 많은 양이 남아 있을 경우 제거제 도포 작업을 추가(생략가능)

⑦ **잔여물 제거** : 인조 네일용 파일을 사용하여 남아있는 잔여물 제거

⑧ **표면 정리** : 샌드 버퍼를 사용하여 자연 손톱의 표면을 부드럽게 다듬기

과년도 기출예제

Q 젤 네일에 관한 설명으로 틀린 것은?

A 소프트 젤은 아세톤에 녹지 않음

→ 퓨어 아세톤은 젤 네일 폴리시의 제거, 아크릴, 젤 네일, 네일 팁 등의 인조 네일 제거제로 사용

5 인조 네일 화장물 제거 작업

(1) 제거(쏙 오프, Soak off)

① 인조 네일을 작업한 후 너무 많은 시간이 경과되어 인조 네일의 30% 이상이 없어지거나 심하게 깨진 경우에는 보수보다는 인조 네일을 제거하는 것이 적절함

② 인조 네일과 자연 네일 사이에 곰팡이가 생긴 경우에는 인조 네일을 즉시 제거해야 하며 제거한 후 바로 인조 네일을 할 수 없음

③ 사용한 네일 파일과 오렌지우드스틱은 즉시 폐기해야 하며 네일 도구는 소독해야 함

④ 인조 네일 중 하드젤의 경우에는 제거용액으로 제거가 가능하지 않아 파일로 조심스럽게 제거해야 함

⑤ **두께에 따라 인조 네일 파일의 그릿을 선택**

- 아크릴 네일 화장물 : 100~150Grit
- 젤 네일 화장물 : 150~180Grit
- 팁 네일, 랩 네일 화장물 : 150~180Grit

(2) 인조 네일 제거에 필요한 재료

탈지면, 아세톤, 알루미늄 호일, 큐티클 오일, 큐티클 푸셔, 오렌지우드스틱, 인조 네일 파일, 자연 네일 파일, 샌드 버퍼, 더스트 브러시

(3) 인조 네일 제거 작업 순서

① **손 소독** : 손 소독제를 사용하여 작업자와 고객의 손·손톱 소독

② **길이 조절** : 네일 클리퍼를 사용하여 연장된 인조 네일의 길이를 조절

③ **두께 제거** : 인조 네일용 파일을 사용하여 인조 네일의 두께를 제거
- 아크릴 네일 화장물 : 100~150Grit
- 젤 네일 화장물 : 150~180Grit
- 팁 네일, 랩 네일 화장품 : 150~180Grit

④ **더스트 제거** : 더스트 브러시를 사용하여 네일 주변의 더스트 제거

⑤ **오일 바르기** : 피부를 보호하기 위하여 큐티클 오일을 네일 주변 피부에 도포

⑥ **제거제 도포** : 100% 퓨어 아세톤을 적신 탈지면 올리기

⑦ **호일 마감** : 호일에 공기가 통하지 않게 감싸주고 약 5~10분 후 제거

⑧ **인조 네일 제거** : 오렌지우드스틱과 푸셔를 사용하여 제거된 부분 긁어내기

⑨ **잔여물 제거**
- 잔여 제거물이 많은 양이 남아 있을 경우 제거제 도포 작업을 추가(생략가능)
- 인조 네일용 파일을 사용하여 남아있는 인조 네일의 잔여물 제거

⑩ **표면 정리** : 샌드 버퍼를 사용하여 자연 손톱의 표면을 부드럽게 다듬기

⑪ **자연 네일 형태** : 자연 네일 파일을 사용하여 자연 손톱의 형태 잡기

⑫ **손 세척** : 큐티클 부분에 오일을 바르고 손을 세척

⑬ **마무리** : 멸균거즈를 이용하여 손 전체를 닦아주기

과년도 기출예제

Q1 아크릴릭 네일의 제거 방법으로 가장 적합한 것은?

A1 솜에 아세톤을 적셔 호일로 감싸 30분 정도 불린 후 오렌지 우드 스틱으로 밀어서 떼어줌

Q2 다음 중 원톤 스캅춰 제거에 대한 설명으로 틀린 것은?

A2 파일링만으로 제거하는 것이 원칙임

3장

네일 기본관리

큐티클 관리를 위해서는 네일 보드 위에 연결된 피부와 각질 조직들을 이해하고 큐티클 주변 구조의 명확한 이해가 필요하다. 큐티클 주변 구조에 대해 여러 가지 의견이 있는데 에포니키움과 큐티클을 동일한 곳으로 보는 학설과, 에포니키움과 큐티클의 범위를 구분하여 과거 네일 보디 위의 얇은 각질막을 큐티클이라고 분류하는 학설 그리고 네일 보디가 네일 루트에서 밀려나오면서 생긴 각질표막을 큐티클이라고 보고 생성 과정에서 큐티클 아치 주변에서 자리하면서 에포니키움을 감싸거나 네일 보디를 따라 표막을 형성한다는 학설 등이 있다.

NCS학습모듈 네일 기본관리 中

1절 매니큐어 및 페디큐어

1 매니큐어 및 페디큐어

1 매니큐어의 정의

가장 기본적인 매니큐어 시술법으로 손과 손톱의 관리를 말하며, 컬러링을 하는 것뿐만 아니라 손톱 본연의 건강함을 찾도록 도와주며, 케어를 함으로써 청결함과 아름다움을 유지시킴

① **정의** : 손톱의 형태, 큐티클 정리, 컬러링, 손 마사지 등을 포함한 총체적인 손 관리

② **어원** : 라틴어로 마누스Manus/손와 큐라Cura/관리의 합성어

> **과년도 기출예제**
>
> **Q1** 매니큐어의 유래에 관한 설명 중 틀린 것은?
> **A1** 매니큐어는 고대 희랍어에서 유래된 말
> → 라틴어
>
> **Q2** 마누스와 큐라라는 말에서 유래된 용어는?
> **A2** 매니큐어
>
> **Q3** 매니큐어의 어원으로 손을 지칭하는 라틴어는?
> **A3** 마누스
>
> **Q4** 매니큐어를 가장 잘 설명한 것은?
> **A4** 손톱 모양을 다듬고 큐티클 정리, 컬러링 등을 포함한 관리

2 매니큐어의 종류

① **습식 매니큐어** : 물을 이용하여 큐티클을 불린 후 손 관리

② **건식 매니큐어** : 물을 이용하지 않고 큐티클 소프트너, 큐티클 연화제 등의 제품으로 손 관리

③ **핫오일 매니큐어**

- 핫로션 매니큐어, 핫크림 매니큐어라고도 함
- 워머기에 크림을 넣어 데워 큐티클을 부드럽게 한 후 손 관리
- 부드럽고 촉촉해서 건조하고 거친 손에 좋고 환절기나 겨울철에 용이
- 표피조막(테리지움) 등의 관리

④ **파라핀 매니큐어**

- 유·수분을 공급하는 콜라겐, 식물성 오일 등이 첨가되어 건조하고 거친 손 관리에 용이
- 혈액순환을 촉진시켜 긴장, 피로, 스트레스를 감소시켜 주는 효과
- 근육이완 작용이 있어 정형외과에서 물리치료에도 사용
- 감염 위험이 있는 경우 사용을 금함
- 유분기 제거가 힘들기에 베이스 코트를 바른 후 사용
- 워머기에 파라핀을 녹여 약 52~55℃에 2~3회 정도 담갔다 뺀 후 10~20분 후 제거

3 페디큐어

① 발과 발톱을 청결하고 아름답게 관리

② 발톱의 형태, 큐티클 정리, 컬러링, 발 마사지 등을 포함한 총체적인 발 관리

③ **어원** : 라틴어의 페데스Pedes/발와 큐라Cura/관리의 합성어

> **과년도 기출예제**
>
> **Q** 페디큐어의 정의로 옳은 것은?
> **A** 발과 발톱을 관리, 손질하는 것

2절 프리에지 모양 만들기

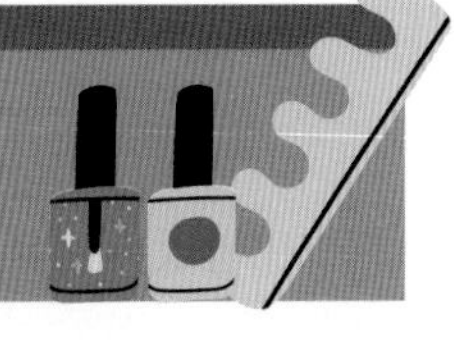

1 네일 파일 사용

1 네일 파일(에머리보드 파일)

① 자연 손톱이나 인조 네일의 길이, 네일 형태, 표면의 두께를 줄일 때 사용

② 결의 거칠기에 따라 용도와 쓰임이 다르며 파일의 거칠기는 그릿 Grit 단위로 표기

③ 그릿Grit의 숫자가 낮을수록 면이 거칠고 높을수록 부드러움

④ 워셔블Washable 표기되어 있는 것은 소독 처리해서 재사용 가능

> **과년도 기출예제**
> **Q** 파일의 거칠기 정도를 구분하는 기준은?
> **A** 그릿 숫자

2 네일 파일 종류

(1) 자연 네일 파일

① 보통 자연 손톱의 길이 조절, 네일 형태(쉐입) 작업 시 사용

② 인조 네일 표면을 정리 시 미세한 부분에도 사용

③ 자연 손톱에는 180그릿 이상의 부드러운 우드파일로 사용

자연 네일용 파일(에머리보드)

(2) 인조 네일 파일

① 완충효과가 있어 인조 네일 길이, 형태, 표면정리, 제거 작업 시 사용

② 그릿에 따른 적절한 파일을 선택

③ 아크릴릭, 인조 네일에 100~180그릿 사용

④ 150그릿 이하 : 아크릴릭 네일 제거, 길이, 심한 두께 조절 등 사용

⑤ 150~180그릿 : 표면 정리, 형태, 두께 조절 등 사용

인조 손톱용 파일(100~240G)

3 네일 파일 다듬기

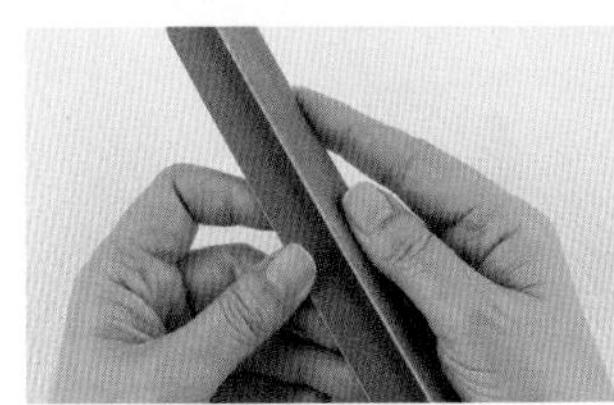

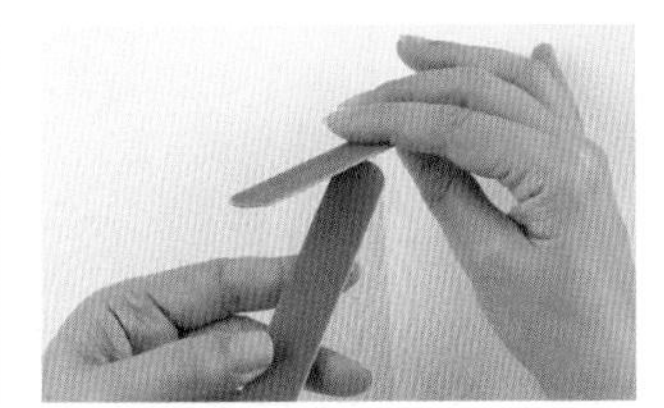

① 자연 네일 모양을 만들기 전에 파일의 에지를 같은 그릿의 파일로 부드럽게 만들어 자연 손톱 주위의 손상을 방지함

② 새 파일에 오목한 면과 볼록한 면까지 고르게 다듬어 모양을 만듦

③ 네일 파일의 표면과 함께 코너에지도 빠짐없이 부드럽게 다듬어 줌

④ 네일 파일(자연 네일 파일, 인조 네일 파일), 샌드 파일도 동일하게 적용

4 네일 파일 잡는 방법

네일 파일의 3등분을 나눴을 때 1/3지점에서 한쪽을 엄지로 받치고 반대편 면은 네 손가락으로 손에 힘을 빼고 가볍게 쥠

5 네일 파일 사용하는 방법

자연 손톱의 코너부터 각도를 유지하여 가볍게 한 방향으로 파일을 함

2 자연 네일 프리에지 모양

1 자연 네일의 형태 Shape

(1) 스퀘어형(Square, 사각형)

① 강한 느낌을 주고 내구성이 강함

② 손끝 많이 쓰는 사람, 컴퓨터를 사용하는 사무직 종사자에게 잘 어울림

③ 시험 또는 대회에서 인조 네일 시술 시 형태, 페디큐어 시술 시 형태

④ 파일의 각도 90°

(2) 오버 스퀘어형(Over Square, Square Off)

① 세련된 느낌으로 남성과 여성에게 모두 잘 어울림

② 파일의 각도 70

(3) 라운드형(Round, 둥근형)

① 가장 무난하고 평범한 모양으로 남성, 여성, 학생 등 모두에게 잘 어울림

② 시험 또는 대회에서 매니큐어 시술 시 변경하는 형태

③ 파일의 각도 45°

(4) 오벌형(Over, 갸름한 형)

① 손이 길고 가늘어 보여 여성스러운 우아한 느낌의 형태

② 충격 시 파손의 위험이 조금 더 많아짐

③ 파일의 각도 15~30°

(5) 포인트형(Point, 아몬드형)

① 손가락이 길어 보이긴 하나 내구성이 약해 잘 부러지는 단점의 형태

② 파일의 각도 10~15°

과년도 기출예제

Q1 발톱의 쉐입으로 가장 적절한 것은?
A1 스퀘어 쉐입

Q2 다른 쉐입보다 강한 느낌을 주며, 대회용으로 많이 사용되는 손톱 모양은?
A2 스퀘어 쉐입

Q3 페디큐어의 시술방법으로 맞는 것은?
A3 파고드는 발톱의 예방을 위하여 발톱의 모양은 일자형으로 함

과년도 기출예제

Q 남성 매니큐어 시 자연 네일의 손톱 모양 중 가장 적합한 형태는?
A 둥근형

(6) 스틸레토형(Stiletto, 송곳형)

① 대회에서 인조 네일 시술 시에 연장하여 아트의 한 분야인 형태

② 유럽 쪽에서는 특별한 날 드레스 코드에 맞게 선호

③ 파일의 각도 0°

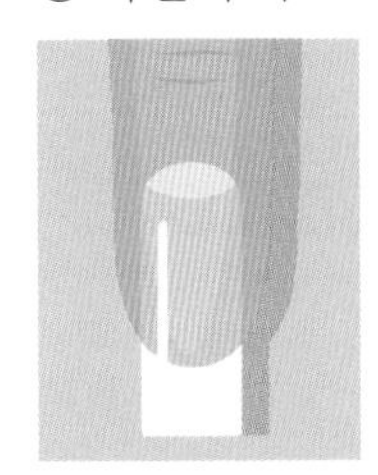
스퀘어형

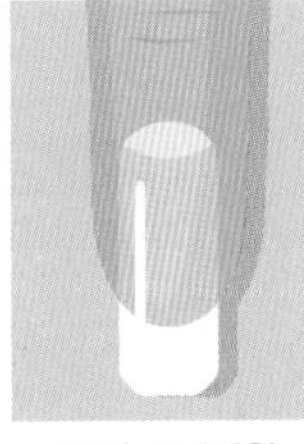
오버 스퀘어형

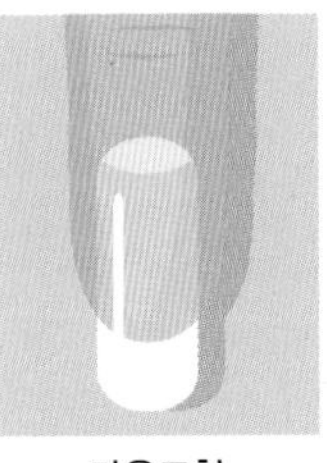
라운드형

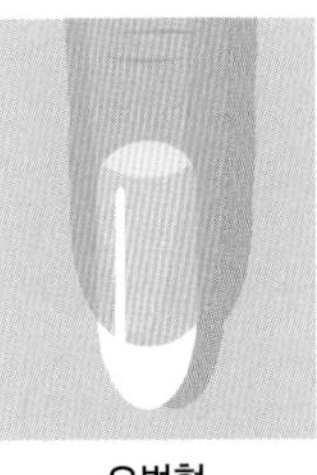
오벌형

포인트형

스틸레토형

3절 큐티클 부분 정리

1 자연 네일의 구조

1 네일 자체의 구조

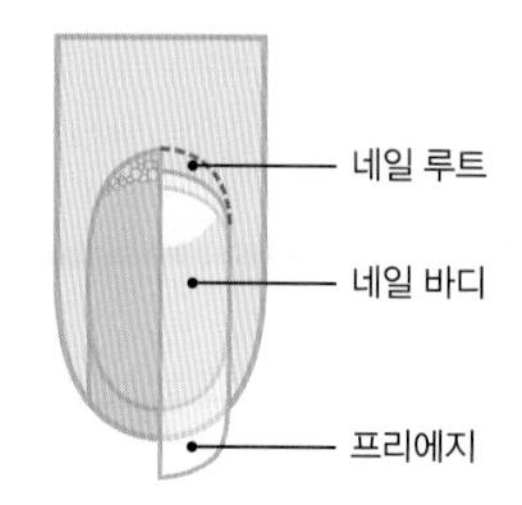

(1) 네일 루트(Nail Root, 조근)

얇고 부드러운 피부로 손톱이 자라기 시작하는 부분

(2) 네일 바디(Nail Body, 조체, 네일 플레이트, Nail Plate, 조판)

① 육안으로 보이는 네일 부분
② 신경조직과 혈관이 없고 산소를 필요로 하지 않음
③ 여러 개의 얇은 층으로 이루어짐

(3) 프리에지(Free Edge, 자유연)

네일 베드와 분리되어 네일의 끝 단면 부분으로 모양의 형태를 변경하는 부분

2 네일 밑의 구조

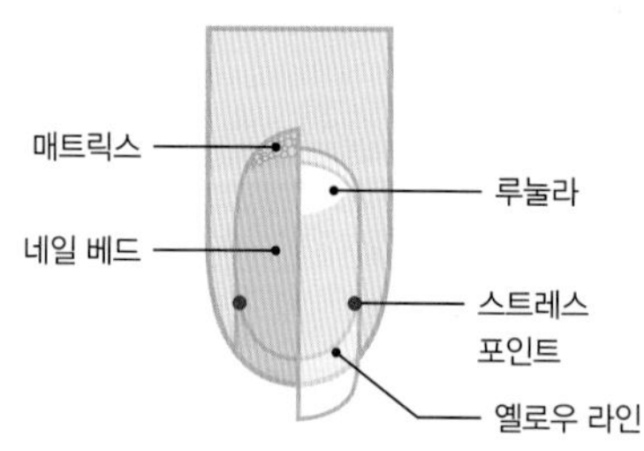

(1) 매트릭스(Matrix, 조모)

① 네일 루트 바로 밑에 있으며 모세혈관, 림프, 신경조직이 있음
② 네일을 만드는 세포를 생성하며 성장시키는 역할
③ 매트릭스가 손상되면 네일이 더 이상 자라지 않거나 변형됨
④ 매트릭스의 세포 배열 길이는 네일의 두께를 결정

과년도 기출예제

Q1 손톱의 구조 중 조근에 대한 설명으로 가장 적합한 것은?
A1 손톱이 자라기 시작하는 곳

Q2 손톱의 특징에 대한 설명으로 틀린 것은?
A2 네일 바디와 네일 루트는 산소를 필요로 함

Q3 손톱의 특성에 대한 설명으로 가장 거리가 먼 것은?
A3 조체(네일 바디)는 약 5% 수분을 함유하고 있음

Q4 네일의 길이와 모양을 자유롭게 조절할 수 있는 것은?
A4 프리에지(자유연)

Q5 다음 중 손톱 밑의 구조에 포함되지 않는 것은?
A5 조근(네일 루트)

Q6 손톱 밑의 구조가 아닌 것은?
A6 조근(네일 루트)
→ 반월(루눌라), 조모(매트릭스), 조상(네일 베드)

Q7 손톱의 구조에 대한 설명으로 옳은 것은?
A7 매트릭스(조모) : 손톱의 성장이 진행되는 곳으로 이상이 생기면 손톱의 변형을 가져옴

Q8 네일의 구조에서 모세혈관, 림프 및 신경조직이 있는 것은?
A8 매트릭스

Q9 네일 매트릭스에 대한 설명 중 틀린 것은?
A9 네일 매트릭스의 가로 길이는 네일 베드의 길이를 결정함

Q10 네일 매트릭스에 대한 설명으로 옳은 것은?
A10 모세혈관, 림프, 신경조직이 있음

(2) 루눌라(Lunula, 반월)

① 유백색 반달모양으로 케라틴화가 덜된 연 케라틴의 부분

② 네일 베드와 매트릭스, 네일 루트를 연결

(3) 네일 베드(Nail Bed, 조상)

① 네일 바디 밑에 있는 피부로 네일 바디를 받쳐주고 단단히 부착하는 역할

② 지각신경조직과 모세혈관이 있어 손톱이 핑크빛을 내도록 하는 역할

> **과년도 기출예제**
> **Q** 손톱의 구조에 대한 설명으로 가장 거리가 먼 것은?
> **A** 네일 베드(조상)는 네일 플레이트(조판) 위에 위치하며 손톱의 신진대사를 도움

(4) 스트레스 포인트(Stress Point)

① 네일 바디와 네일 베드가 분리되는 양쪽 끝부분

② 외부적인 충격을 많이 받는 부분으로 쉽게 손상됨

(5) 옐로우 라인(Yellow Line)

네일 바디가 네일 베드에서 분리되는 노란빛의 얇은 라인

3 네일을 둘러싼 피부

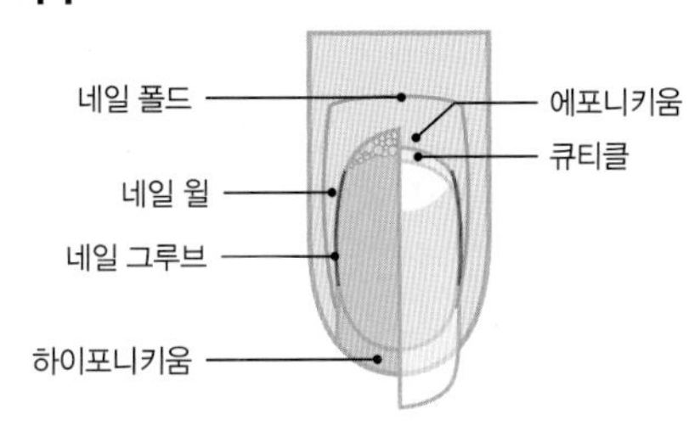

(1) 네일 폴드(Nail Fold, 네일 맨틀, 조주름)

① 네일 바디의 윗부분과 옆선에 맞추어 형성

② 네일 바디를 밀어주며 단단한 방어막을 형성

③ 피부 속의 주름

(2) 에포니키움(Eponychium, 조상피)

① 네일 바디에서 자라나는 피부로 매트릭스를 보호

② 부상 시 영구적인 손상을 초래

> **과년도 기출예제**
> **Q** 에포니키움과 관련한 설명으로 틀린 것은?
> **A** 에포니키움 위에는 큐티클이 존재함

(3) 큐티클(Cuticle, 조소피, 조표피)

① 네일에 붙어 있는 얇은 각질막

② 매트릭스를 보호

③ 과도한 큐티클 정리는 손톱 병변의 우려가 있어 주의

> **과년도 기출예제**
> **Q1** 매니큐어 시술 시에 미관상 제거의 대상이 되는 손톱을 덮고 있는 각질세포는?
> **A1** 네일 큐티클
>
> **Q2** 네일 큐티클에 대한 설명으로 옳은 것은?
> **A2** 손톱 주위를 덮고 있음

(4) 네일 월(Nail Wall, 조벽)

네일 바디의 양측을 지지하는 피부 부분

(5) 네일 그루브(Nail Groove, 조구)

네일 베드를 따라 자라는 손톱 옆 피부

(6) 하이포니키움(Hyponychium, 하조피)

① 프리에지 아래로 돌출된 피부 조직

② 박테리아의 침입을 막아줌

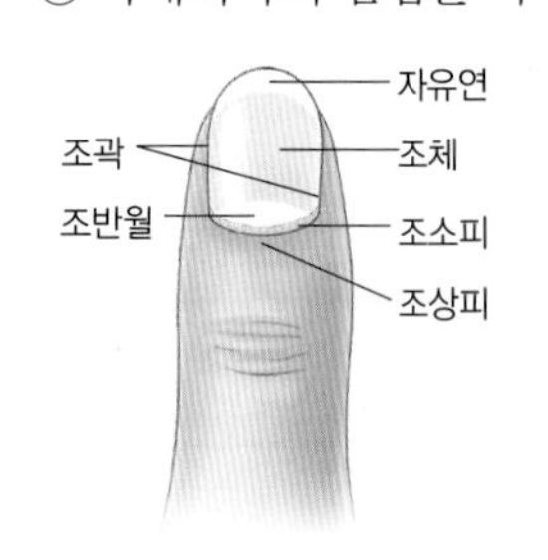

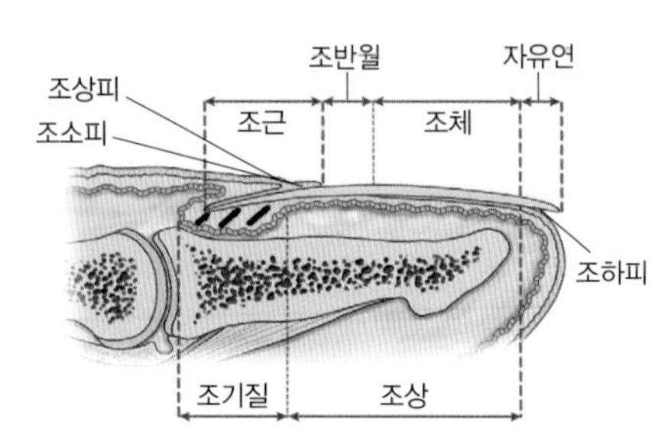

과년도 기출예제

Q1 하이포니키움(하조피)에 대한 설명으로 옳은 것은?
A1 손톱 아래 살과 연결된 끝부분으로 박테리아의 침입을 막아줌

Q2 손톱의 구조에서 자유연(프리에지) 밑부분의 피부를 무엇이라고 하는가?
A2 하조피(하이포니키움)

2 자연 네일의 특징

1 네일미용의 정의 및 목적

① 네일 기초 관리, 컬러링, 인조 네일 시술 등 손·발톱에 관한 관리

② 네일을 관리하여 건강한 네일을 유지하고 아름답게 꾸며 미적 욕구를 충족

2 네일의 특성

① 네일은 그리스어로 오니코Onycho에서 유래

② 네일을 지칭하는 전문용어는 오닉스Onyx

③ 사람의 피부, 머리카락, 손톱은 케라틴Keratin이라는 단백질로 구성

④ 네일의 주성분은 단백질이며, 죽은 세포로 구성되어 있음

⑤ 각질층의 변형된 것으로 얇은 층이 겹겹으로 이루어져 단단한 층을 이룸

⑥ 얇은 겹으로 3개의 층(프리에지의 위층은 세로, 중간층은 가로, 아래층은 세로)

⑦ 반투명의 각질판인 케라틴 경단백질로 이루어져 있으며 아미노산인 시스테인이 많이 함유되어 있어 손톱을 단단하게 만들고 딱딱한 형태를 가지고 있음

⑧ 케라틴 구성 성분 : 시스틴, 글루탐산, 아르기닌, 알파닌, 아스파라긴산 등의 아미노산

⑨ 네일의 경도는 수분의 함유량과 케라틴의 조성에 따라 다름

과년도 기출예제

Q1 손톱의 생리적인 특성에 대한 설명으로 틀린 것은?
A1 손톱의 성장은 조소피의 조직이 경화되면서 오래된 세포를 밀어내는 현상

Q2 건강한 손톱의 특성이 아닌 것은?
A2 약 8~12%의 수분을 함유하고 있음

Q3 손톱의 특성이 아닌 것은?
A3 엄지 손톱의 성장이 가장 느리며, 중지 손톱이 가장 빠름

Q4 손톱에 대한 설명 중 옳은 것은?
A4 손톱의 주성분은 단백질이며, 죽은 세포로 구성되어 있음

Q5 손발톱 함유량이 가장 높은 성분은?
A5 케라틴

⑩ 사람에 따라 얇거나 두껍고, 크거나 작거나 평평하거나 곡선 등 여러 가지 형태를 가지고 있음
⑪ 수분 약 8~18%, 유분 약 0.15~0.75% 함유, 건강한 네일은 약 12~18%의 수분을 함유
⑫ 케라틴 화학적 구성 비율 : 탄소 〉 산소 〉 질소 〉 황 〉 수소

3 네일의 기능

① 물건을 긁거나 잡거나 들어 올리는 기능
② 방어와 공격, 미용의 장식적인 기능
③ 손가락 끝의 예민한 신경을 강화하고 손끝을 보호
④ 모양을 구별하며 섬세한 작업을 가능하게 하는 기능

과년도 기출예제

Q1 다음 중 손톱의 역할과 가장 거리가 먼 것은?
A1 분비 기능이 있음

Q2 손톱의 주요한 기능 및 역할과 가장 거리가 먼 것은?
A2 노폐물의 분비 기능이 있음

Q3 손톱의 역할 및 기능과 가장 거리가 먼 것은?
A3 몸을 지탱해주는 기능

4 네일의 태생

① 임신 9주째부터 태아의 손톱 끝마디 뼈 윗부분부터 손톱의 성장 부위가 형성
② 임신 약 14주째부터 손톱이 나타나기 시작
③ 임신 약 20주째 완전한 손톱 형성

5 네일의 성장

① 손톱은 1일 평균 약 0.1~0.15mm, 1달 평균 약 3~5mm 길이로 자람
② 손톱이 탈락 후 완전 재생 기간은 약 4~6개월이 소요되며 발톱은 손톱의 1/2 정도 늦게 자람
③ 손톱은 모세혈관, 림프, 신경조직 등이 있는 매트릭스에 의해 만들어지고 성장
④ 청소년, 남성, 중지, 여름, 임신후반기에 성장 속도가 빠름
⑤ 노인, 여성, 소지, 겨울에 성장 속도가 느림

과년도 기출예제

Q1 일반적인 손발톱의 성장에 관한 설명 중 틀린 것은?
A1 소지 손톱이 가장 빠르게 자람

Q2 손톱의 성장과 관련한 내용 중 틀린 것은?
A2 피부 유형 중 지성피부의 손톱이 더 빨리 자람

6 건강한 네일의 조건

① 유연하고 탄력성이 좋음
② 표면이 매끄럽고 광택이 나며 윤기가 있음
③ 수분 함유 12~18%
④ 네일 베드에 단단하게 부착되어 있음
⑤ 둥근 아치 모양을 형성
⑥ 연한 핑크빛을 띠며 내구력이 좋음

과년도 기출예제

Q1 건강한 네일의 조건에 대한 설명으로 틀린 것은?
A1 건강한 네일은 25~30%의 수분과 10%의 유분을 함유해야 함

Q2 건강한 손톱의 조건으로 틀린 것은?
A2 루눌라(반월)가 선명하고 커야 함

Q3 건강한 손톱에 대한 조건으로 틀린 것은?
A3 반월(루눌라)이 크고 두께가 두꺼워야 함

3 큐티클 부분 정리 작업

1 큐티클 니퍼 잡는 방법

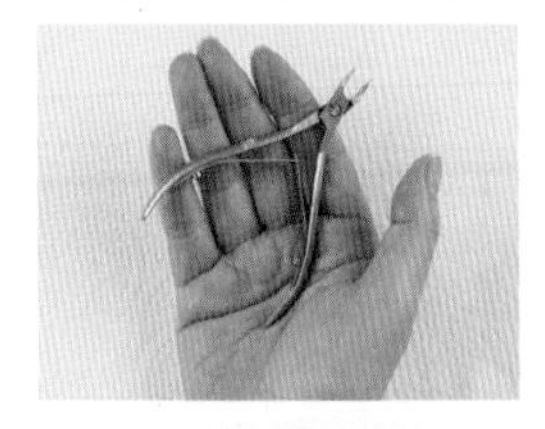
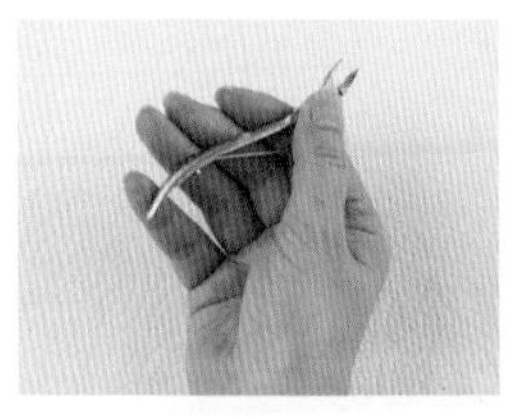
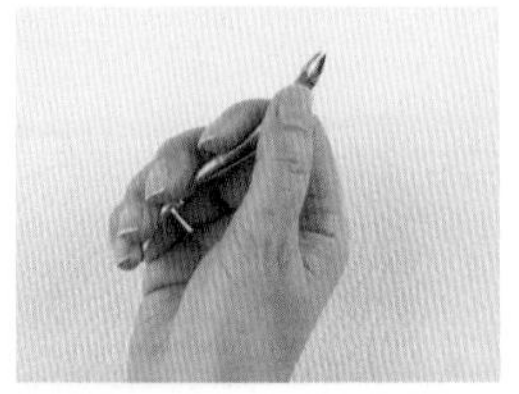
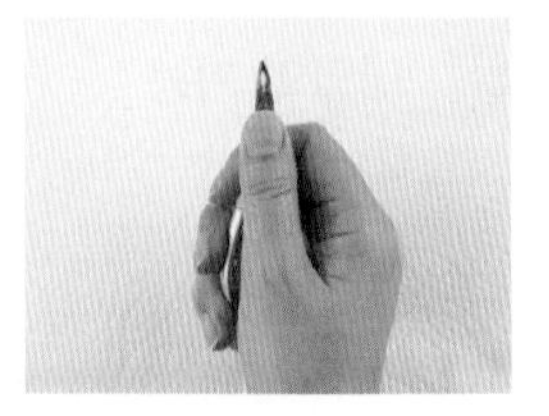

① 니퍼 날이 아래로 향하게 하고 결합된 부분을 오른손 검지 위에 올림
② 니퍼의 결합된 윗부분을 엄지로 가볍게 올려 잡음
③ 남은 중지, 약지, 소지로 니퍼의 몸체를 말아 쥠

2 큐티클 니퍼 사용하는 방법

① 오른쪽 사이드에서부터 큐티클 라인을 따라 니퍼의 날을 큐티클과 45° 각도를 유지하여 단차가 없도록 한 줄로 이어서 연결하며 정리함
② 니퍼의 날을 작게 벌리고 정리하여야 큐티클의 과도한 제거를 막을 수 있음
③ 코너를 정리할 때는 니퍼의 뒷날을 살짝 들어 뒷날이 다른 부위의 큐티클을 손상하는 것을 방지함
④ 오른쪽에서 왼쪽 방향으로 큐티클 라인 중앙 2/3까지만 한 방향으로 정리 후 다시 반대쪽과 같이 진행방향 안쪽으로 남은 큐티클 라인 중앙 1/3까지만 니퍼로 정리함
⑤ 감염의 우려가 높아 한 고객에게 사용 후에는 반드시 소독

과년도 기출예제

Q1 큐티클 정리 및 제거 시 필요한 도구로 알맞은 것은?
A1 푸셔, 니퍼

Q2 큐티클을 정리하는 도구의 명칭으로 가장 적합한 것은?
A2 니퍼

Q3 푸셔로 큐티클을 밀어 올릴 때 가장 적합한 각도는?
A3 45도

Q4 큐티클 정리 시 유의사항으로 가장 적합한 것은?
A4 큐티클은 외관상 지저분한 부분만을 정리함

Q5 매니큐어와 관련한 설명으로 틀린 것은?
A5 큐티클 니퍼와 네일 푸셔는 하루에 한 번 오전에 소독해서 사용

3 습식 매니큐어

(1) 습식 매니큐어 재료

소독제, 탈지면, 거즈, 우드 파일, 샌딩 파일, 네일 폴리시 리무버, 지혈제, 큐티클 연화제, 핑거볼, 큐티클 푸셔, 큐티클 니퍼, 오렌지우드 스틱, 더스트 브러시, 베이스 코트, 네일 폴리시, 탑 코트

(2) 습식 매니큐어 순서

① **손 소독** : 소독제(안티셉틱)를 이용하여 시술자와 고객의 손을 제거
② **네일 폴리시 화장물 제거** : 네일 폴리시 리무버를 탈지면에 적셔 묵은 폴리시 화장물 제거
③ **자연 네일 형태** : 라운드 형태로 조형(손톱의 바깥코너부터 중앙으로 한 방향으로 파일)

과년도 기출예제

Q1 습식 매니큐어 시술에 관한 설명 중 틀린 것은?
A1 손톱의 길이 정리는 클리퍼를 사용할 수 없음

Q2 습식 매니큐어 시술에 관한 설명으로 틀린 것은?
A2 큐티클은 죽은 각질 피부이므로 반드시 모두 제거하는 것이 좋음

Q3 습식 매니큐어 작업 과정에서 가장 먼저 해야 할 절차는?
A3 손 소독하기

④ **표면 정리** : 샌딩 파일(샌드버퍼)을 사용하여 네일 표면 다듬기
⑤ **더스트 제거** : 더스트 브러시를 사용하여 네일 주변의 더스트 제거
⑥ **큐티클 불리기** : 핑거볼에 미온수를 담고 고객의 큐티클 불리기
⑦ **큐티클 연화제** : 큐티클 연화제(큐티클 리무버, 오일 등)를 사용할 수 있음
⑧ **큐티클 밀기(푸셔)** : 큐티클 푸셔를 45° 각도로 사용하여 큐티클 밀어주기
⑨ **큐티클 정리(니퍼)** : 니퍼를 사용하여 큐티클을 한 줄로 이어 정리
⑩ **소독** : 소독제(안티셉틱)를 이용하여 고객의 손 소독
⑪ **유분기 제거** : 네일 폴리시의 밀착력을 높이기 위해 네일의 유분기 제거
⑫ **베이스 코트** : 착색 방지를 위해 베이스 코트를 네일 전체에 얇게 1회 도포
⑬ **네일 컬러링** : 유색 폴리시를 네일 전체에 2회 도포
⑭ **탑 코트** : 광택과 컬러 보호를 위해 네일 전체에 1회 도포
⑮ **네일 폴리시 화장물 마무리** : 오렌지우드스틱ows, 거즈를 사용하여 화장물 마무리

과년도 기출예제

Q1 네일 기본 관리 작업 과정으로 옳은 것은?
A1 손 소독 → 네일 폴리시 제거 → 프리에지 모양 만들기 → 큐티클 정리하기 → 컬러 도포하기 → 마무리하기

Q2 매니큐어 과정 〈소독하기 – 네일 폴리시 지우기 – (　　) – 샌딩 파일 사용하기 – 핑거볼 담그기 – 큐티클 정리하기〉에서 괄호 안에 들어갈 가장 적합한 작업 과정은?
A2 손톱 모양 만들기

Q3 가장 기본적인 네일 관리법으로 손톱 모양 만들기, 큐티클 정리, 마사지, 컬러링 등을 포함하는 네일 관리법은?
A3 습식 매니큐어

4 습식 페디큐어

(1) 습식 페디큐어 재료

소독제, 탈지면, 거즈, 우드 파일, 샌딩 파일, 네일 폴리시 리무버, 지혈제, 큐티클 연화제, 족욕기, 큐티클 푸셔, 큐티클 니퍼, 오렌지우드스틱, 더스트 브러시, 토우 세퍼레이터, 베이스 코트, 네일 폴리시, 탑 코트

(2) 습식 페디큐어 순서

① **손 소독** : 소독제(안티셉틱)를 이용하여 시술자 손을 제거
② **발 소독** : 소독제(안티셉틱)를 이용하여 고객의 발 소독
③ **네일 폴리시 화장물 제거** : 네일 폴리시 리무버를 탈지면에 적셔 묵은 폴리시 화장물 제거
④ **자연 네일 형태** : 스퀘어 형태로 조형(한 방향으로 파일)
⑤ **표면 정리** : 샌딩 파일(샌드버퍼)을 사용하여 네일 표면 다듬기
⑥ **더스트 제거** : 더스트 브러시를 사용하여 네일 주변의 더스트 제거
⑦ **큐티클 불리기** : 족욕기에 고객의 발 담그기
⑧ **큐티클 연화제** : 큐티클 연화제(큐티클 리무버, 오일 등)를 사용할 수 있음
⑨ **큐티클 밀기(푸셔)** : 큐티클 푸셔를 45° 각도로 사용하여 큐티클 밀어주기
⑩ **큐티클 정리(니퍼)** : 니퍼를 사용하여 큐티클을 한 줄로 이어 정리

과년도 기출예제

Q1 페디큐어 시술 과정에서 베이스 코트를 바르기 전 발가락이 서로 닿지 않게 하기 위해 사용하는 도구는?
A1 토우 세퍼레이터

Q2 페디큐어 과정에서 필요한 재료로 가장 거리가 먼 것은?
A2 액티베이터
➜ 니퍼, 콘커터, 토우 세퍼레이터

Q3 페디큐어 컬러링 시 작업 공간 확보를 위해 발가락 사이에 끼워주는 도구는?
A3 토우 세퍼레이터

Q4 페디큐어 시술 순서로 가장 적합한 것은?
A4 소독하기 – 폴리시 지우기 – 발톱 모양 만들기 – 큐티클 오일 바르기 – 큐티클 정리하기

Q5 페디큐어 작업 과정 중 〈손발 소독 – 폴리시 제거 – 길이 및 모양 잡기 – (　　) – 큐티클 정리 – 각질 제거하기〉에서 괄호에 들어갈 과정은?
A5 족욕기에 발 담그기

Q6 페디큐어 시술 시 굳은살을 제거하는 도구의 명칭은?
A6 콘커터

⑪ **소독** : 소독제(안티셉틱)를 이용하여 고객의 손 소독
⑫ **유분기 제거** : 네일 폴리시의 밀착력을 높이기 위해 네일의 유분기 제거
⑬ **토우 세퍼레이터** : 발가락 사이에 토우 세퍼레이터 끼우기
⑭ **베이스 코트** : 착색 방지를 위해 베이스 코트를 네일 전체에 얇게 1회 도포
⑮ **네일 컬러링** : 유색 폴리시를 네일 전체에 2회 도포
⑯ **탑 코트** : 광택과 컬러 보호를 위해 네일 전체에 1회 도포
⑰ **네일 폴리시 화장물 마무리** : 오렌지우드스틱ows, 거즈를 사용하여 화장물 마무리

4 큐티클 부분 정리 도구

1 네일 도구, 재료의 종류 및 특성

(1) 작업 테이블

① 네일을 작업하는 테이블
② 작업하기 유용한 조명은 각도 조정이 가능하며 40W의 램프 부착

과년도 기출예제
Q 자연 네일이 매끄럽게 되도록 손톱 표면의 거칠음과 기복을 제거하는 데 사용하는 도구로 가장 적합한 것은?
A 샌딩 파일

(2) 소독제(안티셉틱)

① 피부소독제로 시술자와 고객의 손 소독
② 기구소독제도 있음(니퍼, 푸셔 등 소독)

(3) 샌딩 파일(샌드 버퍼, 샌딩 블록)

① 울퉁불퉁한 네일 표면이나 인조 네일 표면을 부드럽게 정리할 때 사용
② 자연 손톱의 유분기를 제거하거나 파일 후 손톱의 거칠음을 없앨 때 사용

샌드 파일(버퍼)

③ 파일과 마찬가지로 종류에 따라 거칠기가 다르므로 용도에 적합하게 사용
④ 보통 180~200그릿으로 사용(블랙 샌드 버퍼는 100~180그릿으로 되어 있음)

(4) 라운드패드(디스크패드)

① 네일 밑의 거스러미를 제거할 때
② 파일을 한 반대 방향으로 제거

(5) 광택용 파일

① 표면에 광택을 낼 때 사용(2way, 3way, 4way로 구분)
② 거친 부분부터 부드러운 부분 순서로 사용
③ 마지막 단계에는 연마제가 없고 일반적으로 세미가죽으로 되어 있음

광택용 파일
(200~240G)

(6) 페디 파일

① 발바닥의 각질을 부드럽게 정리할 때 사용
② 피부 결(족문의 결) 방향으로 안쪽에서 바깥쪽으로 사용

> **과년도 기출예제**
> **Q** 페디 파일의 사용 방향으로 가장 적합한 것은?
> **A** 족문 방향으로

(7) 더스트 브러시

네일 주위의 더스트를 제거할 때 사용

(8) 핑거볼

① 큐티클을 불려주기 위해 고객의 손을 담그는 용기
② 미온수를 넣고 큐티클 부분까지 담가 사용

핑거볼

(9) 디스펜서

네일 폴리시 리무버, 아세톤 등의 용액을 담는 용기(펌프식으로 편하게 사용)

(10) 네일 클리퍼

① 손·발톱의 길이를 줄일 때 사용하는 철제 도구(사용 후 소독)
② 건조한 네일에 사용하면 충격으로 손상의 원인이 되므로 네일의 형태에 맞게 조금씩 잘라줌

> **과년도 기출예제**
> **Q** 네일 도구의 설명으로 틀린 것은?
> **A** 클리퍼 : 인조팁을 잘라 길이를 조절할 때 사용

(11) 큐티클 푸셔

① 큐티클을 밀어 올릴 때 사용하는 철제 도구(사용 후 소독)
② 연필 잡듯이 잡고 45° 각도로 네일을 긁지 말고 큐티클을 밀어올림

푸셔

(12) 큐티클 니퍼

① 큐티클을 제거할 때 사용하는 철제 도구(사용 후 소독)
② 거스러미가 일어나지 않도록 피부의 결대로 뒤로 빼듯이 사용하며 한 줄로 이어정리
③ 감염의 우려가 높아 한 고객에게 사용 후에는 반드시 소독
④ 최소한 니퍼 2개 이상을 소지하여 사용

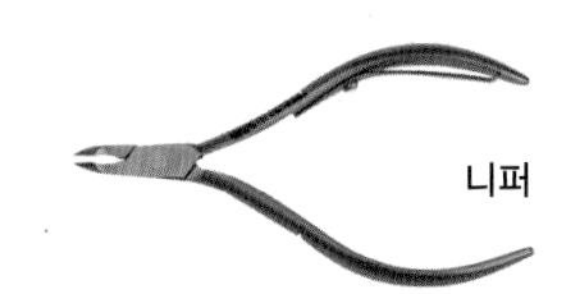
니퍼

(13) 오렌지우드스틱

① 큐티클을 밀어 올릴 때, 네일의 이물질 제거, 컬러링의 수정 등에 다양하게 사용하는 도구
② 상황에 맞게 사용하고 일회용이므로 사용 후 폐기

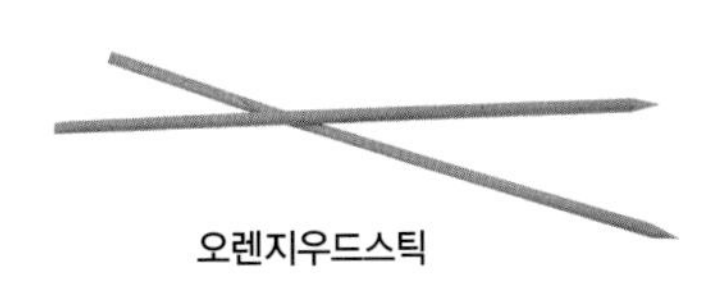
오렌지우드스틱

(14) 지혈제

① 작업 시 발생할 수 있는 가벼운 출혈을 멈추게 해주는 제품
② 출혈부위에 1~2방울 떨어뜨려 거즈로 지혈
③ 지혈 시 문지르지 말고 지그시 누름(2차 감염이 생길 수 있으므로 주의)

> **과년도 기출예제**
> **Q** 오렌지우드스틱의 사용 용도로 적합하지 않은 것은?
> **A** 네일 주위의 굳은살을 정리할 때

(15) 콘커터

① 콘커터의 날(면도날)을 부착하고 발바닥의 두꺼운 굳은 각질을 제거할 때 사용하는 도구
② 피부 결(족문의 결) 방향으로 안쪽에서 바깥쪽으로 사용
③ 콘커터의 날은 일회용으로 폐기

(16) 토우 세퍼레이터

① 발톱에 컬러링을 할 때 발가락끼리 닿지 않게 발가락 사이를 분리 시키는 제품
② 발가락 사이에 끼워 사용하며 일회용으로 사용 후 폐기

토우 세퍼레이터(발가락 분리기)

(17) 리지 필러

① 굴곡진 네일의 표면을 매끄럽게 해주기 위해 사용
② 베이스 코트와 같은 용도로 사용

(18) 네일 폴리시 퀵 드라이

① 네일 폴리시의 건조를 빠르게 해주기 위해 사용
② 약 10~15cm 거리에서 분사

(19) 살균비누, 향균비누

① 페디큐어 시 박테리아를 살균하기 위해 사용
② 족욕기에 넣어 사용(한 사람의 고객에게만 사용)

2 네일 기기의 종류 및 특성

(1) 파라핀 워머기

① 파라핀 왁스를 녹이는 기기
② 약 52~55℃, 127~136°F의 적정 온도를 유지

(2) 핫오일 워머기(핫로션(크림) 워머기)

① 로션(크림)을 데우는 기기
② 약 10~15분 데운 후 네일을 담가서 사용

(3) 자외선 소독기

UV자외선을 이용하여 철제로 된 네일 도구를 소독하는 기기(세척 후 넣어 보관)

(4) 족욕기

① 큐티클과 발에 각질을 불려주는 기기
② 약 40~43℃ 온도가 적당하며 살균비누를 넣어 사용(5~10분 발 각질 불리기)

(5) 네일 폴리시 건조기

네일 폴리시의 건조를 도와주는 기기(약 20분 정도 건조)

(6) 드릴머신&비트

① 네일 파일, 네일 케어를 할 수 있는 기기

② 드릴머신에 핸드피스를 연결하고 작업 시 맞는 비트를 장착하여 사용

3 네일미용 보습 제품 적용

(1) 핸드로션

① 건조를 예방하기 위해 피부에 유·수분을 공급하는 제품

② 식물성·미네랄 오일, 향료, 정제수, 라놀린 등

(2) 파라핀

① 건조한 피부에 유·수분 공급

② 혈액순환을 촉진시켜 긴장, 피로, 스트레스를 감소시킴

③ 파라핀 왁스, 식물성 오일, 콜라겐, 유칼립투스 등

(3) 큐티클 오일

① 큐티클 주변을 부드럽게 완화시켜주는 제품

② 글리세린, 식물성 오일, 라놀린, 비타민 A, 비타민 E 등

(4) 큐티클 연화제

① 큐티클 소프트너, 큐티클 리무버, 큐티클 유연제

② 딱딱한 큐티클을 부드럽게 해주는 제품

③ 부드럽게 연화시킨 큐티클을 큐티클 푸셔로 밀어줌

④ 글리세롤, 소듐, 정제수, 수산화칼륨 등

(5) 네일 강화제(보강제)

① 자연 네일에 사용하는 영양제

② 약하게 되는 네일을 예방, 약한 네일을 강화시키는 제품

③ 1~2회 도포

④ 니트로셀룰로오스, 부틸아세테이트, 에틸아세테이트, 비타민 등

(6) 네일 표백제

① 네일이 착색되거나 변색되었을 때 하얗게 표백

② 표백제에 5~10분 정도 담가 표백

③ 과산화수소, 레몬산 등

큐티클 오일

큐티클 연화제(크림/리무버)

과년도 기출예제

Q 고객의 홈케어 용도로 큐티클 오일을 사용 시 주된 사용 목적으로 옳은 것은?

A 네일과 네일 주변의 피부에 트리트먼트 효과를 주기 위해서

과년도 기출예제

Q1 손톱이 나빠지는 후천적 요인이 아닌 것은?

A1 손톱 강화제 사용 빈도수

Q2 네일 재료에 대한 설명으로 적합하지 않은 것은?

A2 네일 보강제 – 자연 네일이 강한 고객에게 사용하면 효과적임

과년도 기출예제

Q 손톱에 네일 폴리시가 착색되었을 때 착색을 제거하는 제품은?

A 네일 표백제

네일 화장물 적용 전 처리

네일 화장물 적용 전 자연 네일의 표면 정리 과정은 매우 중요하다. 이 과정은 일차적으로는 자연 네일의 미세한 요철을 정리하여 이를 통해 유·수분을 제거하고 네일 표면의 이물질을 제거한다. 이를 통하여 이차적으로는 네일 화장물의 유지력 증가와 유지 기간을 향상한다.

NCS학습모듈 네일 화장물 적용 전 처리 中

1절 네일 화장물 적용 전 처리

1 일반 네일 폴리시 전 처리

1 네일 유분기 및 잔여물 제거방법

① 샌딩 파일(샌드 버퍼) 180~200그릿으로 자연 손톱 표면을 유분기 제거(과도한 샌딩 파일 작업 시 자연 네일이 얇아지는 손상이 생김)

② 일반 네일 폴리시 리무버를 멸균 거즈 또는 탈지면에 적셔 자연 손톱 표면의 유분기를 제거(과도한 작업 시 건조함을 유발)

③ 네일 화장물의 밀착력을 높이기 위해 자연 네일 표면의 유분기와 잔여물을 제거함

> **과년도 기출예제**
> **Q** 매니큐어 시술에 관한 설명으로 옳은 것은?
> **A** 네일 폴리시를 바르기 전에 유분기는 깨끗하게 제거함

2 일반 네일 폴리시 전 처리 작업

① 일반 네일 폴리시 리무버를 탈지면에 적셔 자연 손톱 표면, 사이드, 프리에지의 유분기를 제거

② 오렌지우드스틱에 소량의 탈지면을 감아 일반 네일 폴리시 리무버를 적셔 자연 손톱 표면, 사이드, 프리에지의 유분기를 제거

③ 거즈를 엄지손가락에 감고 남은 거즈는 손바닥으로 고정하여 감은 거즈에 일반 폴리시 리무버를 적셔 자연 손톱 표면, 사이드, 프리에지의 유분기를 제거

2 젤 네일 폴리시 전 처리

1 전 처리제의 개념

① 자연 네일 표면에 유·수분을 제거

② 네일 화장물의 밀착력을 높여주는 산성 제품

③ 유지력을 높여주고 곰팡이 생성을 예방

④ 강한 산성이므로 최소량 사용

전 처리제

2 전 처리제 도구

(1) 네일 프라이머

① pH 4.5~5.5 밸런스를 맞추어 박테리아 성장을 억제하는 방부제 역할

② 케라틴 단백질을 화학작용으로 녹여 아크릴 네일의 접착 효과를 높여줌

③ 사용 시 눈과 호흡기의 안전을 위해 보안경과 마스크 착용

> **과년도 기출예제**
> **Q1** 프라이머의 특징이 아닌 것은?
> **A1** 알칼리 성분으로 자연 손톱을 강하게 함
>
> **Q2** 아크릴 네일 재료인 프라이머에 대한 설명으로 틀린 것은?
> **A2** 인조 네일 전체에 사용하며 방부제 역할을 함
>
> **Q3** 아크릴릭 시술 시 바르는 프라이머에 대한 설명으로 틀린 것은?
> **A3** 충분한 양으로 여러 번 도포해야 함

(2) 네일 본더

① 산성성분을 포함한 제품과 포함하지 않는 제품으로 구분
② 젤 네일의 밀착력을 높여줌

참고 

- 산성제품으로 피부에 묻었을 경우 화상을 초래할 수 있기에 흐르는 물에 씻어줌
- 이물질에 오염되거나 빛에 노출되면 변질될 우려가 있으므로 어두운 색의 작은 유리용기를 사용하며 서늘하고 통풍이 잘되는 공간에 보관

(3) 논 애시드 프라이머

산성성분이 없어 화상을 초래하지 않고 자연 손톱을 부식시키지 않음

3 젤 네일 폴리시 전 처리 방법

① 오렌지우드스틱에 소량의 탈지면을 감아 일반 네일 폴리시 리무버를 적셔 자연 손톱 표면, 사이드, 프리에지의 유분기를 제거
② 거즈를 엄지손가락에 감고 남은 거즈는 손바닥으로 고정하여 감은 거즈에 일반 폴리시 리무버를 적셔 자연 손톱 표면, 사이드, 프리에지의 유분기를 제거
③ 전 처리제를 소량의 양으로 피부에 닿지 않게 도포

3 인조 네일 전 처리

1 인조 네일 전 처리 작업

① 샌딩 파일(샌드 버퍼) 180~200그릿으로 고르지 않은 자연 손톱 표면 또는 유분기를 제거
② 전 처리제를 소량의 양으로 피부에 닿지 않게 도포

5장

자연 네일 보강

자연 네일 보강이란 기본적인 자연 네일에서 약해지거나 손상되거나 찢어진 네일을 다양한 네일 재료를 적용하여 두께를 적용하여 보강하는 것을 의미한다. 자연 네일의 길이를 연장하는 인조 네일과는 차이점이 있다.

NCS학습모듈 자연 네일 보강 中

1절 자연 네일 보강

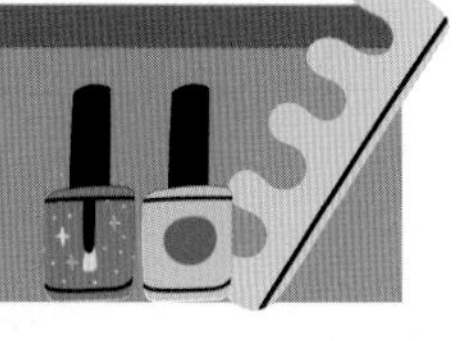

1 자연 네일 보강 정의 및 종류

1 정의

자연 네일 보강이란 약해진 자연 손톱, 손상된 자연 손톱, 찢어진 자연 손톱을 다양한 네일 재료를 적용하여 두께를 보강하는 것을 의미

2 자연 네일 보강 재료의 종류

① 랩 네일
② 아크릴 네일
③ 젤 네일

> **과년도 기출예제**
> **Q** 자연 네일을 오버레이하여 보강할 때 사용할 수 없는 재료는?
> **A** 파일

2 네일 랩 화장물 보강

1 네일 랩 화장물 도구

(1) 네일 접착제(네일 글루)

① 네일 팁을 접착, 네일 랩 고정에 사용
② 점성에 따라 사용 용도에 맞추어 적절히 사용
③ 점성이 낮으면 얇게 도포되므로 빠르게 건조, 점성이 크면 두껍게 도포되어 더디게 건조

네일 글루

스틱 글루	• 라이트 글루 : 투명하며 가장 작은 점성 • 핑크 글루 : 핑크 컬러로 라이트 글루보다 점성이 큼
투웨이 글루	• 투명하며 스틱 글루와 브러시 글루의 중간 정도의 점성 • 상단에 마개를 열어 한 방울 떨어트려 사용하는 방법과 브러시 타입으로 바르는 방법
브러시 글루	• 투명하며 젤의 형태로 중간 정도의 점성 • 젤 글루라고도 함 • 브러시 타입
액세서리 글루	• 투명하며 끈끈한 젤의 형태로 가장 강한 점성 • 파츠 글루라고도 함 • 튜브 타입

(2) 필러 파우더

① 분말 타입의 제품으로 네일 접착제와 함께 사용

② 네일의 보강과 두께 조절을 위해 사용

(3) 경화 촉진제

① 글루드라이, 액티베이터 등의 제품이 있음

② 네일 접착제를 빠르게 경화시키는 제품

③ 약 10~15cm 정도 거리를 유지하여 분사

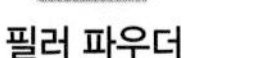

필러 파우더

글루 드라이어(액티베이터)

(4) 네일 랩

① 약한 자연 손톱, 손상된 자연 손톱, 찢어진 자연 손톱을 보강

② 네일 팁을 붙이고 좀 더 견고하게 하기 위해 사용하거나 길이를 연장할 때 사용

③ 패브릭(천) 랩의 종류 : 실크, 파이버 글래스, 린넨

④ 리퀴드 네일 랩 : 액체 타입으로 미세한 천 조각이 들어가 있어 순간 대체용 제품

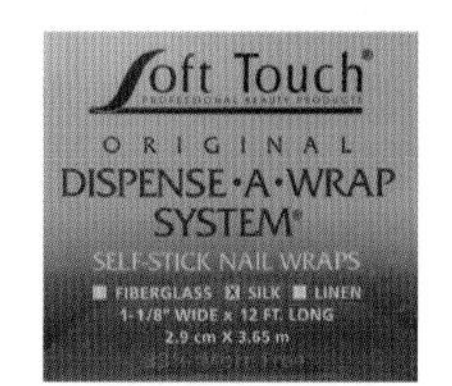

실크

2 네일 랩 화장물 보강 특징

네일 랩, 네일 접착제, 필러 파우더를 함께 사용하여 자연 네일의 손상 상태에 따라서 적용

3 네일 랩 화장물 보강 작업

(1) 약해진 자연 손톱 보강 순서

① **전 처리** : 네일 랩을 적용하기에 적합한 네일 화장물 전 처리 작업

② **네일 랩 재단**

- 네일 랩의 윗부분을 큐티클 라인과 동일하게 재단(완만한 사다리꼴로 재단)
- 자연 손톱의 큐티클 부분에서 프리에지까지의 길이를 측정하여 재단

③ **네일 랩 접착** : 큐티클 라인에서 약 0.15mm 정도 남기고 접착

④ **네일 접착제 도포** : 스틱 글루로 네일 랩을 충분히 흡수되도록 도포

⑤ **코팅** : 효과적인 광택과 두께를 보강하기 위하여 브러시 글루를 바르기

⑥ **경화 촉진제** : 글루 드라이를 약 10~15cm 정도 거리를 유지하여 소량 분사

⑦ **자연 네일 형태** : 자연 손톱 모양 만들기

⑧ **표면정리** : 인조 네일용 파일과 샌드 버퍼를 사용하여 표면을 정리

⑨ **더스트 제거** : 네일 더스트 브러시를 이용하여 네일 주변의 더스트 제거

⑩ **코팅** : 효과적인 광택과 두께를 보강하기 위하여 젤 글루를 바르기

⑪ **경화 촉진제** : 글루 드라이를 약 10~15cm 정도 거리를 유지하여 소량 분사

⑫ **샌딩 파일** : 샌드 버퍼와 피니셔로 광이 잘나도록 표면을 매끄럽게 만들기

⑬ **광택** : 광택용 파일을 이용하여 네일 표면에 광택

⑭ **마무리** : 손을 닦고 큐티클 부분에 오일을 바르고 마무리

(2) 손상된 자연 손톱 보강 순서

① **전 처리** : 네일 랩을 적용하기에 적합한 네일 화장물 전 처리 작업
② **네일 랩 재단** : 손상된 부분 사이즈를 측정하여 조금 여유 있게 재단
③ **네일 랩 접착** : 손상된 부분 접착
④ **네일 접착제 도포** : 스틱 글루로 네일 랩을 충분히 흡수되도록 도포
⑤ **채워주기** : 스틱 글루와 필러 파우더를 사용하여 두께 형성(손상 상태에 따라 필러 파우더 양 조절)
⑥ **경화 촉진제** : 글루 드라이를 약 10~15cm 정도 거리를 유지하여 소량 분사
⑦ **자연 네일 형태** : 자연 손톱 모양 만들기
⑧ **표면정리** : 인조 네일용 파일과 샌드 버퍼를 사용하여 표면을 정리
⑨ **더스트 제거** : 네일 더스트 브러시를 이용하여 네일 주변의 더스트 제거
⑩ **코팅** : 효과적인 광택과 두께를 보강하기 위하여 젤 글루를 바르기
⑪ **경화 촉진제** : 글루 드라이를 약 10~15cm 정도 거리를 유지하여 소량 분사
⑫ **샌딩 파일** : 샌드 버퍼와 피니셔로 광이 잘나도록 표면을 매끄럽게 만들기
⑬ **광택** : 광택용 파일을 이용하여 네일 표면에 광택
⑭ **마무리** : 손을 닦고 큐티클 부분에 오일을 바르고 마무리

(3) 찢어진 자연 손톱 보강 순서

① **전 처리** : 네일 랩을 적용하기에 적합한 네일 화장물 전 처리 작업
② **네일 접착제 도포** : 찢어진 부분에 스틱 글루로 도포 후 오렌지우드스틱으로 찢어진 부분을 붙여주기
③ **경화 촉진제** : 글루 드라이를 약 10~15cm 정도 거리를 유지하여 소량 분사
④ **표면 정리** : 샌드 버퍼로 표면을 정리하고 네일 더스트 브러시를 이용하여 더스트 제거
⑤ **네일 랩 재단** : 네일 랩의 윗부분을 큐티클 라인과 동일하게 재단(완만한 사다리꼴로 재단)
⑥ **네일 접착제 도포** : 스틱 글루로 네일 랩을 충분히 흡수되도록 도포
⑦ **채워주기**
- 스틱 글루와 필러 파우더를 2~3번 반복 사용하여 두께 형성
- 프리에지부터 하이 포인트까지 그라데이션이 되게 필러 파우더와 스틱 글루 도포

⑧ **경화 촉진제** : 글루 드라이를 약 10~15cm 정도 거리를 유지하여 소량 분사
⑨ **자연 네일 형태** : 자연 손톱 모양 만들기
⑩ **표면 정리** : 인조 네일용 파일과 샌드 버퍼를 사용하여 표면을 정리
⑪ **더스트 제거** : 네일 더스트 브러시를 이용하여 네일 주변의 더스트 제거
⑫ **코팅** : 효과적인 광택과 두께를 보강하기 위하여 젤 글루를 바르기
⑬ **경화 촉진제** : 글루 드라이를 약 10~15cm 정도 거리를 유지하여 소량 분사
⑭ **샌딩 파일** : 샌드 버퍼와 피니셔로 광이 잘나도록 표면을 매끄럽게 만들기
⑮ **광택** : 광택용 파일을 이용하여 네일 표면에 광택
⑯ **마무리** : 손을 닦고 큐티클 부분에 오일을 바르고 마무리

3 아크릴 화장물 보강

1 아크릴 화장물 도구

(1) 아크릴 파우더

아크릴 리퀴드와 혼합하여 사용하는 분말 타입 제품

아크릴 파우더(화이트/핑크/클리어)

(2) 아크릴 리퀴드(모노머)

① 아크릴 파우더와 혼합하여 사용하는 액상 타입 제품

② 화학물질을 함유하고 있어 라벨을 붙이고 온도와 빛에 노출되면 변질 우려

③ 서늘하고 통풍이 잘되는 공간에 보관

모노머(리퀴드)

(3) 아크릴 브러시

① 아크릴 파우더와 아크릴 리퀴드를 혼합할 때 사용하는 브러시

② 브러시 모의 양에 따라 스컬프처용 브러시와 아트용 브러시로 나누어 사용

③ 아크릴 잔여물이 남지 않도록 닦고 브러시 끝을 모아 브러시가 아래쪽을 향하게 보관

아크릴 브러시

2 아크릴 화장물 보강 특징

① 아크릴은 네일 화장물 중 가장 단단

② 경화 후에도 수축이나 변형이 없음

③ 손상된 부분의 범위가 크며 단단하게 두께를 형성해야 하는 자연 손톱의 손상 상태에 적용

과년도 기출예제

Q (A)는 폴리시 리무버나 아세톤을 담아 펌프식으로 편리하게 사용할 수 있다. (B)는 아크릴 리퀴드를 덜어 담아 사용할 수 있는 용기이다.

A A–디스펜서, B–디펜디시

3 아크릴 화장물 보강 작업 순서

(1) 약해지고 손상된 자연 손톱 보강 순서

① **전 처리** : 네일 프라이머를 자연 손톱에 소량 도포

② **아크릴 적용**

- 하이 포인트에서 프리에지까지 아크릴 볼을 올리고 자연스럽게 연결
- 큐티클 부분에 아크릴 볼을 올리고 큐티클 라인을 얇게 하여 자연스럽게 연결

③ **핀치** : 손톱의 벽(사이드 월)부분이 일직선이 되도록 핀치

④ **자연 네일 형태** : 자연 손톱 모양 만들기

⑤ **표면 정리** : 인조 네일용 파일과 샌드 버퍼를 사용하여 표면을 정리

⑥ **광택** : 광택용 파일을 사용하여 인조 네일의 표면 광택
⑦ **마무리** : 손을 닦고 큐티클 부분에 오일을 바르고 마무리

(2) 찢어진 자연 손톱 보강 순서

① **네일 접착제 도포** : 찢어진 부분에 스틱 글루로 도포 후 오렌지우드스틱으로 찢어진 부분을 붙여 주기
② **경화 촉진제** : 글루 드라이를 약 10~15cm 정도 거리를 유지하여 소량 분사
③ **더스트 제거** : 네일 더스트 브러시를 이용하여 네일 주변의 더스트 제거
④ **전 처리** : 네일 프라이머를 자연 손톱에 소량 도포
⑤ **아크릴 적용**
- 하이 포인트에서 프리에지까지 아크릴 볼을 올리고 자연스럽게 연결
- 큐티클 부분에 아크릴 볼을 올리고 큐티클 라인을 얇게 하여 자연스럽게 연결

⑥ **핀치** : 옆면 라인이 일직선이 되도록 핀치
⑦ **자연 네일 형태** : 자연 손톱 모양 만들기
⑧ **표면 정리** : 인조 네일용 파일과 샌드 버퍼를 사용하여 표면을 정리
⑨ **광택** : 광택용 파일을 사용하여 인조 네일의 표면 광택
⑩ **마무리** : 손을 닦고 큐티클 부분에 오일을 바르고 마무리

4 젤 화장물 보강

1 젤 화장물 도구

(1) 베이스 젤

자연 네일을 보호하고 클리어 젤, 젤 폴리시가 잘 밀착되도록 도포

스컬프쳐용 젤(클리어)

베이스 젤

(2) 클리어 젤

① 점성을 가지고 있으며 네일 보강과 길이를 연장하는 등의 제품
② 젤 램프기기에 경화해야 함
③ 빛이 투과되지 않는 용기와 장소, 적당한 온도를 유지하여 보관
④ 단단한 질감으로 변한 젤은 광택이 저하될 수 있으므로 따뜻하게 데운 후 사용

구분	특징
소프트 젤	• 점도가 작아 고르게 퍼지며 부드러운 제품 • 내구력과 지속력이 다소 떨어짐 • 제거 용액으로 제거 가능
하드 젤	• 점도가 커 단단한 제품 • 내구력과 지속력이 소프트 젤보다 강함 • 제거 용액으로 제거가 어려움

탑 젤 　　 젤 브러시

(3) 탑 젤

① 젤의 유지력을 높이고 광택을 부여
② 마지막 단계에 사용

(4) 젤 브러시

① 젤을 네일에 바를 때 사용
② 젤 브러시 길이, 크기, 형태에 따라 스컬프처용과 아트용으로 나누어 사용
③ 묻은 젤을 닦고 빛이 투과하지 않는 재질의 브러시 케이스 안에 보관

젤 램프

(5) 젤 램프기기

① 베이스 젤, 클리어 젤, 젤 폴리시, 탑 젤을 경화시켜주는 UV, LED 전구가 있는 기기
② 젤이 완벽하게 경화되지 않을 시 리프팅이 빨리 발생하므로 램프를 확인 후 교체
③ 한 번에 많은 양의 젤 경화 시 히팅 현상을 일으킬 수 있으므로 네일 손상을 줄 수 있음
④ **UV램프** : UV-A(약 320~400nm), 램프 교체(3~6개월, 1,000시간)
⑤ **LED램프** : 가시광선(약 400~700nm), 램프 반영구적(40,000~120,000시간)

2 젤 화장물 보강의 특징

젤은 퍼지는 점성을 가지고 있기 때문에 약한 자연 네일에 적용하는 데 효과적이며 사전 예방으로 전체적으로 자연 네일 보호 차원에도 효과적

3 젤 화장물 보강 작업

(1) 약해지고 손상된 자연 손톱 보강 순서

① **전 처리** : 네일 프라이머를 자연 손톱에 소량 도포
② **베이스 젤 도포** : 베이스 젤 도포 후 젤 램프기기에 경화
③ **젤 적용**
- 하이 포인트에서 프리에지까지 클리어 젤을 올려 자연스럽게 연결
- 큐티클 부분에 클리어 젤을 올리고 큐티클 라인을 얇게 하여 자연스럽게 연결 후 경화

젤 클렌저

④ **미경화 젤 제거** : 젤 클렌저를 사용하여 미경화 젤 닦아내기
⑤ **자연 네일 형태** : 인조 네일용 파일을 사용하여 스퀘어 형태로 모양 만들기
⑥ **표면 정리** : 인조 네일용 파일과 샌드 버퍼를 사용하여 표면을 정리
⑦ **마무리** : 멸균거즈를 사용하여 손 전체를 닦아주기
⑧ **탑 젤(경화)** : 탑 젤을 도포 후 경화(미경화 젤이 있는 경우 미경화 젤을 닦아주기)

(2) 찢어진 자연 손톱 보강 순서

① **네일 접착제 도포** : 찢어진 부분에 스틱 글루로 도포 후 오렌지우드스틱으로 찢어진 부분을 붙여주기

② **경화 촉진제** : 글루 드라이를 약 10~15cm 정도 거리를 유지하여 약하게 분사

③ **표면 정리** : 샌드 버퍼로 표면을 정리하고 네일 더스트 브러시를 이용하여 더스트 제거

④ **전 처리** : 네일 프라이머를 자연 손톱에 소량 도포

⑤ **베이스 젤 도포** : 베이스 젤 도포 후 젤 램프기기에 경화

⑥ **젤 적용**

- 하이 포인트에서 프리에지까지 클리어 젤을 올려 자연스럽게 연결
- 큐티클 부분에 클리어 젤을 올리고 큐티클 라인을 얇게 하여 자연스럽게 연결 후 경화

⑦ **미경화 젤 제거** : 젤 클렌저를 사용하여 미경화 젤 닦아내기

⑧ **자연 네일 형태** : 인조 네일용 파일을 사용하여 스퀘어 형태로 모양 만들기

⑨ **표면 정리** : 인조 네일용 파일과 샌드 버퍼를 사용하여 표면을 정리

⑩ **마무리** : 멸균거즈를 사용하여 손 전체를 닦아주기

⑪ **탑 젤(경화)** : 탑 젤을 도포 후 경화(미경화 젤이 있는 경우 미경화 젤을 닦아주기)

6장

네일 컬러링

톱코트의 부틸아세톤 성분은 컬러링 된 폴리시의 표면을 가볍게 녹일 수 있어, 톱코트 도포 시 톱코트의 네일 브러시가 컬러링 표면에 마찰이 일어날 경우 컬러가 닦아지는 등의 변형을 줄 수 있다. 톱코트 도포는 톱코트가 굴러 내려가듯 가볍게 컬러 위에 얹어두는 느낌으로 도포한다.

NCS학습모듈 네일 컬러링 中

1절 네일 컬러링

1 컬러링의 종류

1 컬러링의 종류

① **풀 코트**(Full Coat) : 자연 손톱 전체에 컬러링 하는 기법

② **프렌치**(French)

- 일자형, V자형, 사선형, 반달형으로 컬러링 하는 기법
- 시험이나 대회에서는 두께 3~5mm 반달형 프렌치 컬러링 기법

③ **딥 프렌치**(Deep French) : 자연 손톱의 전체 길이 1/2 이상에서 루눌라를 넘지 않게 컬러링 하는 기법

④ **하프문, 루눌라**(Half Moon, Lunula) : 루눌라 부분을 일정하게 남겨 놓고 컬러링 하는 기법

⑤ **프리에지**(Free Edge) : 프리에지 부분에만 컬러링 하지 않는 기법

⑥ **헤어라인 팁**(Hair Line Tip) : 자연 손톱 전체에 컬러링 한 후 벗겨지기 쉬운 프리에지 단면 부분을 약 1mm 정도 지우는 기법

⑦ **슬림라인, 프리 월**(Slim Line, Free Wall) : 자연 손톱이 길고 가늘게 보이도록 하는 방법으로 자연 손톱의 양쪽 옆면을 약 1mm 정도 남기고 컬러링 하는 기법

⑧ **그라데이션**(Gradation) : 자연 손톱의 전체 길이 1/2 이상에서 루눌라를 넘지 않게 프리에지로 갈수록 자연스럽게 컬러가 진해지는 기법

> **과년도 기출예제**
>
> **Q1** 에나멜을 바르는 방법으로 손톱을 가늘어 보이게 하는 것은?
>
> **A1** 프리 월
>
> **Q2** 폴리시를 바르는 방법 중 손톱이 길고 가늘게 보이도록 하기 위해 양쪽 사이드 부위를 남겨두는 컬러링 방법은?
>
> **A2** 슬림라인

2 풀 코트 컬러 도포

1 풀 코트 컬러링 순서

① 베이스 코트 1회 도포

② 네일 폴리시 2회 도포

③ 탑 코트 1회 도포

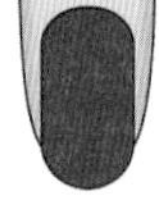

풀 코트

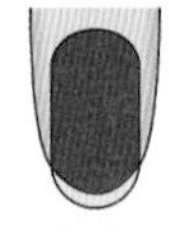

프리에지

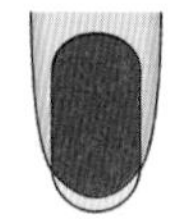

헤어라인 팁

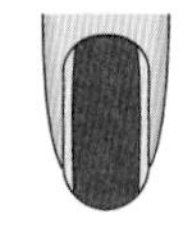

슬림라인, 프리 월

2 풀 코트 컬러링 방법

(1) 베이스 코트

① 자연 손톱에 네일 폴리시의 색소 침착을 막아주고 밀착력을 높여주기 위해 1회 도포

② 베이스 코트 양을 조절하여 프리에지 도포 → 자연 손톱 전체 도포

(2) 풀 컬러링

풀 코트는 큐티클과의 간격을 0.15mm 정도 띄우고 네일 폴리시 브러시를 자연 손톱과 45°가 되도록하여 가상길이를 생각해 프리에지까지 브러시를 길게 빼서 2회 도포

① 양방향 컬러링 방법

프리에지 도포 → 자연 손톱 중앙 큐티클 라인에 0.15mm 정도 띄우고 바르기 → 왼쪽 큐티클 라인을 따라 바르기 → 오른쪽 큐티클 라인을 따라 바르기

② 한 방향 컬러링 방법

프리에지 도포 → 왼쪽에서부터 오른쪽으로 여러번 겹쳐 바르기

> **참고**
> - 컬러 본연의 색을 내기 위해 2회 도포하지만 컬러감에 따라 1~3회 사이로 증감 가능

과년도 기출예제

Q1 컬러링의 설명으로 틀린 것은?
A1 폴리시 브러시의 각도는 90도로 잡는 것이 가장 적합함

Q2 네일 폴리시 작업 방법으로 가장 적합한 것은?
A2 네일 폴리시는 손톱 가장자리 피부에 최대한 가깝게 도포함

(3) 탑 코트

① 네일 폴리시의 색 보호와 광택력, 지속력을 유지하기 위해 1회 도포
② 탑 코트 양을 조절하여 프리에지 도포 → 컬러링 된 부분 전체 도포

과년도 기출예제

Q 베이스 코트와 탑 코트의 주된 기능에 대한 설명으로 가장 거리가 먼 것은?
A 탑 코트는 손톱에 영향을 주어 손톱을 튼튼하게 해줌

3 프렌치 컬러 도포

1 프렌치 컬러링 순서

① 베이스 코트 1회 도포
② 양쪽 대칭이 일정하도록 프렌치 라인 2회 도포
③ 탑 코트 1회 도포

프렌치

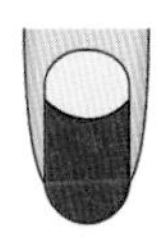
딥 프렌치

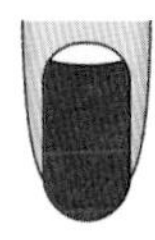
하프문

2 프렌치 컬러링 방법

(1) 베이스 코트

① 자연 손톱에 네일 폴리시의 색소 침착을 막아주고 밀착력을 높여주기 위해 1회 도포
② 베이스 코트 양을 조절하여 프리에지 도포 → 자연 손톱 전체 도포

(2) 프렌치 컬러링

① 프렌치 컬러링은 양쪽 대칭이 일정하며 3~5mm 이내의 길이로 도포
② 프렌치French, 딥 프렌치Deep French, 루눌라(하프문)Half Moon, Lunula, 일자형Straight, V자형V-neck/V-type, 사선형Slant/Triangle 등 응용된 다양한 방법으로 분류

과년도 기출예제

Q 손톱의 프리에지 부분을 유색 폴리시로 칠해주는 컬러링 테크닉은?
A 프렌치 매니큐어

(3) 탑 코트

① 네일 폴리시의 색 보호와 광택력, 지속력을 유지하기 위해 1회 도포

② 탑 코트 양을 조절하여 프리에지 도포 → 컬러링 된 부분 전체 도포

> **참고**
>
> - 컬러 본연의 색을 내기 위해 2회 도포하지만 컬러감에 따라 1~3회 사이로 증감 가능
> - 대칭이 일정하지 않을 시 1회 도포 시 수정 가능

4 딥 프렌치 컬러 도포

1 딥 프렌치 컬러링 순서

① 베이스 코트 1회 도포

② 양쪽 대칭이 일정하며 자연 네일의 1/2 이상 딥 프렌치 2회 도포

③ 탑 코트 1회 도포

> **과년도 기출예제**
>
> **Q1** 프렌치 컬러링에 대한 설명으로 옳은 것은?
>
> **A1** 옐로우라인에 맞추어 완만한 U자 형태로 컬러링 함
>
> **Q2** 스마일 라인에 대한 설명 중 틀린 것은?
>
> **A2** 좌우 대칭의 밸런스보다 자연스러움을 강조해야 함

2 딥 프렌치 컬러링 방법

(1) 베이스 코트

① 자연 손톱에 네일 폴리시의 색소 침착을 막아주고 밀착력을 높여주기 위해 1회 도포

② 베이스 코트 양을 조절하여 프리에지 도포 → 자연 손톱 전체 도포

(2) 딥 프렌치 컬러링

자연 손톱 전체 길이에 1/2 이상, 루눌라 부분은 침범하지 않도록 양쪽 대칭이 일정하게 도포

(3) 탑 코트

① 네일 폴리시의 색 보호와 광택력, 지속력을 유지하기 위해 1회 도포

② 탑 코트 양을 조절하여 프리에지 도포 → 컬러링 된 부분 전체 도포

> **참고** 
>
> - 컬러 본연의 색을 내기 위해 2회 도포하지만 컬러감에 따라 1~3회 사이로 증감 가능
> - 대칭이 일정하지 않을 시 1회 도포 시 수정 가능

5 그라데이션 컬러 도포

1 그라데이션 컬러링 순서

① 베이스 코트 1회 도포
② 스펀지를 사용하여 색상, 도포 횟수 제한이 없이 반복적으로 두드려 컬러의 경계 없이 도포
③ 탑 코트 1회 도포

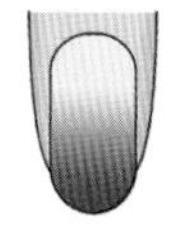
그라데이션

2 그라데이션 컬러링 방법

(1) 베이스 코트

① 자연 손톱에 네일 폴리시의 색소 침착을 막아주고 밀착력을 높여주기 위해 1회 도포
② 베이스 코트 양을 조절하여 프리에지 도포 → 자연 손톱 전체 도포

(2) 그라데이션 컬러링

① 자연 손톱 전체 길이에 1/2 이상 루눌라 부분은 침범하지 않도록 프리에지 부분으로 갈수록 색이 진해지도록 도포
② 스펀지에 네일 폴리시와 베이스 코트를 발라 자연 손톱에 가볍게 두드리며 경계를 없애고 도포 횟수 제한이 없이 네일 폴리시에 색상이 나올 때까지 도포

과년도 기출예제
Q 그러데이션 기법의 컬러링에 대한 설명으로 틀린 것은?
A 일반적으로 큐티클 부분으로 갈수록 컬러링 색상이 자연스럽게 진해지는 기법

(3) 탑 코트

① 네일 폴리시의 색 보호와 광택력, 지속력을 유지하기 위해 1회 도포
② 탑 코트 양을 조절하여 프리에지 도포 → 컬러링 된 부분 전체 도포

7장

네일 폴리시 아트

네일 폴리시는 네일 위에 광택과 색의 표면을 통해 네일을 아름답게 보이도록 하는 네일 화장물을 말한다. 폴리시는 광택제라는 의미의 영어 외래어 표기이며, 네일에 색을 주는 네일 화장물이 일반적으로 광택을 표현하므로 사용된다. 동일한 광택의 의미로 네일 에나멜, 네일 락카로도 불리며, 색을 부여하는 특성을 강조하여 네일 컬러라고도 한다. … 일반 네일 폴리시 아트는 네일 폴리시와 아트를 합한 말로, 일반 네일 폴리시를 이용해 아트를 하는 것이다.

NCS학습모듈 네일 폴리시 아트 中

1절 네일 폴리시 아트

1 기초 색채 배색

1 색의 기초

(1) 색

빛이 물체에 비추어 반사, 분해, 투과, 굴절, 흡수될 때 눈을 자극함으로써 감각된 현상을 나타내는 것

(2) 색채

물리적인 현상으로 색이 감각 기관인 눈을 통해 대뇌까지 전달되어 감각과 연관되어 지각되는 심리적인 경험효과의 현상을 나타내는 것

(3) 색의 분류

① **유채색** : 빨강, 파랑, 노랑, 초록 등 같은 색조가 있는 색으로 무채색을 제외한 모든 색

② **무채색** : 회색, 하얀색, 검은색 등의 색조가 없는 색

(4) 색의 3 속성

① **색상**(Hue) : 빨강, 파랑, 노랑, 초록, 주황, 파랑, 남색, 보라, 자주 등과 같은 색을 가지고 있는 색조

② **명도**(Value)

- 색이 밝고 어두운 정도
- 밝은 색일수록 고명도, 어두운 색일수록 저명도

③ **채도**(Chroma)

- 색이 맑고 탁한 정도
- 색이 맑고 선명할수록 채도가 높음

2 배색

(1) 배색

① 두 개 이상의 색을 배열

② 색채를 배합

③ 미적인 효과

④ 계절과 피부에 따라 유행성을 고려하여 네일 디자인을 표현

(2) 색상 배색

① **동일색상 배색**

- 동일 색을 이용해 톤의 차를 두어 배색하는 방법
- 시원함, 차분함, 따뜻함, 간결함

② **유사색상 배색**

- 인접한 색을 이용해 톤의 차를 두어 배색하는 방법
- 온화함, 상냥함, 친근함, 명쾌함

③ **반대색상 배색**
- 색상차가 서로 반대되는 색을 이용하여 배색하는 방법
- 강함, 화려함, 자극적, 동적임, 예리함

동일색상 배색

유사색상 배색

반대색상 배색

(3) 명도 배색

① **고명도 배색**
- 밝은 색인 파스텔 톤의 높은 명도로 색조를 지닌 배색
- 밝음, 창백함, 맑음, 깨끗함, 부드러운 연한 느낌

② **중명도 배색**
- 중간 정도의 명도로 색조를 지닌 배색
- 침착함, 불분명한 느낌

③ **저명도 배색**
- 명도가 낮은 어두운 색조를 지닌 배색
- 어두움, 음침함, 무거움, 딱딱한 느낌

고명도 배색

중명도 배색

저명도 배색

(4) 채도 배색

① **고채도 배색**
- 채도가 높은 색조를 지닌 배색
- 화려함, 강함, 자극적인 느낌

② **저채도 배색**
- 채도가 낮은 색조를 지닌 배색
- 소박함, 온화함, 차분함, 부드러운 느낌

③ **채도차가 큰 배색**
- 고채도와 저채도의 색조를 지닌 배색
- 활기참, 활발함, 명쾌한 느낌

고채도 배색

저채도 배색

채도차가 큰 배색

2 4계절 컬러 이미지

1 봄

① 선명하고 부드러우며 산뜻하고 맑은 느낌
② 고명도 배색, 고채도 배색
③ 파스텔 계열, 노랑, 연두, 연분홍, 연보라 등

2 여름

① 차가우면서 깔끔하고 시원하며 우아한 이미지, 청량감, 시원함, 강렬함
② 고채도 배색, 채도차가 큰 배색
③ 노란 기가 없는 파랑, 라벤더, 하늘색, 청록색, 청색 등

3 가을

① 성숙하고 지적이며 섹시한 이미지에 따뜻한 유형, 차분함, 편안함
② 중명도 배색, 저채도 배색, 고채도에 붉은 계열 배색
③ 카키, 버건디, 빨강, 갈색, 적자색 등

4 겨울

① 어두우면서도 그윽하고 시크한 이미지에 차가움, 화려함
② 저명도 배색, 고채도 배색
③ 진한 회색, 검정, 흰색, 적색, 남색 등

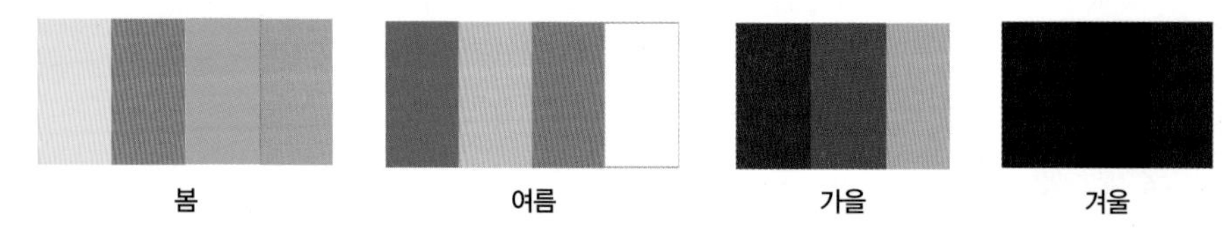

3 일반 네일 폴리시 아트

1 일반 네일 폴리시 아트

① 일반 네일 폴리시를 이용해 라이너 브러시, 오렌지우드스틱 등의 도구를 이용한 페인팅 디자인
② 폴리시 성질을 이용하여 워터마블, 마블디자인을 표현하는 아트

2 페인팅 디자인

(1) 정의

① 네일 폴리시에 내장되어 있는 브러시와 세필 브러시, 라이너 브러시, 닷 툴 등의 도구 이용
② 자연 손톱 위에 페인팅 디자인하는 기법

(2) 페인팅 디자인 순서

① **디자인 선정** : 페인팅 할 디자인에 대한 참고 자료 수집
② **디자인 스케치** : 참고 자료를 활용하여 스케치
③ **네일 기본관리** : 자연 손톱 형태를 선정하고 큐티클 정리 후 유분기 제거
④ **베이스 코트** : 착색 방지를 위해 베이스 코트를 네일 전체에 얇게 1회 도포
⑤ **네일 컬러링** : 유색 폴리시를 네일 전체에 2회 도포
⑥ **페인팅 디자인** : 선정한 디자인을 페인팅
⑦ **탑 코트** : 광택과 컬러보호를 위해 네일 전체에 1회 도포
⑧ **네일 폴리시 화장물 마무리** : 오렌지우드스틱ows, 거즈를 사용하여 화장물 마무리

3 워터마블 디자인

(1) 정의

① 물 위에 일반 네일 폴리시를 떨어뜨려 물 위에 색을 유연하게 움직이는 표현 위에 손톱을 올려 무늬를 만들어 내는 기법
② 계획에 의해 유사 패턴의 디자인을 계획하여 작업 가능

(2) 워터마블 디자인 순서

① **네일 기본관리** : 자연 손톱 형태를 선정하고 큐티클 정리 후 유분기 제거
② **베이스 코트** : 착색 방지를 위해 베이스 코트를 네일 전체에 얇게 1회 도포
③ **워터 마블 디자인1** : 물이 담긴 용기에 두 가지 이상의 컬러를 떨어뜨림(번짐 확인)
④ **워터 마블 디자인2** : 오렌지우드스틱으로 원하는 마블 선을 그어줌
⑤ **워터 마블 디자인3** : 마블 디자인을 확인 후 자연 손톱을 디자인 할 곳에 천천히 담금
⑥ **워터 마블 디자인4** : 오렌지우드스틱에 솜을 말아 물 위에 남아있는 폴리시를 정리
⑦ **탑 코트** : 광택과 컬러보호를 위해 네일 전체에 1회 도포
⑧ **네일 폴리시 화장물 마무리** : 오렌지우드스틱ows, 거즈를 사용하여 화장물 마무리

4 마블 디자인

(1) 정의

① 마블의 원리를 응용한 디자인 표현
② 퍼짐과 유연한 컬러의 움직임으로 다양하게 적용

(2) 마블 디자인 순서

① **네일 기본관리** : 자연 손톱 형태를 선정하고 큐티클 정리 후 유분기 제거
② **베이스 코트** : 착색 방지를 위해 베이스 코트를 네일 전체에 얇게 1회 도포

③ **네일 컬러링** : 유색 폴리시를 2회 도포

④ **마블 디자인** : 선정한 디자인의 폴리시를 올려 마르기 전에 오렌지우드스틱 등으로 폴리시를 당겨 마블 디자인

⑤ **탑 코트** : 광택과 컬러보호를 위해 네일 전체에 1회 도포

⑥ **네일 폴리시 화장물 마무리** : 오렌지우드스틱ows, 거즈를 사용하여 화장물 마무리

4 젤 네일 폴리시 아트

1 기초 디자인 적용

(1) 디자인의 정의

① 실용적이면서 미적인 조형 활동을 계획

② 목적을 구상

③ 구체적인 계획 실현

④ 라틴어 어원 : 데시그나레Designare

⑤ '지시한다', '계획을 세운다', '스케치 한다' 라는 의미

(2) 디자인의 목적

① 명확한 목적을 지닌 활동

② 사회적, 인간적, 경제적, 기술적, 예술적, 심리적, 생리적 등의 요소

③ 실용적 조형계획, 미적인 조형계획, 생활의 목적표현

(3) 디자인의 요건

① 합목적성

② 심미성(미의식)

③ 경제성(지적활동)

④ 독창성(감정적 활동)

⑤ 질서성

⑥ 합리성

(4) 기초 디자인 적용

① 주어진 목적을 달성하기 위하여 창조적이며 형태와 색채를 통해 조화로운 기초 디자인

② 점 : 점으로 위치와 색채를 나타내며 물방울, 그라데이션, 꽃 등을 표현

③ 선 : 선 하나로 여러 가지 표현을 나타낼수 있으며 직선, 사선, 곡선 등으로 표현

④ 면 : 면에 두께와 색으로 질감이나 원근감, 체크 등을 표현

⑤ 마블 : 두 가지 이상의 색으로 꽃, 부채꼴, 선, 대리석 등으로 여러 가지 표현

2 젤 네일 폴리시 아트 작업

(1) 젤 네일 폴리시 아트

일반 네일 폴리시와는 달리 자연 건조되지 않고 젤의 특성상 유동성이 있어 경화 전에는 수정이 가능한 장점이 있는 아트

(2) 젤 네일 폴리시 아트 순서

① **디자인 선정** : 디자인할 참고 자료 수집
② **디자인 스케치** : 참고 자료를 활용하여 스케치
③ **베이스 젤(경화)** : 베이스 젤을 도포 후 경화(미경화 젤이 있는 경우 미경화 젤을 닦아주기)
④ **젤 네일 컬러링** : 젤 네일 폴리시 1회 도포(경화), 2회 도포(경화)
⑤ **디자인** : 선정한 디자인을 표현(경화)
⑥ **탑 젤(경화)** : 탑 젤을 도포 후 경화하기(미경화 젤이 있는 경우 미경화 젤을 닦아주기)

5 통 젤 네일 폴리시 아트

1 네일 폴리시 디자인 도구

(1) 아트 봉 : 다양한 크기로 점을 표현할 때 사용

(2) 라이너 브러시

① 용도별로 구분하여 사용
② 굵기나 가늘기에 따라 디자인을 표현
③ 숏, 미디움, 롱으로 길이에 따라 구분하여 디자인을 표현

(3) 평붓

① 스퀘어 브러시, 오벌 브러시, 사선 브러시 등으로 구분하여 사용
② 그라데이션, 바탕 컬러, 면 디자인을 할 때 사용
③ 여러 가지 크기로 크기에 따라 구분하여 적절히 사용

2 통 젤 네일 폴리시 아트

① 빛이 투과되지 않는 통에 젤이 담겨진 형태
② 따로 브러시가 내장되어 있지 않기 때문에 젤 전용 브러시로 젤을 떠서 사용
③ 젤 네일 폴리시와 같이 다양한 색을 지니고 자연 네일 전체에도 도포 가능
④ 디자인 표현 시 경화하기 전까지 수정 가능

8장

인조 네일

팁 위드 파우더, 팁 위드 랩, 랩 네일, 젤 네일, 아크릴 네일을 인조 네일로 묶었다.

1절 팁 위드 파우더

1 네일 팁 선택

1 팁 네일 Tip Nail, 팁 오버레이, Tip Overlay

네일 팁을 이용해서 길이를 연장하여 네일 랩, 아크릴, 젤 등으로 팁 위에 튼튼하게 유지시키는 방법

팁 위드 파우더	네일 팁을 이용해서 길이를 연장하고 필러 파우더로 오버레이
팁 위드 랩	네일 팁을 이용해서 길이를 연장하고 네일 랩으로 오버레이
팁 위드 아크릴	네일 팁을 이용해서 길이를 연장하고 아크릴로 오버레이
팁 위드 젤	네일 팁을 이용해서 길이를 연장하고 젤로 오버레이

2 네일 팁 Nail Tip

(1) 네일 팁의 개념

① 이미 만들어진 인조 네일로 길이를 연장하기 위해 사용

② 네일 팁을 이용해서 길이를 연장하여 네일 랩, 아크릴, 젤 등으로 팁 위에 튼튼하게 유지시키는 방법을 '네일 팁 오버레이'라고 함

③ **종목 명칭** : 팁 위드 파우더, 팁 위드 랩, 팁 위드 아크릴, 팁 위드 젤 등

④ **팁의 재질** : 플라스틱, 아세테이트, 나일론

> **과년도 기출예제**
> **Q** 다음 중 네일 팁의 재질이 아닌 것은?
> **A** 아크릴

(2) 네일 팁의 종류

① 크기에 따라 1(0)~10(9) 단위의 숫자로 분류

② 모양과 커브에 따라 종류를 분류(풀 팁, 풀 웰 팁, 하프 웰 팁, C커브 팁, 화이트 팁 등)

③ **웰(Well)** : 네일 접착제를 바르는 곳으로 자연 손톱과 네일 팁이 접착될 때 약간의 홈이 파여 있는 부분

④ **포지션 스톱** : 네일 팁의 웰이 끝나는 부분의 경계선으로 네일 접착제가 넘치면 안 되는 웰의 정지선

(3) 네일 팁 선택

① **양쪽 옆면이 들어갔거나 각진 네일** : 하프 웰 네일 팁

② **넓적한 네일** : 끝이 좁아지는 내로우 네일 팁

③ **아래로 향한 네일** : 일자 네일 팁

④ **위로 솟아오르는 네일** : 커브가 있는 네일 팁

⑤ **많이 짧은 자연 네일** : 스컬프처 네일이 효과적이나 프리에지가 일정한 경우 접착면이 넓은 풀 웰 선택

> **과년도 기출예제**
> **Q1** 자연 네일의 형태 및 특성에 따른 네일 팁 적용 방법으로 옳은 것은?
> **A1** 넓적한 손톱에는 끝이 좁아지는 내로우 팁을 적용함
>
> **Q2** 네일 팁에 대한 설명으로 틀린 것은?
> **A2** 자연 손톱이 크고 납작한 경우 커브 타입의 팁이 좋음

(4) 네일 팁 사이즈 고르는 법

① 자연 손톱의 사이즈와 동일한 사이즈 팁을 고름
② 맞는 사이즈가 없을 시 한 사이즈 큰 팁을 골라 자연 손톱에 맞게 파일로 조절
③ 자연 손톱 양 옆(스트레스 포인트)이 부족함 없이 모두 커버되어야 함
④ 작은 사이즈를 붙일 시 자연 손톱을 손상시키고 말리는 변형이 올 수 있음

(5) 네일 팁 접착하는 법

① 팁이 자연 손톱의 1/2 이상을 덮지 않도록 함
② 웰 부분에 네일 접착제를 바른 후 45° 각도로 기포가 생기지 않게 접착
③ 자연 손톱에 접착 시 손과 손가락의 전체적인 형태를 고려하여 일직선으로 접착
④ 네일 접착제가 웰의 정지선을 넘지 않도록 주의(네일 접착제 양이 적어도 많아도 안 됨)
⑤ 팁의 접착력을 높이기 위해 유분기를 제거

(6) 팁 커터

① 네일 팁을 재단하는 도구(단, 오버레이 하지 않은 상태)
② 네일 팁과 팁 커터의 각도가 90°가 되도록 하여 재단

과년도 기출예제

Q1 네일 팁 오버레이의 시술과정에 대한 설명으로 틀린 것은?
A1 자연 손톱이 넓은 경우 좁게 보이게 하기 위하여 작은 사이즈의 네일 팁을 붙임

Q2 네일 팁의 사용과 관련하여 가장 적합한 것은?
A2 팁을 선택할 때에는 자연 손톱의 사이즈와 동일하거나 한 사이즈 큰 것을 선택함

과년도 기출예제

Q1 네일 팁 접착 방법의 설명으로 틀린 것은?
A1 손톱과 네일 팁 전체에 프라이머를 도포한 후 접착함

Q2 자연 손톱에 인조 팁을 붙일 때 유지하는 가장 적합한 각도는?
A2 45°

Q3 네일 팁 작업에서 팁을 접착하는 올바른 방법은?
A3 45° 각도로 네일 팁을 접착함

팁 커터

2 팁 작업

1 풀 커버 팁 Full Cover Tip

① 풀 팁이라고도 함
② 클리어, 내추럴, 메탈, 아트 디자인이 되어 있는 네일 팁
③ 자연 손톱 전체에 접착하여 연장
④ 큐티클에 맞춰 접착
⑤ 투박하고 작업 시간 단축

2 프렌치 팁 French Tip

① 프렌치 스타일로 만들어진 화이트에서부터 다양한 색의 네일 팁
② 자연 손톱 프리에지에 프렌치 팁을 접착하여 연장
③ 큐티클에서 프렌치 팁에 스마일 라인 중앙 지점까지 같은 길이에 맞춰 접착

④ 길이 재단 시 프렌치 스마일 라인 중앙 지점부터 길이에 맞춰 재단

⑤ 프렌치 팁 위에 파우더로 오버레이하여 길이를 연장하는 방법을 프렌치 팁 위드 파우더라 함

3 내추럴 팁 Natural Tip

① 내추럴 풀 웰 팁, 내추럴 하프 웰 팁, 웰이 없는 내추럴 팁으로 구분

② 자연 손톱을 자연스럽게 길이를 연장하는 네일 팁

③ 자연스럽게 하기 위해 내추럴 팁을 접착 후 팁 턱을 제거

④ 가장 시간이 오래 걸리는 단점이 있지만 자연스러움이 특징

⑤ 내추럴 팁 위에 파우더로 오버레이하여 길이 연장하는 방법을 내추럴 팁 위드 파우더라 함

2절 팁 위드 랩

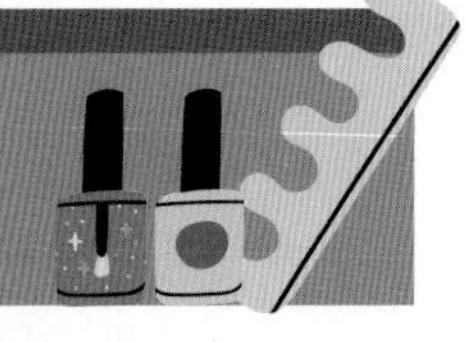

1 팁 위드 랩 네일 팁 적용

1 네일 팁 턱 제거 및 적용 방법

① 내추럴 팁을 접착하여 자연 손톱과 자연스럽게 하기 위해 웰 부분인 팁 턱을 제거
② 웰 부분에서 정지선까지 전부 제거 시 팁이 떨어지기 때문에 주의
③ 자연 손톱이 손상되지 않도록 여러 번 나눠서 제거
④ 양쪽 끝부분은 네일 파일로 인하여 피부에 출혈이 발생할 수 있으므로 각별히 주의

2 네일 랩 적용

1 팁 위드 랩, 네일 랩 오버레이

(1) 팁 위드 랩

① 네일 팁 위에 네일 랩으로 오버레이하여 길이를 연장하는 방법
② 네일 랩의 종류는 실크, 파이버 글래스, 린넨 등이 있으며 적절하게 선택하여 사용

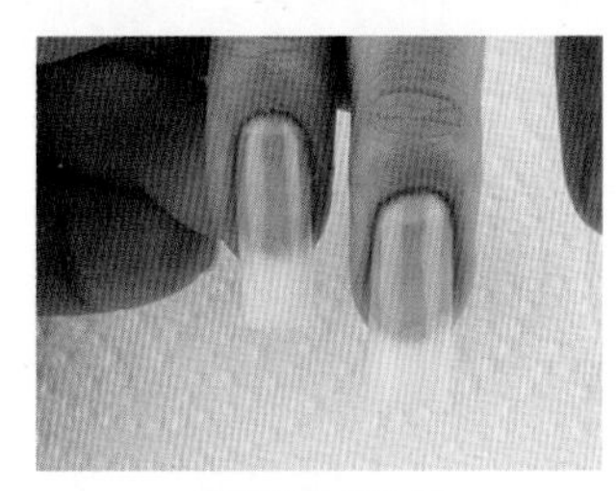
내추럴 팁 위드 랩

과년도 기출예제
Q 팁 위드 랩 시술 시 사용하지 않는 재료는?
A 아크릴 파우더
➜ 글루 드라이, 실크, 젤 글루

(2) 팁 위드 랩 주요 재료

네일 팁, 팁 커터, 네일 접착제, 글루 드라이, 필러 파우더, 실크, 실크가위

(3) 팁 위드 랩 작업 순서

손 소독 → 자연 손톱 모양(쉐입) → 표면정리 → 네일 팁 접착 → 네일 팁 재단 → 네일 팁 턱 제거 → 채워수기 → 길이 및 표면정리 → 네일 랩 재단 → 네일 랩 고정→ 네일 랩 턱 제거 → 네일 모양 만들기 → 코팅 → 광택내기 → 마무리

① **손 소독** : 손 소독제(안티셉틱)를 이용하여 작업자와 고객의 손톱, 손 소독
② **자연 손톱 모양** : 자연 손톱의 프리에지를 웰의 모양과 동일하게 약 1mm의 길이로 만들기
③ **네일 팁 접착** : 고객의 자연 손톱에 알맞은 사이즈의 네일 팁을 골라 접착
④ **네일 팁 재단** : 네일 팁과 팁 커터의 각도를 90°로 하여 네일 팁을 커트
⑤ **네일 팁 턱 제거** : 자연 손톱과 매끄럽게 연결되도록 팁 턱을 제거
⑥ **더스트 제거** : 더스트 브러시를 이용하여 네일 주변의 더스트 제거
⑦ **채워주기** : 네일 접착제와 필러 파우더를 사용하여 자연 손톱과 네일 팁 턱 사이를 채우기(굴곡이 없는 경우 생략 가능)

⑧ **경화 촉진제** : 경화 촉진제인 글루 드라이로 소량 분사
⑨ **길이 및 표면정리** : 인조 네일용 파일을 사용하여 길이 조절, 표면 정리
⑩ **더스트 제거** : 더스트 브러시를 이용하여 네일 주변의 더스트 제거
⑪ **네일 랩 재단** : 큐티클 라인에 맞게 네일 랩을 재단
⑫ **네일 랩 고정** : 스틱 글루를 이용하여 네일 랩을 고정
⑬ **경화 촉진제** : 경화 촉진제인 글루 드라이로 소량 분사
⑭ **네일 랩 턱 제거** : 인조 네일용 파일 또는 자연 네일 파일로 사용하여 네일 랩 턱을 제거
⑮ **인조 네일 모양** : 인조 네일용 파일을 이용하여 스퀘어 형태를 만들기
⑯ **코팅** : 젤 글루로 광택과 두께를 보강 후 경화 촉진제인 글루 드라이로 소량 분사
⑰ **광택** : 샌드 버퍼로 매끄럽게 표면을 정리해서 광택용 파일을 이용하여 네일 표면에 광택
⑱ **마무리** : 손을 닦고 큐티클 부분에 오일을 바르고 마무리

3 네일 팁 오버레이 적용 작업

1 팁 위드 아크릴

(1) 팁 위드 아크릴

네일 팁 위에 아크릴로 오버레이하여 길이를 연장하는 방법

(2) 팁 위드 아크릴 주요 재료

네일 팁, 팁 커터, 네일 접착제, 경화 촉진제, 전 처리제, 아크릴 파우더, 아크릴 리퀴드, 아크릴 브러시

(3) 팁 위드 아크릴 작업 순서

손 소독 → 자연 손톱 모양(쉐입) → 표면정리 → 네일 팁 접착 → 네일 팁 재단 → 네일 팁 턱 제거 → 전 처리제 → 아크릴 볼 올리기 → 핀치 넣기 → 길이 및 표면정리 → 광택내기 → 마무리

2 팁 위드 젤

(1) 팁 위드 젤

네일 팁 위에 젤로 오버레이하여 길이를 연장하는 방법

(2) 팁 위드 젤 주요 재료

네일 팁, 팁 커터, 네일 접착제, 경화 촉진제, 전 처리제, 클리어 젤, 젤 램프기기, 젤 브러시

(3) 팁 위드 젤 작업 순서

손 소독 → 자연 손톱 모양(쉐입) → 표면정리 → 네일 팁 접착 → 네일 팁 재단 → 네일 팁 턱 제거 → 전처리제 → 클리어 젤(경화) → 미경화 젤 제거 → 길이 및 표면정리 → 마무리 → 탑 젤(경화)

참고

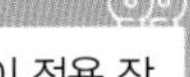

- 프렌치 화이트 팁은 프렌치 화이트 팁 턱을 제거하지 않으며, 오버레이 적용 작업 순서는 모두 같음

3절 랩 네일

1 네일 랩

1 랩 네일

랩 네일은 '네일을 포장하다'라는 뜻으로 약한 네일, 찢어진 네일에 랩을 씌워 단단하게 보강하며 인조 네일을 더욱 튼튼하게 유지시켜주고, 네일 랩, 필러 파우더, 네일 접착제를 사용하여 길이를 연장

2 네일 랩 재료

(1) 실크

① 명주실로 짠 직물

② 조직이 섬세하고 가벼우며 부드러워서 가장 많이 사용

(2) 파이버 글래스

① 인조유리섬유로 짠 직물

② 투명하며 매우 반짝거림

③ 실크보다 조직이 성글어 네일 접착제(네일 글루) 양을 많이 필요로 함

(3) 린넨

① 아마의 실로 짠 직물

② 다른 소재에 비해 강함

③ 천의 조직이 비치고 두꺼우며 투박함

(4) 실크가위 : 실크, 파이버 글래스를 자를 때 사용하는 전용 가위

2 네일 랩 접착

1 네일 랩 접착

① 네일 팁을 접착, 네일 랩 고정에 사용

② 점성에 따라 사용 용도에 맞추어 적절히 사용

③ 점성이 낮으면 얇게 도포되므로 빠르게 건조, 점성이 크면 두껍게 발리어 건조가 느려짐

스틱 글루	• 라이트 글루 : 투명하며 가장 작은 점성 • 핑크 글루 : 핑크 컬러로 라이트 글루보다 점성이 큼
투웨이 글루	• 투명하며 스틱 글루와 브러시 글루의 중간 정도의 점성 • 상단에 마개를 열어 한 방울 떨어트려 사용하는 방법과 브러시 타입으로 바르는 방법
브러시 글루	• 투명하며 젤의 형태로 중간 정도의 점성 • 젤 글루라고도 함 • 브러시 타입
액세서리 글루	• 투명하며 끈끈한 젤의 형태로 가장 강한 점성 • 파츠 글루라고도 함 • 튜브 타입

3 네일 랩 연장

1 네일 랩 연장 작업

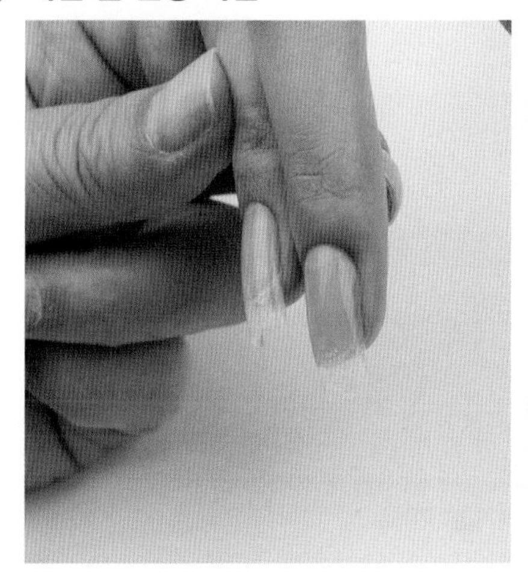

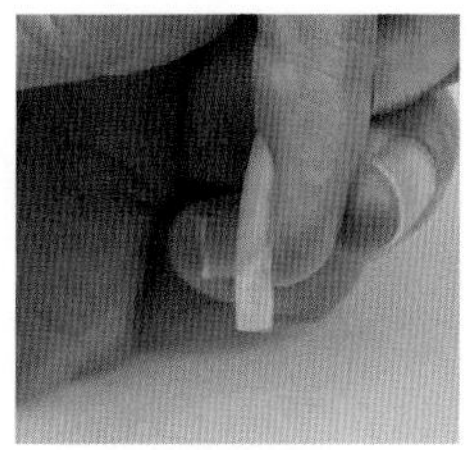

측면

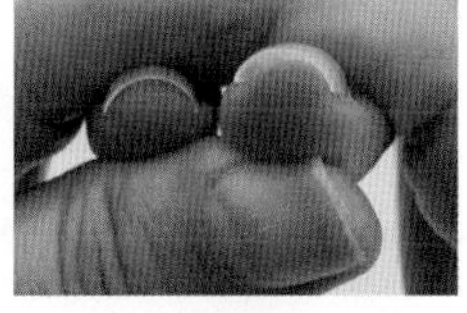

C-커브

(1) 네일 랩 익스텐션 주요 재료

네일 접착제, 경화 촉진제, 필러 파우더, 실크, 실크가위

(2) 네일 랩 익스텐션 작업 순서

손 소독 → 자연 손톱 모양(쉐입) → 표면정리 → 네일 랩 재단 → 네일 랩 접착 → 네일 랩 접착제 도포 → 두께 만들기 → 표면정리 및 랩 턱 제거 → 더스트 제거하기 → 코팅하기 → 광택내기 → 마무리

① **손 소독** : 손 소독제(안티셉틱)를 이용하여 작업자와 고객의 손톱, 손 소독
② **자연 손톱 모양** : 자연 손톱의 프리에지를 라운드 형태로 1mm의 길이로 만들기
③ **네일 랩 재단** : 네일 랩의 윗부분을 큐티클 라인과 동일하게 재단하고 아랫부분은 연장길이보다 넉넉하게 함(완만한 사다리꼴로 재단)
④ **네일 랩 접착** : 큐티클 라인에서 약 0.15mm 정도 남기고 접착
⑤ **네일 랩 접착제 도포** : 스틱 글루로 네일 랩을 고정하고 연장하는 길이만큼 네일 접착제 도포
⑥ **두께 만들기** : 스틱 글루와 필러 파우더를 반복적으로 사용하여 두께 형성하여 모양 만들기
⑦ **경화 촉진제** : 경화 촉진제인 글루 드라이로 소량 분사
⑧ **인조 네일 모양** : 네일용 파일을 이용하여 스퀘어 모양으로 만들고 큐티클 부위 랩 턱 제거하기
⑨ **표면정리** : 인조 네일용 파일과 샌드 버퍼를 사용하여 표면을 정리
⑩ **더스트 제거** : 네일 더스트 브러시를 이용하여 네일 주변의 더스트 제거
⑪ **코팅** : 효과적인 광택과 두께를 보강하기 위하여 브러시 글루를 바르기
⑫ **경화 촉진제** : 경화 촉진제인 글루 드라이로 소량 분사
⑬ **샌딩하기** : 샌드 버퍼와 피니셔로 광이 잘나도록 표면을 매끄럽게 만들기
⑭ **광택내기** : 광택용 파일을 이용하여 네일 표면에 광내기
⑮ **마무리** : 손을 닦고 큐티클 부분에 오일을 바르고 마무리하기

4 인조 네일 구조

1 인조 네일 구조

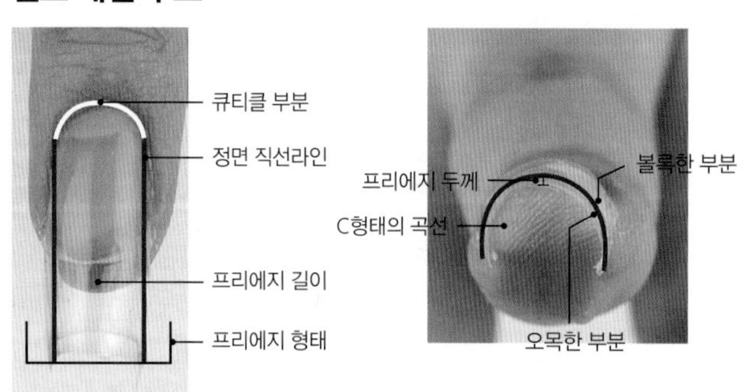

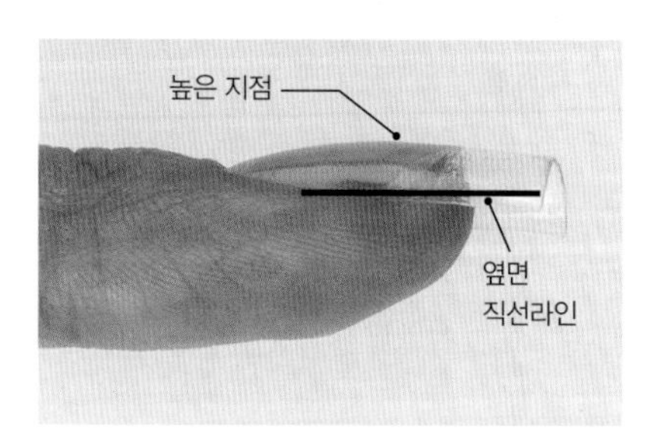

(1) 큐티클 부분

① 인조 네일에서 가장 얇아야 하는 큐티클 부분
② 인조 네일이 들뜨지 않도록 자연 손톱에 자연스럽게 연결되도록 파일
③ 출혈에 주의

(2) 정면 직선라인

① 정면에서 본 스트레스 포인트까지의 외관의 직선라인
② 스퀘어 형태일 경우 프리에지까지 일직선으로 연결

(3) 프리에지 길이

① 자연 손톱 프리에지 아랫부분에 연장된 인조 네일의 길이
② 과도하게 긴 길이는 인조 네일이 부러질 수 있으므로 유의
③ 네일 실기시험 기준 : 0.5~1cm 미만이 되도록 파일

과년도 기출예제

Q 원톤 스컬프처의 완성 시 인조 네일의 아름다운 구조의 설명으로 틀린 것은?

A 인조 네일의 길이는 길어야 아름다움

(4) 프리에지 형태

① 스트레스 포인트 아랫부분의 인조 네일 프리에지 형태
② 인조 네일의 프리에지 형태는 다양
③ 네일 실기시험 기준 : 스퀘어 형태로 90°로 파일

(5) 프리에지 두께

① 인조 네일의 프리에지 단면의 두께
② 고객 생활 습관과 인조 네일의 길이에 따라 두께를 조절할 수 있음
③ 네일 실기시험 기준 : 0.5~1mm 이하로 파일

(6) C 형태의 곡선(C 커브)

① 인조 네일의 프리에지 단면의 곡선
② 네일 실기시험 기준 : 20~40% 사이

(7) 볼록한 곡선

① C 형태의 곡선 윗부분의 볼록한 부분
② 인조 네일의 높은 지점을 중심으로 프리에지까지 완만하게 곡선을 형성하는 능선
③ 오목한 부분과 곡선이 동일해야 하며 일정한 두께를 형성해야 함
④ 곡선이 일정하게 되도록 높은 지점에서 자연스럽게 연결하여 파일

(8) 오목한 곡선(컨케이브)

① C 형태의 곡선 안쪽의 오목한 부분
② 볼록한 부분과 곡선이 동일해야 하며 일정한 두께를 형성해야 함

(9) 높은 지점(하이 포인트)

① 인조 네일에서 가장 높은 부분
② 높은 지점이 정확해야 자연 네일 부러짐을 방지할 수 있음
③ 높은 부분을 중심으로 완만한 곡선을 형성하며 파일

(10) 옆면 직선라인(사이드 스트레이트)

① 옆면에서 본 스트레스 포인트까지의 직선라인
② 스퀘어 형태일 경우 프리에지와 90°의 각도를 유지하여 일직선으로 파일

4절 젤 네일

1 젤 화장물 활용

1 젤 네일 시스템

(1) 올리고머 Oligomer

2개 이상의 분자 화합물이 결합한 저분자(소프트 젤), 중분자(하드 젤)의 화합물로 점성이 있고 반응이 완료되지 않은 물질인 소중합체

(2) 폴리머 Polymer

올리고머가 빛의 반응에 의해서 고체로 변화하며 완성된 물질인 고중합체(완성된 젤 네일)

(3) 광중합개시제

① 젤에 첨가되어 있는 광중합개시제에 따라 젤 램프기기(UV, LED 램프)의 종류가 달라짐

② 광원에서 일어나는 광중합반응(포토폴리머라이제이션)

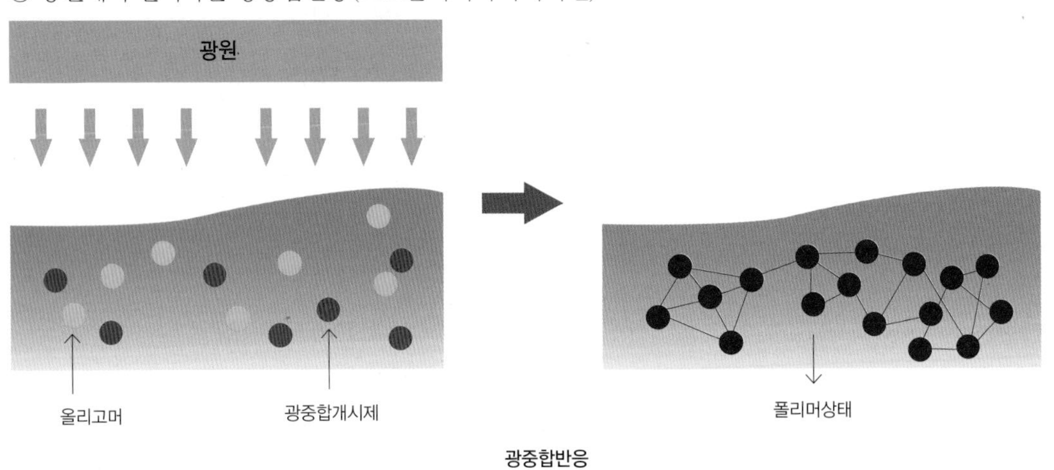

광중합반응

2 젤의 종류

① **소프트 젤** : 점도가 작고 부드러운 제품으로 내구력과 지속력이 다소 떨어지며 제거용액으로 제거 가능

② **하드 젤** : 점도가 커 단단한 제품으로 내구력과 지속력이 소프트 젤보다 강하며 제거용액으로 제거가 가능하지 않아 파일로 조심스럽게 제거

③ **라이트 큐어드 젤** : 자외선UV, 가시광선LED에 경화하는 젤

④ **노 라이트 큐어드 젤** : 광선을 사용하지 않고 응고제를 사용하여 경화하는 젤

> **과년도 기출예제**
> **Q** 라이트 큐어드 젤에 대한 설명이 옳은 것은?
> **A** 특수한 빛에 노출시켜 젤을 응고시키는 방법

3 젤 네일의 특성

① 냄새가 없어 시술이 편리하고 작업시간이 단축됨
② 투명도와 지속력이 높고 광택이 오래 유지됨
③ 컬러가 다양하여 원하는 작업이 가능하며 광택과 발색이 좋음
④ 부작용이 적어 누구나 시술 가능
⑤ 자외선을 받기 전에는 굳지 않아 원하는 모양을 연출하기 쉬움
⑥ 아크릴 네일과 화학적 성분이 매우 유사하며, 응고를 도와주는 별도의 촉매제 필요
⑦ 끈끈한 점성을 가짐

과년도 기출예제

Q1 UV젤의 특징이 아닌 것은?
A1 UV젤은 상온에서 경화 가능함

Q2 UV-젤 네일의 설명으로 옳지 않은 것은?
A2 파우더와 믹스되었을 때 단단해짐

4 히팅 현상

① 젤 램프 기기 사용 중 1회에 많은 양의 젤을 경화할 경우 조직을 태우는 히팅Heating 현상으로 인하여 네일 바디와 네일 베드에 뜨거움을 주는 현상
② 손톱이 얇거나 상처가 있을 경우에 히팅 현상이 나타날 수 있음

과년도 기출예제

Q 젤 큐어링 시 발생하는 히팅 현상과 관련한 내용으로 가장 거리가 먼 것은?
A 히팅 현상 발생 시 경화가 잘 되도록 잠시 참음

5 젤 네일 기구 및 젤 화장물 사용방법

(1) 클리어 젤

① 점성을 가지고 있으며 네일 보강과 길이를 연장하는 등의 제품
② 젤 램프기기에 경화해야 함
③ 빛이 투과되지 않는 용기와 장소, 적당한 온도를 유지하여 보관
④ 딱딱한 질감으로 변한 젤은 광택이 저하될 수 있으므로 따뜻하게 데운 후 사용

과년도 기출예제

Q 자외선 램프기기에 조사해야만 경화되는 네일 재료는?
A UV젤

(2) 탑 젤

① 젤의 유지력을 높이고 광택을 부여
② 마지막 단계에 사용

(3) 젤 램프기기

① 베이스 젤, 클리어 젤, 젤 폴리시, 탑 젤을 경화시켜주는 UV, LED 전구가 있는 기기
② 젤이 완벽하게 경화되지 않을 시 리프팅이 빨리 발생하므로 램프를 확인 후 교체
③ 한번에 많은 양의 젤 경화 시 히팅 현상을 일으킬 수 있으므로 네일 손상을 줄 수 있음

과년도 기출예제

Q 젤 램프기기와 관련한 설명으로 틀린 것은?
A 젤 네일에 사용되는 광선은 자외선과 적외선임

UV램프	UV-A(약 320~400nm), 램프 교체(3~6개월, 1,000시간)
LED램프	가시광선(약 400~700nm), 램프 반영구적(40,000~120,000시간)

(4) 젤 클렌저 : 미경화 젤(끈적임이 남는 젤)을 닦을 때 사용

2 젤 원톤 스컬프처

1 네일 폼 적용

(1) 네일 폼

① 네일 팁을 사용하지 않고 길이를 연장하거나 인조 네일의 형태를 만들기 위해 사용하는 받침대
② 스컬프처 시 사용
③ 일회용으로 사용

네일 폼

과년도 기출예제
Q 네일 종이 폼의 적용 설명으로 틀린 것은?
A 디자인 UV젤 팁 오버레이 시에 사용

(2) 네일 폼 적용 방법

① 하이포니키움이 손상되지 않게 폼을 재단한 후 네일과 네일 폼 사이의 공간이 없도록 접착
② 네일 폼이 틀어지지 않도록 균형을 맞추어 접착
③ 옆면으로 볼 때 네일 폼이 처지지 않고 큐티클 라인과 수평이 되도록 자연스럽게 접착

과년도 기출예제
Q 네일 폼의 사용에 관한 설명으로 옳지 않은 것은?
A 측면에서 볼 때 네일 폼은 항상 20° 하향하도록 장착함

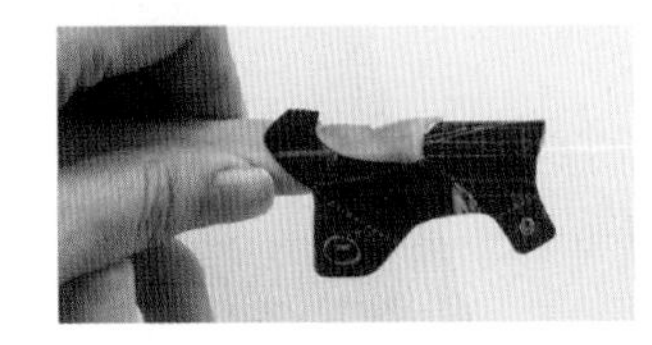

2 젤 원톤 스컬프처

(1) 젤 원톤 스컬프처 주요 재료

네일 폼, 전 처리제, 클리어 젤, 젤 램프기기, 젤 브러시, 젤 클렌저

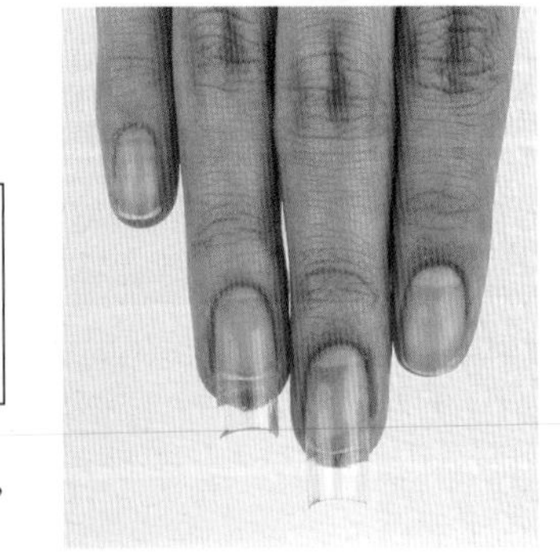

(2) 젤 원톤 스컬프처 작업 순서

손 소독 → 손톱 모양(쉐입) → 표면정리 → 전 처리제 → 네일 폼 접착 → 젤 올리기(경화) → 미경화 젤 제거→ 네일 폼 제거 → 길이 및 표면정리 → 마무리 → 탑 젤(경화)

① **손 소독** : 손 소독제(안티셉틱)를 이용하여 작업자와 고객의 손톱, 손 소독
② **자연 손톱 모양** : 자연 손톱의 프리에지를 라운드 형태로 1mm의 길이로 만들기
③ **전 처리** : 네일 프라이머를 자연 네일에 소량 도포
④ **네일 폼 재단** : 하이포키니움이 손상되지 않게 재단

⑤ **네일 폼 끼우기**

- 자연 네일과 네일 폼 사이의 공간이 벌어지지 않게, 너무 깊게 넣지 않도록 주의
- 네일 폼이 틀어지지 않도록 중심을 잘 잡고 옆면에서도 처지지 않게 접착

⑥ **젤 적용**

- 프리에지 부위에 클리어 젤을 올려 길이를 연장하고 스퀘어 형태로 정리한 후 경화하기
- 큐티클 부분에 클리어 젤을 올리고 큐티클 라인을 얇게 하여 자연스럽게 연결 후 경화하기

⑦ **미경화 젤 제거** : 젤 클렌저를 사용하여 미경화 젤 닦아내기

⑧ **네일 폼 제거** : 네일 폼의 끝을 모아 아래로 내려 네일 폼 제거

⑨ **인조 네일 모양** : 인조 네일용 파일을 사용하여 스퀘어 형태로 구조 만들기

⑩ **표면정리** : 인조 네일용 파일과 샌드 버퍼를 사용하여 표면을 정리

⑪ **마무리** : 멸균거즈를 사용하여 손 전체를 닦아주기

⑫ **탑 젤(경화)** : 탑 젤을 도포 후 경화(미경화 젤이 있는 경우 미경화 젤을 닦아주기)

3 젤 프렌치 스컬프처

1 젤 브러시 활용

① 젤을 네일에 바를 때 사용

② 젤 브러시 길이, 크기와 형태에 따라 스컬프처용과 아트용으로 나누어 사용

③ 묻은 젤을 닦고 빛이 투과하지 않는 재질의 브러시 케이스 안에 보관

2 젤 프렌치 스컬프처

(1) 젤 프렌치 스컬프처 주요 재료

네일 폼, 전 처리제, 클리어 젤, 화이트 젤, 핑크 젤, 젤 램프기기, 젤 브러시, 젤 클렌저

(2) 젤 프렌치 스컬프처 작업 순서

손 소독 → 손톱 모양(쉐입) → 표면정리 → 전 처리제 → 핑크 젤 올리기 → 네일 폼 접착 → 화이트 젤 올리기(경화) → 미경화 젤 제거→ 네일 폼 제거 → 길이 및 표면정리 → 마무리 → 탑 젤(경화)

① **손 소독** : 손 소독제(안티셉틱)를 이용하여 작업자와 고객의 손톱, 손 소독

② **자연 손톱 모양** : 자연 손톱의 프리에지를 라운드 또는 오벌 형태로 1mm의 길이로 만들기

③ **전 처리** : 네일 프라이머를 자연 네일에 소량 도포

④ **네일 폼 재단** : 하이포키니움이 손상되지 않게 재단

⑤ **젤 적용** : 자연 네일에 핑크 젤을 바른 후 경화
⑥ **네일 폼 끼우기**
- 자연 네일과 네일 폼 사이의 공간이 벌어지지 않게, 너무 깊게 넣지 않도록 주의
- 네일 폼이 틀어지지 않도록 중심을 잘 잡고 옆면에서도 처지지 않게 접착

⑦ **젤 적용**
- 화이트 젤을 올리고 프리에지 라인을 따라 양쪽 포인트의 밸런스를 맞추면서 좌우가 대칭이 되도록 깨끗하고 선명한 스마일 라인을 만들면서 길이를 연장하고 스퀘어 형태로 정리한 후 경화
- 클리어 젤을 전체에 올려 적당한 두께를 형성한 후 경화

⑧ **미경화 젤 제거** : 젤 클렌저를 사용하여 미경화 젤 닦아내기
⑨ **네일 폼 제거** : 네일 폼의 끝을 모아 아래로 내려 네일 폼 제거
⑩ **인조 네일 모양** : 인조 네일용 파일을 사용하여 스퀘어 형태로 구조 만들기
⑪ **표면정리** : 인조 네일용 파일과 샌드 버퍼를 사용하여 표면을 정리
⑫ **마무리** : 멸균거즈를 사용하여 손 전체를 닦아주기
⑬ **탑 젤(경화)** : 탑 젤을 도포 후 경화(미경화 젤이 있는 경우 미경화 젤을 닦아주기)

5절 아크릴 네일

1 아크릴 화장물 활용

1 아크릴 네일 시스템

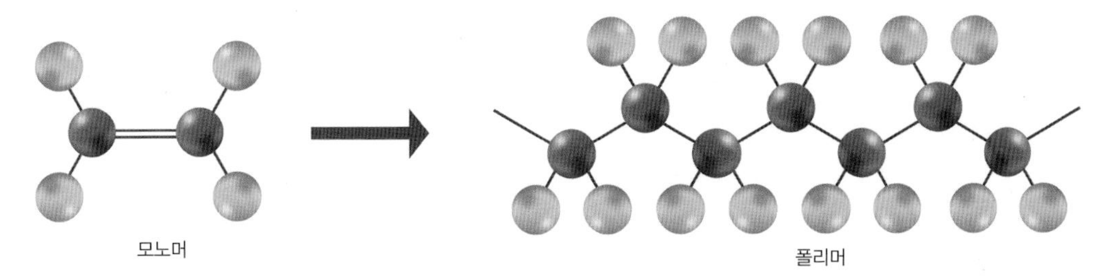

화학중합반응

(1) 모노머 Monomer

① 중합체를 구성하는 단위가 되는 분자량이 작고 서로 연결되지 않은 결합이 없는 물질인 단량체단일분자

② 액체상태로 아크릴 분말을 녹여 반죽하는 데 사용됨아크릴 리퀴드

③ 뜨거운 온도와 빛에 장시간 노출되면 변질될 우려가 있어 직사광선을 피하고 서늘한 곳에 보관

- MMAMethyl Methacrylate : 현재 사용되지 않음
- EMAEthyl Methacrylate : 현재 사용

(2) 폴리머 Polymer

① 완성된 아크릴은 다수의 반복 단위를 함유하고 결합된 구슬이 길게 체인으로 연결된 구조인 중합체고분자

② 아크릴을 분말 형태로 만든 물질로 아크릴 파우더나 완성된 아크릴 네일이 폴리머에 속함

(3) 화학중합개시제

① 카탈리스트Catalyst의 함유량에 따라 굳는 속도를 조절할 수 있음

② 상온에서 일어나는 화학중합반응(폴리머라이제이션)

③ 아크릴 리퀴드(모노모)와 분말 성분의 아크릴 파우더(폴리머)를 혼합 시 일어나는 중합을 상온화학중합이라 함

2 아크릴 네일의 특징

① 아크릴 네일이 완벽하게 움직임 없이 굳는 시간은 약 24~48시간

② 네일의 두께를 보강하고 네일 폼을 이용하여 길이를 연장하고 네일 형태를 보정할 수 있음

③ 물어뜯는 손톱(교조증) 교정에 효과적

④ 온도에 매우 민감하여 온도가 높을수록 빨리 굳고 낮은 온도에서는 잘 굳지 않음

과년도 기출예제

Q 아크릴릭 네일의 설명으로 맞는 것은?

A 네일 폼을 사용하여 다양한 형태로 조형 가능

⑤ 온도에 민감하므로 고객의 손 온도에도 영향을 받을 수 있음
⑥ 리바운드Rebound 현상으로 인해 핀치를 넣어도 원래 형태로 되돌아가려는 성질이 있음
⑦ C커브에 도움을 주기위해 핀칭을 줌
⑧ 작업 시 적당한 온도는 22~25℃이며 자연 네일의 pH 4.5~5.5가 적당
⑨ 컬러에 따른 굳는 속도 : 핑크 〉 화이트 〉 내추럴 〉 클리어

3 스컬프처 네일

네일 팁을 사용하지 않고 네일 폼과 아크릴 또는 젤로 길이를 늘려주는 방법

4 아크릴 화장물 활용 도구

(1) 아크릴 파우더(폴리머) : 아크릴 리퀴드와 혼합하여 사용하는 분말 타입 제품

아크릴 파우더(화이트/핑크/클리어)

(2) 아크릴 리퀴드(모노머)

① 아크릴 파우더와 혼합하여 사용하는 액상타입 제품
② 화학물질을 함유하고 있어 라벨을 붙이고 온도와 빛에 노출되면 변질 우려
③ 서늘하고 통풍이 잘되는 공간에 보관

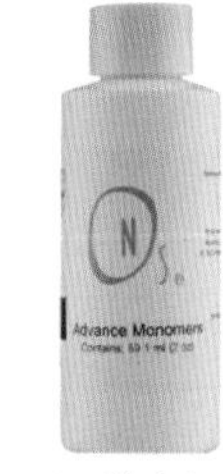

모노머(리퀴드)

(3) 아크릴 브러시

① 아크릴 파우더와 아크릴 리퀴드를 혼합할 때 사용하는 브러시
② 브러시 모의 양에 따라 스컬프처용 브러시와 아트용 브러시로 나누어 사용
③ 아크릴 잔여물이 남지 않도록 닦고 브러시 끝을 모아 브러시가 아래쪽을 향하게 보관

아크릴 브러시

(4) 디펜디시

① 아크릴릭 리퀴드, 브러시 클리너 등을 덜어 쓰는 용기
② 화학물질에도 녹지 않는 재질로 된 뚜껑이 있는 작은 용기

디펜디시

2 아크릴 원톤 스컬프처

1 아크릴 브러시 활용

(1) 브러시 모의 구조와 명칭

① **팁** : 큐티클 라인, 스마일 라인, 디자인의 미세한 작업

② **벨리** : 전체적인 표면의 형태를 균일하게 표면정리, 길이, 두께, 아크릴의 부드러운 연결을 원할 때 사용

③ **백** : 볼을 펴주거나 더 이상 움직임이 원활하지 않을 때 표면의 균일함, 두께, 길이를 조절

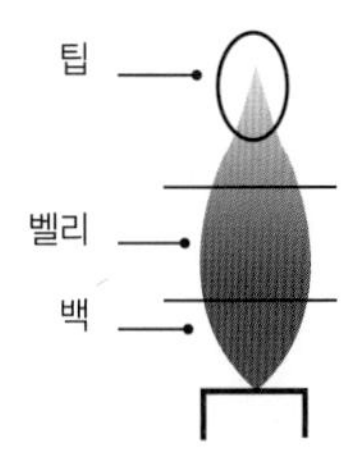

참고 아크릴 브러시 작업 시 주의

- 브러시에 힘을 주면 빨리 굳음
- 브러시를 많이 두드리면 기포가 생김

2 아크릴 원톤 스컬프처

(1) 아크릴 원톤 스컬프처 주요 재료

네일 폼, 전 처리제, 아크릴 파우더, 아크릴 리퀴드, 아크릴 브러시, 디펜디시

과년도 기출예제

Q 아크릴릭 스캅춰 시술 시 손톱에 부착해 길이를 연장하는 데 받침대 역할을 하는 재료로 옳은 것은?

A 네일 폼

(2) 아크릴 원톤 스컬프처 작업 순서

손 소독 → 손톱 모양(쉐입) → 표면정리 → 전 처리제 → 네일 폼 접착 → 아크릴 볼 올리기 → 네일 폼 제거 → 핀치 넣기 → 길이 및 표면정리 → 광택내기 → 마무리

① **손 소독** : 손 소독제(안티셉틱)를 이용하여 작업자와 고객의 손톱, 손 소독

② **자연 손톱 모양** : 자연 손톱의 프리에지를 라운드 형태로 1mm의 길이로 만들기

과년도 기출예제

Q 아크릴릭 시술에서 핀칭을 하는 주된 이유는?

A C-커브에 도움이 됨

③ **전 처리** : 네일 프라이머를 자연 네일에 소량 도포

④ **네일 폼 재단** : 하이포키니움이 손상되지 않게 재단

⑤ **네일 폼 끼우기**

- 자연 네일과 네일 폼 사이의 공간이 벌어지지 않게, 너무 깊게 넣지 않도록 주의
- 네일 폼이 틀어지지 않도록 중심을 잘 잡고 옆면에서도 처지지 않게 접착

⑥ **아크릴 적용**

- 프리에지 부위에 클리어 볼을 올려 길이를 연장하고 스퀘어 형태로 조형하기
- 하이 포인트에 아크릴 볼을 올리고 자연스럽게 연결하기
- 큐티클 부분에 아크릴 볼을 올리고 큐티클 라인을 얇게 하여 자연스럽게 연결하기

⑦ **네일 폼 제거** : 네일 폼의 끝을 모아 아래로 내려 네일 폼 제거
⑧ **핀치** : 옆면 라인이 일직선이 되도록 핀치
⑨ **인조 네일 모양** : 인조 네일용 파일을 사용하여 스퀘어 형태로 구조 만들기
⑩ **표면정리** : 인조 네일용 파일과 샌드 버퍼를 사용하여 표면을 정리
⑪ **광택** : 광택용 파일을 사용하여 인조 네일의 표면 광택
⑫ **마무리** : 손을 닦고 큐티클 부분에 오일을 바르고 마무리

3 아크릴 프렌치 스컬프처

1 스마일 라인 만들기

① 자연 네일에 옐로우 라인을 커버하면서 스마일 라인을 만들기
② 스마일 라인의 좌우대칭이 일치하고 양끝 라인이 뾰족해야 하며 높이가 일치하게 만들기
③ 스마일 라인의 경계선이 선명하게 만들기
④ 모든 손가락의 스마일 라인은 일정한 모양으로 동일하게 만들기
⑤ 미세한 부분인 스마일 라인을 만들기위해 아크릴 브러시의 숙련된 기술이 필요

과년도 기출예제

Q 아크릴 프렌치 스컬프처 시술 시 형성되는 스마일 라인의 설명으로 틀린 것은?
A 일자 라인 형성
→ 선명한 라인 형성, 균일한 라인 형성, 좌우 라인 대칭

2 아크릴 프렌치 스컬프처

(1) 아크릴 프렌치 스컬프처 주요 재료

네일 폼, 전 처리제, 아크릴 파우더, 아크릴 리퀴드, 아크릴 브러시, 디펜디시

(2) 아크릴 프렌치 스컬프처 작업 순서

손 소독 → 손톱 모양(쉐입) → 표면정리 → 전 처리제 → 네일 폼 접착 → 화이트 아크릴 볼 올리기 → 핑크 아크릴 볼 올리기 → 네일 폼 제거 → 핀치 넣기 → 길이 및 표면정리 → 광택내기 → 마무리

① **손 소독** : 손 소독제(안티셉틱)를 이용하여 작업자와 고객의 손톱, 손 소독
② **자연 손톱 모양** : 자연 손톱의 프리에지를 라운드 또는 오벌 형태로 1mm의 길이로 만들기
③ **전 처리** : 네일 프라이머를 자연 네일에 소량 도포
④ **네일 폼 재단** : 하이포키니움이 손상되지 않게 재단
⑤ **네일 폼 끼우기**
- 자연 네일과 네일 폼 사이의 공간이 벌어지지 않게, 너무 깊게 넣지 않도록 주의
- 네일 폼이 틀어지지 않도록 중심을 잘 잡고 옆면에서도 처지지 않게 접착

⑥ **아크릴 적용**

- 화이트 볼로 양쪽 포인트의 밸런스를 맞추면서 좌우가 대칭이 되도록 깨끗하고 선명한 스마일 라인을 만들면서 길이를 연장하고 스퀘어 형태로 만들기
- 스마일 라인 안쪽으로 클리어 또는 핑크 볼을 올리고 자연스럽게 연결하기
- 큐티클 부분에 클리어 또는 핑크 볼을 올리고 큐티클 라인을 얇게 하여 자연스럽게 연결하기

과년도 기출예제

Q 투톤 아크릴 스컬프처의 시술에 대한 설명으로 틀린 것은?

A 스퀘어 모양을 잡기 위해 파일은 30° 정도 살짝 기울여 파일링함

⑦ **네일 폼 제거** : 네일 폼의 끝을 모아 아래로 내려 네일 폼 제거

⑧ **핀치** : 옆면 라인이 일직선이 되도록 핀치

⑨ **인조 네일 모양** : 인조 네일용 파일을 사용하여 스퀘어 형태로 구조 만들기

⑩ **표면정리** : 인조 네일용 파일과 샌드 버퍼를 사용하여 표면을 정리

⑪ **광택** : 광택용 파일을 사용하여 인조 네일의 표면 광택

⑫ **마무리** : 손을 닦고 큐티클 부분에 오일을 바르고 마무리

3 아크릴 네일과 젤 네일의 비교

구분	아크릴 네일	젤 네일
냄새, 강도	냄새가 나며 강도가 강함	냄새가 거의 없고 강도가 약함
광택	광택용 파일로 광택을 내지만 유지력이 짧음	탑 젤로 고광택이 가능하고 유지력이 높음
수정	아트 작업 시 수정이 어려움	아트 작업 시 수정이 용이함
아세톤	아세톤에 제거됨	아세톤에 제거되는 젤(소프트젤)과 제거되지 않는 젤(하드젤)이 있음

9장

인조 네일 보수

모든 인조 네일은 일정 시간이 경과하면 네일 베드로부터 수분이 발생한다. 또한 큐티클에 의해 공간이 생기거나 인조 네일 자체의 손상으로 자연 네일에서 인조 네일이 들뜨는 리프팅 현상이 발생한다. … 보수를 정기적으로 하지 않으면 균열이나 부러짐의 현상을 초래할 수 있으며, 리프팅이 생긴 공간에 곰팡이나 세균 등의 서식과 자연 네일의 변색을 가져올 수 있다. 따라서 약 2~3주간의 간격을 두고 손상된 네일의 표면을 정리한 후 새롭게 보수를 해야 한다.

NCS학습모듈 인조 네일 보수 中

1절 인조 네일 보수

1 보수 및 리프팅과 변색, 깨짐의 원인

1 보수(리페어, Repair)

① 인조 네일은 일정 시간이 경과하면 자연 네일 베드로부터 수분 발생
② 일정한 시간이 경과하면 자연 네일이 자라 인조 네일을 한 부분의 무게 중심이 달라져 자연 네일에 손상이 옴
③ 큐티클에 의해 공간이 생기거나 자연 네일에서 인조 네일이 들뜨는 리프팅Lifting 현상이 일어남
④ 정기적인 보수를 하지 않으면 균열이나 부러짐의 현상이 생길 수 있음

과년도 기출예제
Q 인조 네일을 보수하는 이유로 틀린 것은?
A 인조 네일의 원활한 제거
➜ 깨끗한 네일미용의 유지, 녹황색균의 방지, 인조 네일의 견고성 유지

⑤ 리프팅이 일어난 공간에서 곰팡이나 세균 등의 서식과 네일의 변색을 가져올 수 있음
⑥ 즉, 약 2~3주정도 간격을 두고 반드시 인조 네일의 표면을 정리 후 새롭게 보수해야 함
⑦ 인조 네일 작업 후 너무 많은 시간이 경과되어 30% 이상이 없어지거나 심하게 깨진 경우는 보수작업보다는 인조 네일을 제거하는 것이 적절
⑧ 젤, 아크릴 모두 보수 시 필요에 따라 큐티클을 제거할 경우, 큐티클 오일 사용을 금함

2 리프팅과 변색, 깨짐의 원인

① 전 처리(프리퍼레이션) 작업을 미흡하게 했거나 안 했을 경우
② 보수시기를 놓쳐 자연 네일이 과도하게 자랐을 경우
③ 과도하게 길이를 연장하여 무게 중심이 변화한 경우
④ 외부적인 충격으로 가해진 경우
⑤ 스트레스 포인트 부분과 프리에지 부분을 미흡하게 오버레이 한 경우
⑥ 잘못된 인조 네일 구조로 조형하여 네일 파일을 한 경우
⑦ 인조 네일을 한 재료들이 큐티클 부분과 옆면 부분에 흘렀을 경우
⑧ 젤 네일이 과도하게 두껍고 경화시간을 적절하게 지키지 않았을 경우
⑨ 아크릴 네일을 너무 낮은 온도에서 작업한 경우
⑩ 인조 네일 재료를 적절히 사용하지 않을 경우(네일 접착제와 필러 파우더, 아크릴 파우더와 아크릴 리퀴드)
⑪ 유효기간이 경과한 네일 재료의 사용과 품질이 좋지 않은 네일 재료를 사용하여 작업한 경우
⑫ 제품에 따라 일상생활에서 자외선에 과도하게 노출되거나 장시간 젤 램프기기에 경화한 경우에는 변색의 원인

2 팁 네일 보수

1 팁 네일 상태에 따른 화장물 제거

① **들뜬 면적이 넓을 경우** : 인조 네일 제거용 니퍼를 사용하여 자연 네일이 손상되지 않도록 화장물 제거 후 인조 네일 턱 부분을 인조 네일 파일로 매끄럽게 연결되도록 정리

② **들뜬 면적이 적을 경우** : 인조 네일 파일180그릿로 들뜬 부분과 인조 네일 턱 부분을 자연 네일이 손상되지 않도록 자연 네일과 매끄럽게 연결되도록 제거

③ **들뜬 부분이 없을 경우** : 자라나온 자연 네일이 손상되지 않도록 인조 네일 턱과 자연 네일의 경계선을 적절한 높은 그릿의 네일 파일로 매끄럽게 연결되도록 제거

④ **너무 많은 시간이 경과되어 30% 이상 들뜨거나 깨진 경우** : 보수작업보다는 인조 네일을 제거하는 것이 적절

2 팁 네일 상태에 따른 보수 작업

① **손 소독** : 손 소독제(안티셉틱)를 이용하여 작업자와 고객의 손톱, 손 소독

② **큐티클 밀기** : 큐티클 푸셔를 45° 각도로 사용하여 큐티클 밀어주기

③ **들뜬 화장물 제거** : 들뜬 상태에 따라 들뜬 화장물을 자연 네일과 매끄럽게 연결되도록 제거

④ **표면정리** : 샌드 버퍼로 매끄럽게 표면을 정리

⑤ **더스트 제거** : 더스트 브러시를 이용하여 네일 주변의 더스트 제거

⑥ **채워주기** : 네일 접착제와 필러 파우더로 굴곡이 있는 곳을 채워주기(굴곡이 없는 경우에는 채워주기 단계를 생략가능)

⑦ **길이 및 표면정리** : 인조 네일용 파일을 사용하여 길이 조절, 표면 정리

⑧ **더스트 제거** : 더스트 브러시를 이용하여 네일 주변의 더스트 제거

⑨ **코팅** : 젤 글루로 광택과 두께를 보강 후 샌드 버퍼로 매끄럽게 표면을 정리

⑩ **광택** : 광택용 파일을 이용하여 네일 표면에 광택

⑪ **마무리** : 손을 닦고 큐티클 부분에 오일을 바르고 마무리

3 랩 네일 보수

1 랩 네일 상태에 따른 화장물 제거

① **들뜬 면적이 넓을 경우** : 인조 네일 제거용 니퍼를 사용하여 자연 네일이 손상되지 않도록 화장물 제거 후 경계선을 인조 네일 파일(180그릿)로 매끄럽게 연결되도록 정리

② **들뜬 면적이 적을 경우** : 인조 네일 파일(180그릿)로 랩 네일 들뜬 부분을 자연 네일이 손상되지 않도록 매끄럽게 연결되도록 제거

③ **들뜬 부분이 없을 경우** : 자라나온 자연 네일이 손상되지 않도록 랩 네일의 경계선을 인조 네일 파일(180그릿)로 매끄럽게 연결되도록 제거

④ **너무 많은 시간이 경과되어 30% 이상 들뜨거나 깨진 경우** : 보수작업보다는 인조 네일을 제거하는 것이 적절

2 랩 네일 상태에 따른 보수 작업

① **손 소독** : 손 소독제(안티셉틱)를 이용하여 작업자와 고객의 손톱, 손 소독

② **큐티클 밀기** : 큐티클 푸셔를 45° 각도로 사용하여 큐티클 밀어주기

③ **들뜬 화장물 제거** : 들뜬 상태에 따라 들뜬 화장물을 자연 네일과 매끄럽게 연결되도록 제거

④ **표면정리** : 샌드 버퍼로 매끄럽게 표면을 정리

⑤ **더스트 제거** : 더스트 브러시를 이용하여 네일 주변의 더스트 제거

⑥ **채워주기**

- 랩이 1/3정도 없을 경우 랩을 접착하고 굴곡이 있는 곳에 네일 접착제와 필러 파우더로 굴곡이 있는 곳을 채워주기(굴곡이 없는 경우에는 채워주기 단계를 생략가능)
- 새로 자라나온 자연 네일이 좁을 경우는 랩 사용 생략가능

⑦ **길이 및 표면정리** : 인조 네일용 파일을 사용하여 길이 조절, 표면 정리

⑧ **더스트 제거** : 더스트 브러시를 이용하여 네일 주변의 더스트 제거

⑨ **코팅** : 젤 글루로 광택과 두께를 보강 후 샌드 버퍼로 매끄럽게 표면을 정리

⑩ **광택** : 광택용 파일을 이용하여 네일 표면에 광택

⑪ **마무리** : 손을 닦고 큐티클 부분에 오일을 바르고 마무리

4 아크릴 네일 보수

1 아크릴 네일 상태에 따른 화장물 제거

① **들뜬 면적이 넓을 경우** : 인조 네일 제거용 니퍼를 사용하여 자연 네일이 손상되지 않도록 화장물 제거 후 경계선을 인조 네일 파일(180그릿)로 매끄럽게 연결되도록 정리

② **들뜬 면적이 적을 경우** : 인조 네일 파일(180그릿)로 아크릴 들뜬 부분을 자연 네일이 손상되지 않도록 매끄럽게 연결되도록 제거

③ **들뜬 부분이 없을 경우** : 자라나온 자연 네일이 손상되지 않도록 아크릴의 경계선을 인조 네일 파일(180그릿)로 매끄럽게 연결되도록 제거

④ **너무 많은 시간이 경과되어 30% 이상 들뜨거나 깨진 경우** : 보수작업보다는 아크릴 인조 네일을 제거하는 것이 적절

과년도 기출예제

Q1 아크릴릭 네일의 시술과 보수에 관련한 내용으로 틀린 것은?

A1 공기방울이 생긴 인조 네일은 촉촉하게 젖은 브러시의 사용으로 인해 나타날 수 있는 현상

Q2 아크릴릭 보수 과정 중 옳지 않은 것은?

A2 새로 비드를 얹은 부위는 파일링이 필요하지 않음

Q3 아크릴릭 네일의 보수 과정에 대한 설명으로 가장 거리가 먼 것은?

A3 들뜬 부분에 오일 도포 후 큐티클을 정리함

2 아크릴 네일 상태에 따른 보수 작업

① **손 소독** : 손 소독제(안티셉틱)를 이용하여 작업자와 고객의 손톱, 손 소독
② **큐티클 밀기** : 큐티클 푸셔를 45° 각도로 사용하여 큐티클 밀어주기
③ **들뜬 화장물 제거** : 들뜬 상태에 따라 들뜬 화장물을 자연 네일과 매끄럽게 연결되도록 제거
④ **표면정리** : 샌드 버퍼로 매끄럽게 표면을 정리
⑤ **더스트 제거** : 더스트 브러시를 이용하여 네일 주변의 더스트 제거
⑥ **전 처리제** : 네일 프라이머를 자연 네일에 소량 도포
⑦ **채워주기** : 들뜬 부분만큼 아크릴 파우더와 아크릴 리퀴드에 적절한 비율에 양을 떠서 매끄럽게 연결
⑧ **핀치** : 옆면 라인이 일직선이 되도록 핀치
⑨ **길이 및 표면정리** : 인조 네일용 파일을 사용하여 길이 조절, 표면 정리
⑩ **더스트 제거** : 더스트 브러시를 이용하여 네일 주변의 더스트 제거
⑪ **광택** : 광택용 파일을 이용하여 네일 표면에 광택
⑫ **마무리** : 손을 닦고 큐티클 부분에 오일을 바르고 마무리

> **과년도 기출예제**
> **Q** 새로 성장한 손톱과 아크릴 네일 사이의 공간을 보수하는 방법으로 옳은 것은?
> **A** 들뜬 부분을 파일로 갈아내고 손톱 표면에 프라이머를 바른 후 아크릴 화장물을 올려줌

5 젤 네일 보수

1 젤 네일 상태에 따른 화장물 제거

① **들뜬 면적이 넓을 경우** : 인조 네일 제거용 니퍼를 사용하여 자연 네일이 손상되지 않도록 화장물 제거 후 경계선을 인조 네일 파일(180그릿)로 매끄럽게 연결되도록 정리
② **들뜬 면적이 적을 경우** : 인조 네일 파일(180그릿)로 젤 네일 들뜬 부분을 자연 네일이 손상되지 않도록 매끄럽게 연결되도록 제거
③ **들뜬 부분이 없을 경우** : 자라나온 자연 네일이 손상되지 않도록 젤 네일의 경계선을 인조 네일 파일(180그릿)로 매끄럽게 연결되도록 제거
④ **너무 많은 시간이 경과되어 30% 이상 들뜨거나 깨진 경우** : 보수작업보다는 젤 네일을 제거하는 것이 적절

2 젤 네일 상태에 따른 보수 작업

① **손 소독** : 손 소독제(안티셉틱)를 이용하여 작업자와 고객의 손톱, 손 소독
② **큐티클 밀기** : 큐티클 푸셔를 45° 각도로 사용하여 큐티클 밀어주기
③ **들뜬 화장물 제거** : 들뜬 상태에 따라 들뜬 화장물을 자연 네일과 매끄럽게 연결되도록 제거
④ **표면정리** : 샌드 버퍼로 매끄럽게 표면을 정리

> **과년도 기출예제**
> **Q1** UV젤 네일 시술 시 리프팅이 일어나는 이유로 적절하지 않은 것은?
> **A1** 젤은 큐티클 라인에 닿지 않게 시술했음
>
> **Q2** UV젤 스컬프처 보수 방법으로 가장 적합하지 않은 것은?
> **A2** 투웨이 젤을 이용하여 두께를 만들고 큐어링함

⑤ **더스트 제거** : 더스트 브러시를 이용하여 네일 주변의 더스트 제거
⑥ **전 처리제** : 네일 본더를 자연 네일에 소량 도포
⑦ **채워주기** : 들뜬 부분만큼 젤에 양을 적절하게 올려 매끄럽게 연결 후 경화
⑧ **미경화 젤 제거** : 젤 클렌저를 사용하여 미경화 젤 닦아내기
⑨ **길이 및 표면정리** : 인조 네일용 파일을 사용하여 길이 조절, 표면 정리
⑩ **더스트 제거** : 더스트 브러시를 이용하여 네일 주변의 더스트 제거
⑪ **마무리** : 멸균거즈를 사용하여 손 전체를 닦아주기
⑫ **탑 젤(경화)** : 탑 젤을 도포 후 경화(미경화 젤이 있는 경우 미경화 젤을 닦아주기)

10장

네일 화장물 적용 마무리

멸균 거즈는 엉성한 직조의 특성으로 남아 있는 분진들이 직조의 사이로 흡수되어 정리된다. 손에 감아 사용하므로 분진을 정확하게 제거하여 효율적인 네일 더스트 브러시 이상의 분진 제거 능력이 있다.

NCS학습모듈 네일 화장물 적용 마무리 中

1절 네일 화장물 적용 마무리

1 일반 네일 폴리시 마무리

1 일반 네일 폴리시 잔여물 정리

① 오렌지우드스틱에 소량의 탈지면을 말아 네일 폴리시 리무버를 적셔 자연 손톱 주변에 잔여물의 컬러를 정리

② 멸균거즈를 엄지손가락에 감고 네일 폴리시 리무버를 적셔 자연 손톱 주변에 잔여물의 컬러를 정리

③ 네일 폴리시 리무버의 양이 많으면 완성된 컬러링이 번질 수 있고 양이 적으면 탈지면의 입자가 나와 완성된 컬러링을 건드릴 수 있으니 주의

2 일반 네일 폴리시 건조

(1) 일반 네일 폴리시 건조기

① 네일 폴리시의 건조를 도와주는 기기

② 기기에 내장되어 있는 팬을 돌려 바람을 발생

③ 약 20분 정도 건조

(2) 일반 네일 폴리시 퀵 드라이

① 스프레이 타입으로 컬러링 표면에 분사하여 건조하는 제품

② 약 10~15cm 거리에서 분사

(3) 일반 네일 폴리시 드라이 오일

① 오일과 유사한 제품으로 건조 기능이 추가된 제품

② 컬러링 표면에 한방울 떨어뜨려 건조

2 젤 네일 폴리시 마무리

1 젤 네일 폴리시 잔여물 정리 및 경화

① 경화 후 끈적임이 남은 미경화 젤일 경우에는 젤 클렌저로 정리

② 자연 손톱 표면에 젤을 도포한 후 네일 주변에 잔여물을 확인 후 오렌지우드스틱에 소량의 탈지면을 감거나 멸균거즈로 젤 클렌저로 적셔 정리 후 경화

③ 젤 네일을 경화한 다음 멸균거즈로 손 전체를 닦아낸 후 탑 젤 도포 후 경화

3 인조 네일 마무리

1 인조 네일 잔여물 정리

① 인조 네일에 파일을 한 후 네일 더스트 브러시를 사용하여 네일 주변에 잔여물을 정리
② 핑거볼에 물을 담아 손을 담구고 아직 정리되지 않은 잔여물을 네일 더스트 브러시를 사용하여 정리
③ 물 스프레이를 이용하여 멸균거즈로 잔여물을 정리
④ 인조 네일 표면과 주변에 가볍게 오일을 도포하여 닦아준 후 마무리

2 인조 네일 광택

(1) 탑 젤로 광택

젤 네일은 탑 젤을 도포 후 경화해서 광택내기(미경화 젤이 있는 경우 젤 클렌저로 미경화 젤을 닦아주기)

(2) 광택 파일로 광택

① 인조 네일 중 팁 네일, 랩 네일, 아크릴 네일의 표면 광택내기
② 인조 네일 표면이 울퉁불퉁하면 광택이 잘 나지 않으므로 주의
③ 180~240그릿의 샌딩 파일로 표면 정리
④ 광택용 파일을 이용하여 마무리

네일미용편 출제예상문제

001 한국 네일미용의 발달에 대한 설명으로 옳은 것은?

① 1950년 한국에 이주한 미국인에 의해 최초로 한국에 네일 관리 붐이 일었다.
② 본격적인 네일 관리가 유행한 시기는 1800년대부터이다.
③ 예로부터 봉선화로 물을 들이는 풍속이 있었다.
④ 우리나라에서도 손톱의 색으로 신분을 구별했다.

해설 조선시대에 주술적인 의미로 어른들, 아이들에게도 손톱에 물들이는 풍습이 전해져 내려왔다.

002 네일미용의 역사에 관한 설명이 틀린 것은?

① B.C 600년경 중국에서는 금색과 은색으로 신분을 과시했다.
② 네일미용은 약 5,000년에 걸쳐 변화되어왔다.
③ 최초의 네일미용은 B.C 3000년경 이집트에서 시작되었다.
④ 인도에서 마누스와 큐라의 합성어인 '마누스 큐라'라는 단어가 생겨났다.

해설 그리스·로마에서 마누스와 큐라의 합성어인 '마누스 큐라'라는 단어가 생겼다.

003 외국 네일미용의 발전과 인물에 대한 연결이 바른 것은?

① 헬렌 걸리 : 네일 팁 개발
② 닥터 코로니 : 큐티클 리무버 개발
③ 시트 : 오렌지우드스틱 개발
④ 토마스 슬랙 : 아크릴릭 네일제품 개발

해설 ① 최초의 네일 수업 강의, ② 홈 케어 제품, ④ 네일 폼 개발

004 네일 산업이 발전하면서 도입된 순서대로 나열된 것은?

① 폴리시 – 네일 팁 – UV 젤 – 아크릴릭 네일제품
② 폴리시 – 네일 팁 – 아크릴릭 네일제품 – UV 젤
③ 네일 팁 – 폴리시 – UV 젤 – 아크릴릭 네일제품
④ 네일 팁 – 폴리시 – 아크릴릭 네일제품– UV 젤

해설 폴리시 – 네일 팁 – 아크릴릭 네일제품 – UV 젤 순으로 도입되었다.

005 네일 재료가 개발된 시기가 바르지 않은 것은?

① 1885년 – 니트로셀룰로오스
② 1935년 – 네일 팁
③ 1830년 – 오렌지우드스틱
④ 1975년 – 아크릴릭

해설 1975년에는 미국의 식약청(FDA)에서 메틸 메타아크릴레이트의 아크릴 제품을 사용 금지했다.

006 한국 네일미용의 역사에서 부녀자들 사이에서 염지갑화라고 하는 봉선화 물들이기가 이루어졌던 시기는?

① 조선시대 ② 고구려시대
③ 신라시대 ④ 고려시대

해설 고려시대 충선왕 때부터 부녀자와 처녀들 사이에서 '염지갑화'라고 하는 봉숭아물을 들이기 시작했다.

007 화학물질로부터 자신과 고객을 보호하는 방법이 아닌 것은?

① 콘택트렌즈의 사용을 제한한다.
② 통풍이 잘되는 작업장에서 작업한다.
③ 화학물질은 피부에 닿아서는 안 된다.
④ 화학물질 제품은 스프레이 타입으로 쓰는 것이 좋다.

해설 화학물질 제품은 스프레이 타입보다 스포이드 타입을 사용하는 것이 좋다.

008 물질안전보건자료를 뜻하는 것은?

① WHO ② MSDS
③ FDA ④ DSMS

해설 물질안전보건자료는 MSDS(Material Safety Data Sheet)이다.

009 네일기기 및 도구류의 위생관리로 틀린 것은?

① 큐티클 니퍼 및 네일 푸셔는 자외선 소독기에는 소독할 수 없다.
② 소독 및 세제용 화학제품은 서늘한 곳에 밀폐·보관한다.
③ 타월은 1회 사용 후 세탁·소독한다.
④ 모든 도구는 70% 알코올에 20분 동안 담근 후 건조시켜 사용한다.

해설 큐티클 니퍼 및 네일 푸셔는 자외선 소독기에 소독·보관할 수 있다.

010 화학물질의 안전관리 방법으로 올바르지 않은 것은?

① 잦은 환기를 통해 유해물질 배출
② 유해물질이 호흡으로 흡입되는 것을 막기 위해 마스크 착용
③ 화기성이 강한 제품이 많으므로 담뱃불 등 흡연 행위 금지
④ 화학제품은 철제 가구 속에 두거나 따뜻한 곳에 보관

해설 화학제품은 철제 가구 속에 두거나 서늘한 곳에 보관한다.

011 위생 처리를 위해 지켜야 할 사항이 아닌 것은?

① 모든 용기에 라벨을 붙이고 보관할 것
② 화학물질의 중량을 측량할 때 주의할 것
③ 제조회사의 설명서를 토대로 자기 기준에 의할 것
④ 어린아이들의 손이 닿지 않도록 조심할 것

해설 제조회사의 설명서를 토대로 주의해야 한다.

012 네일미용사가 일반적으로 사용하는 화학제품이 아닌 것은?

① 아크릴 리퀴드 ② 프라이머
③ 젤 글루 ④ 포름알데히드

해설 아세톤, 네일 폴리시 리무버, 네일 폴리시, 아크릴 리퀴드, 프라이머, 네일 접착제, 건조 활성제, 젤 글루 등이 있다.

013 화학물질에 과다 노출되었을 때의 징후로 올바르지 않은 것은?

① 호흡기 질환
② 피로감, 가벼운 두통
③ 식중독
④ 수면 장애, 호흡 장애 등

해설 화학물질에 과다 노출 시 콧물, 눈물, 기침, 건조함, 피로감, 두통, 수면 장애, 호흡 장애 등의 증상이 나타난다.

014 다이어트로 인하여 영양상태가 좋지 않거나 불규칙한 식습관, 신경성 등에서 발생할 수 있는 질병으로, 네일이 하얗게 되고 얇고 가늘며 끝부분이 굴곡지고 겹겹이 벗겨지는 증상은?

① 계란껍질 네일(eggshell, onychomalacia)
② 거스러미 네일(hang nail)
③ 조갑위축증(onychatrophia)
④ 조갑탈락증(onychoptosis)

해설 불규칙적인 식습관, 다이어트 등으로 인한 비타민, 철 결핍성의 빈혈, 신경계통의 이상으로 발생하는 질병은 조갑연화증(계란껍질 네일, 에그셸 네일)이다.

정답	001	002	003	004	005	006	007	008
	③	④	③	②	④	④	④	②
	009	010	011	012	013	014		
	①	④	③	④	③	①		

015 교조증(오니코파지)에 대한 설명으로 맞는 것은?

① 손톱 주위 큐티클의 작은 균열로 인해 건조해서 거스러미가 일어난 증상
② 손·발톱 양 사이드 부분이 살로 파고드는 현상
③ 손톱을 물어뜯어 손톱의 크기가 작아지고, 손톱이 울퉁불퉁한 증상
④ 손톱이 과잉 성장하여 비정상적으로 두꺼워진 증상

해설 교조증(오니코파지)은 손톱을 물어뜯어 손톱의 크기가 작아지고 손톱이 울퉁불퉁한 증상이다.

016 네일 바디 위로 큐티클이 과잉 성장하여 자라는 증상으로, 핫 오일 매니큐어로 교정할 수 있는 네일의 상태는?

① 행 네일 ② 에그셸 네일
③ 커러제이션 ④ 테리지움

해설 네일 바디 위로 큐티클이 과잉 성장하여 자라는 증상은 표피조막증(테리지움, 조갑익상편)이다.

017 네일미용사가 시술할 수 없는 네일의 질병은?

① 조갑익상편(테리지움, 표피조막증)
② 조백반증(루코니키아)
③ 조갑위축증(오니카트로피아)
④ 조갑탈락증(오니콥토시스)

해설 시술할 수 없는 질병은 조갑탈락증(오니콥토시스), 사상균(몰드, 곰팡이), 조갑진균증(오니코마이코시스, 펑거스), 무좀(발진균증, 티니아페디스), 조갑염(오니키아), 조갑주위염(파로니키아), 조갑박리증(오니코리시스), 조갑구만증(오니코그리포시스), 화농성 육아종(파이로제닉그래뉴로마)이다.

018 고객서비스 기록 카드에 기재하지 않아도 되는 것은?

① 알러지 유무와 피부타입
② 고객의 은행 정보와 월수입
③ 네일의 상태와 좋아하는 색상
④ 이름, 주소, 전화번호

해설 고객의 은행 정보와 월수입은 따로 기재하지 않아도 된다.

019 고객의 건강 기록 카드에 들어가는 3가지 중요사항이 아닌 것은?

① 의료기록 사항 ② 불만 사항
③ 고객의 인적 사항 ④ 일반 사항

해설 고객 건강 기록 카드의 3가지 중요사항은 의료기록 사항, 고객의 인적 사항, 일반 사항이다.

020 효과적인 상담을 위해서 해야 하는 행동은?

① 고객과 친밀한 의미로 반말을 해도 된다.
② 고객의 말에 귀를 기울이는 태도를 취한다.
③ 고객과 상담 시 단적인 표현을 주로 한다.
④ 상담자가 전문가이므로 주로 말을 한다.

해설 효과적인 상담을 위해서는 고객의 말에 귀를 기울이는 태도를 취하며 반말 등 단적인 표현은 삼가해야 한다.

021 영양소의 기능이 아닌 것은?

① 몸을 구성하는 물질을 공급한다.
② 몸의 생리적 기능을 조절한다.
③ 몸에 에너지를 공급한다.
④ 활동 에너지와 체온 유지를 위해 유기물질로 사용된다.

해설 활동 에너지와 체온 유지를 위해 열에너지로 사용된다.

022 각화 과정에서 기저층에서 생성된 피부가 각질층까지 분열되어 올라가 죽은 각질세포로 변하여 피부 표면으로부터 떨어져 나가는 데 걸리는 기간은?

① 약 14일 ② 약 28일
③ 약 24일 ④ 약 15일

해설 각화 과정의 주기는 4주(약 28일) 정도 소요된다.

023 **입모근의 역할은?**

① 수분 조절　② 피지 조절
③ 호르몬 조절　④ 체온 조절

해설 추위나 공포를 느끼면 입모근이 수축하여 모공을 닫아 체온을 조절한다.

024 **비타민 C 결핍 시 어떤 증상이 주로 일어날 수 있는가?**

① 괴혈병을 유발하며 빈혈이 생긴다.
② 여드름의 발생 원인이 된다.
③ 피부의 변색이 일어난다.
④ 현기증과 우울증이 생긴다.

해설 비타민 C의 결핍 시에는 괴혈병과 빈혈이 발생한다.

025 **다음에서 설명하는 모근의 구성 요소는?**

> 모발의 기원이 되는 곳으로 세포의 분열증식으로 모발이 만들어지며, 모유두와 연결되어 모발 성장을 담당한다.

① 모낭　② 모구
③ 모유두　④ 모모세포

해설 모모세포에 대한 설명이다.

026 **표피의 구성세포가 아닌 것은?**

① 마스트세포　② 랑게르한스세포
③ 멜라닌세포　④ 머켈세포

해설 마스트세포는 비만세포로 진피층에 존재한다.

027 **표피 탈락이 이루어지는 각화 현상이 아닌 것은?**

① 약 28일(4주) 주기로 새로운 상피세포가 형성된다.
② 기저층 → 유극층 → 과립층을 거치는 동안 14일이 소모된다.
③ 각각의 층을 거치는 동안 수분과 관계없이 세포 모양이 달라진다.
④ 각질층에서 각질세포로 탈락되는 데 14일이 소모된다.

해설 각각의 층을 거치는 동안 수분 손실량에 의해 세포 모양이 달라진다.

028 **셀룰라이트에 대한 설명으로 틀린 것은?**

① 소성결합 조직이 경화되어 뭉쳐 있는 상태이다.
② 근육이 경화되어 딱딱하게 굳어 있는 상태이다.
③ 노폐물 등이 정체되어 있는 상태이다.
④ 피하지방이 비대해져 정체되어 있는 상태이다.

해설 셀룰라이트는 근육의 경화와는 상관없다.

029 **입술에 있는 피지선에 속하는 것은?**

① 독립 피지선　② 무 피지선
③ 작은 피지선　④ 큰 피지선

해설 입술은 독립 피지선에 속한다.

030 **지용성 비타민에 해당하지 않는 것은?**

① 비타민 A　② 비타민 B
③ 비타민 D　④ 비타민 E

해설 지용성 비타민은 비타민 A, 비타민 D, 비타민 E, 비타민 K이다.

정답	015	016	017	018	019	020	021	022
	③	④	④	②	②	②	④	②
	023	024	025	026	027	028	029	030
	④	①	④	①	③	②	①	②

031 양이온 계면활성제에 대한 설명 중 틀린 것은?

① 살균 작용이 우수하다.
② 정전기 발생을 억제한다.
③ 소독 작용이 우수하다.
④ 세정 작용이 우수하다.

해설 계면활성제 중 음이온, 양쪽성은 세정 작용이 우수하다.

032 유화에 대한 설명으로 옳은 것은?

① 계면활성제에 의해 물에 소량의 오일이 섞여 투명하게 용해되어 보이는 상태이다.
② 계면활성제에 의해 물 또는 오일에 미세한 고체입자가 균일하게 혼합된 상태이다.
③ 계면활성제에 의해 물에 다량의 오일이 균일하게 혼합되어 우윳빛으로 백탁화된 상태이다.
④ W/O 유중수형은 물 안에 기름이 분산되어 수분감이 많고 촉촉하다.

해설 유화는 계면활성제에 의해 물에 다량의 오일이 균일하게 혼합되어 우윳빛으로 백탁화된 상태이다.

033 유화의 형태와 관련된 내용이 잘못된 것은?

① O/W형 – 물에 기름이 분산된 상태에서는 친수기를 외측에, 친유기를 내측에 배향한다.
② O/W형 – 물에 잘 지워진다.
③ W/O형 – 기름에 물이 분산된 상태에서는 친수기를 내측에, 친유기를 외측에 배향한다.
④ W/O형 – 크림, 로션, 에센스 등이다.

해설 W/O형은 선크림, 선로션 등이다.

034 기능성 화장품의 기능으로 맞는 것은?

① 탄력을 부여하여 리프팅이 된다.
② 피부타입에 따라 주름이 없어지기도 한다.
③ 자외선으로부터 피부를 보호한다.
④ 자외선 차단제를 바르면 골고루 태닝이 된다.

해설 자외선 차단제는 기능성 화장품으로 자외선으로부터 피부를 보호한다.

035 화장품과 의약외품의 설명이 틀린 것은?

① 화장품과 의약외품은 부작용이 있을 수 있다.
② 화장품과 의약외품은 부작용이 없어야 한다.
③ 의약외품의 범위는 특정부위로 대상은 정상인이다.
④ 화장품의 범위는 전신이며, 치료의 목적은 아니다.

해설 부작용이 있을 수 있는 경우는 의약품이다.

036 여드름 피부에 효과적이며, 진정 작용, 살균·소독, 항염 작용을 하는 에센셜 오일은?

① 레몬 ② 라벤더
③ 티트리 ④ 아줄렌

해설 티트리는 진정 작용과 살균·소독 및 항염 작용을 한다.

037 멜라닌세포에 대한 설명으로 틀린 것은?

① 색소형성세포이다.
② 자외선을 받으면 왕성하게 활성된다.
③ 과립층에 위치한다.
④ 멜라닌의 기능에는 자외선으로부터의 피부 보호 작용도 있다.

해설 멜라닌세포는 표피의 기저층에 위치한다.

038 휘발성이 낮은 향료로 향수의 마지막까지 잔향이 남아있는 노트(Note)는?

① 톱 노트(Top Note)
② 미들 노트(Middle Note)
③ 하트 노트(Heart Note)
④ 베이스 노트(Base Note)

해설 베이스 노트는 휘발성이 낮아 잔향이 오래 남는다.

039 동물성 천연 향료의 종류와 그 원료가 잘못 연결된 것은?

① 해리향 – 수달피
② 용연향 – 향유고래
③ 영묘향 – 사향고양이
④ 사향 – 사향노루

해설 해리향에 이용되는 동물은 비버이다.

040 손과 발의 뼈 구조에 대한 설명으로 틀린 것은?

① 손에는 총 27개의 뼈가 있다.
② 발에는 총 26개의 뼈가 있다.
③ 발의 뼈는 족근골 8개, 중족골 5개, 족지골 13개로 나눌 수 있다.
④ 손의 뼈는 수근골 8개, 중수골 5개, 수지골 14개로 나눌 수 있다.

해설 발의 뼈는 족근골 7개, 중족골 5개, 족지골 14개로 나눌 수 있다.

041 인체의 골격은 몇 개의 뼈로 이루어지는가?

① 206개　② 216개
③ 207개　④ 209개

해설 인체의 골격은 206개의 뼈로 이루어져 있다.

042 뼈의 기능은?

① 지지, 조혈
② 보호, 운동
③ 지지, 보호, 운동
④ 지지, 보호, 조혈, 운동, 저장

해설 뼈의 기능은 지지 기능, 보호 기능, 운동 기능, 저장 기능, 조혈 기능이다.

043 수지골에 대한 설명으로 옳은 것은?

① 손가락뼈를 말한다.
② 엄지손허리뼈를 말한다.
③ 손목뼈를 말한다.
④ 손바닥뼈를 말한다.

해설 수지골은 손가락뼈(14개)를 말한다.

044 기절골, 중절골, 말절골로 이루어지고, 14개의 장골로 손가락을 형성하는 뼈는?

① 수근골　② 수지골
③ 경골　④ 중족골

해설 수지골은 기절골, 중절골, 말절골로 이루어진다.

045 중수골은 몇 개의 뼈로 구성되어 있는가?

① 6개　② 5개
③ 4개　④ 3개

해설 손바닥뼈는 엄지손허리뼈~소지손허리뼈까지 총 5개로 구성되어 있다.

046 수지골은 몇 개의 뼈로 구성되어 있는가?

① 14개　② 15개
③ 16개　④ 17개

해설 수지골의 손가락뼈는 14개이다.

047 근육의 분류로 볼 수 없는 것은?

① 골격근　② 내장근
③ 심근　④ 후두근

해설 근육은 골격근, 평활근(내장근), 심장근(심근)으로 나눌 수 있다.

048 신경계에 관한 내용 중 틀린 것은?

① 뇌와 척수는 중추신경계이다.
② 뇌의 주요 부위는 대뇌, 간뇌, 소뇌, 뇌간(중뇌, 교뇌, 연수)이다.
③ 척수로부터 나오는 31쌍의 척수신경은 말초신경을 이룬다.
④ 척수의 전각에는 감각신경세포가 분포하고 후각에는 운동신경세포가 분포한다.

해설 척수의 전각에는 운동신경세포, 후각에는 감각신경세포가 분포한다.

정답							
031	032	033	034	035	036	037	038
④	③	④	③	①	③	③	④
039	040	041	042	043	044	045	046
①	③	①	④	①	②	②	①
047	048						
④	④						

049 골격계에 대한 설명 중 틀린 것은?

① 뼈는 혈액세포를 생성하지 않는다.
② 체중의 약 20%를 차지하며 골, 연골, 관절 및 인대를 총칭한다.
③ 인체의 뼈는 약 206개로 구성되어 있다.
④ 기관을 둘러싸서 내부 장기를 외부의 충격으로부터 보호한다.

해설 뼈 속 적골수는 혈액을 생산하는 조혈 기능을 한다.

050 신경계 중 중추신경계에 해당되는 것은?

① 뇌 ② 뇌신경
③ 척추신경 ④ 교감신경

해설 중추신경계는 뇌와 척수로 구성되어 있다.

051 네일 폴리시에 대한 설명으로 틀린 것은?

① 안료가 배합되어 일정한 컬러와 광택을 유지해야 한다.
② 네일 폴리시 리무버로 용이하게 제거되어야 한다.
③ 비인화성과 휘발성이 있어 취급 시 주의해야 한다.
④ 네일 폴리시는 피막 형성제로 니트로셀룰로오스를 주성분으로 한다.

해설 네일 폴리시는 인화성과 휘발성 물질로 되어 있어 취급 시 주의해야 한다.

052 니트로셀룰로오스가 가장 많이 들어 있는 네일 제품은?

① 베이스 코트 ② 탑 코트
③ 네일 폴리시 ④ 네일 폴리시 시너

해설 피막 형성제인 니트로셀룰로오스는 탑 코트에 가장 많이 들어 있다.

053 네일숍에서 사용되는 아세톤의 가장 중요한 기능은?

① 소독력 ② 접착력
③ 중합력 ④ 용해력

해설 아세톤의 가장 중요한 기능은 용해력이다.

054 아세톤으로 제거할 수 없는 것은?

① 하드 젤 ② 소프트 젤
③ 아크릴 ④ 글루 접착제

해설 하드 젤은 드릴이나 파일을 이용하여 제거한다.

055 매니큐어에 대한 설명으로 옳은 것은?

① 컬러를 바르는 것을 말한다.
② 손과 손톱의 총체적인 관리를 의미한다.
③ Manus와 Cura가 합성된 말로 이집트어이다.
④ 매니큐어는 20세기부터 행해졌다.

해설 매니큐어는 총체적인 손 관리를 뜻한다.

056 네일 프리에지 밑 부분의 돌출된 피부를 말하며, 박테리아의 침입으로부터 네일을 보호하는 역할을 하는 부분은?

① 하이포니키움 ② 네일 루트
③ 에포니키움 ④ 네일 폴드

해설 프리에지 밑 부분의 돌출된 피부는 하이포니키움이다.

057 네일 관리를 위해 파일을 사용하여 모양을 변형할 수 있는 부분은?

① 네일 큐티클 ② 네일 바디
③ 네일 매트릭스 ④ 네일 프리에지

해설 모양의 형태를 변형하는 부분은 프리에지(자유연)이다.

058 글루 드라이에 대한 설명으로 틀린 것은?

① 글루를 빨리 굳게 하는 재료로 순간 냉각 작용을 한다.
② 폐기 시, 꼭 철제 분리수거를 한다.
③ 사용 시 5~10cm 떨어져서 아래쪽으로 소량 분사하여 사용한다.
④ 한꺼번에 너무 많이 분사하거나 가까운 거리에서 분사하면 뜨겁다.

해설 글루 드라이는 폐기 시 구멍을 내어 폐기해야 한다.

059 파고드는 발톱을 예방하기 위한 발톱의 형태로 적합한 것은?

① 라운드형 ② 오발형
③ 스퀘어형 ④ 포인트형

해설 파고드는 발톱을 예방하기 위한 발톱의 형태는 스퀘어형이다.

060 네일 구조에 대한 설명으로 옳은 것은?

① 조근 : 네일의 끝부분에 해당되며 손톱의 모양을 만들 수 있다.
② 조모 : 네일의 성장 역할을 하며 이상이 생기면 네일의 변형을 가져온다.
③ 조반월 : 매트릭스를 보호하고 있으며 네일에 붙어 있는 얇은 각질 막이다.
④ 조체 : 얇고 부드러운 피부로 손톱이 자라기 시작하는 부분이다.

해설 ① 프리에지(자유연), ③ 큐티클(상조피, 조소피), ④ 네일 루트(조근)에 대한 설명이다.

061 페디 파일의 사용 방법으로 가장 적합한 것은?

① 각질의 반대 방향으로
② 사선 방향으로
③ 바깥에서 안쪽으로
④ 족문 방향으로

해설 페디 파일은 족문의 결대로 파일을 해야 한다.

062 네일 폴리시의 건조를 빠르게 하기 위해 사용하는 제품은?

① 네일 폴리시 퀵 드라이
② 네일 폴리시 리무버
③ 네일 폴리시 컨디셔너
④ 네일 폴리시 시너

해설 네일 폴리시 퀵 드라이는 폴리시를 빨리 건조 시키는 역할을 한다.

063 지혈제에 대한 설명으로 틀린 것은?

① 작업 시 가벼운 출혈을 멈추게 해주는 제품이다.
② 액체 타입과 파우더 타입이 있다.
③ 물티슈로 지그시 문질러 닦아준다.
④ 거즈로 출혈 부위를 눌러준다.

해설 지혈제는 지혈 시 문지르지 말고 지그시 누른다(2차 감염이 생길 수 있으므로 주의).

064 페디큐어 작업 시 굳은살을 제거하는 도구는?

① 족욕기 ② 토우 세퍼레이터
③ 콘 커터 ④ 큐티클 니퍼

해설 콘 커터는 굳은살을 제거하는 도구이다.

065 오렌지우드스틱의 설명으로 틀린 것은?

① 큐티클을 밀어 올릴 때 사용한다.
② 손톱의 이물질을 제거할 때 사용한다.
③ 뾰족한 부분에 솜을 말아 면봉처럼 사용한다.
④ 닳으면 파일에 갈아서 재사용이 가능하다.

해설 오렌지우드스틱은 1회용으로 재사용이 불가하다.

066 큐티클을 부드럽게 하고 완화시켜주기 위한 목적으로 사용하는 네일 재료는?

① 큐티클 연화제 ② 큐티클 오일
③ 큐티클 리무버 ④ 네일 보강제

해설 큐티클을 부드럽게 하고 완화시켜주는 제품은 큐티클 오일이다.

정답							
049	050	051	052	053	054	055	056
①	①	③	②	④	①	②	①
057	058	059	060	061	062	063	064
④	②	③	②	④	①	③	③
065	066						
④	②						

067 네일 도구 중 감염되기 가장 쉬운 도구로 철저한 소독이 필요한 것은?

① 오렌지우드스틱 ② 니퍼
③ 파일 ④ 푸셔

해설 니퍼는 피가 날 수 있으므로 각별히 철저한 소독이 필요하다.

068 큐티클 오일에 대한 설명으로 틀린 것은?

① 큐티클을 부드럽게 완화시켜준다.
② 비타민 E(토코페롤), 식물성 오일 등이 풍부하다.
③ 컬러를 바르기 전, 큐티클에 발라준다.
④ 아세톤으로 인조 네일 제거 시 큐티클 주변을 부드럽게 보호해 준다.

해설 컬러를 바르기 전에는 손톱에 유분을 제거해준다.

069 파라핀 매니큐어 시 고객에게 사용하는 적당한 온도는?

① 약 40~45℃ ② 약 45~50℃
③ 약 52~55℃ ④ 약 55~60℃

해설 파라핀 매니큐어 시 고객에게 사용하는 적당한 온도는 약 52~55℃이다.

070 네일 파일에 대한 설명이 틀린 것은?

① 그릿 수가 높을수록 거칠다.
② 에머리 보드는 네일 파일이다.
③ 네일의 길이와 형태를 조형한다.
④ 소독이 가능한 네일 파일도 있다.

해설 그릿 수가 높을수록 부드럽고, 낮을수록 거칠다.

071 자연 네일의 길이와 형태를 조절할 때 사용할 파일의 적당한 그릿은?

① 100~150그릿 ② 180~240그릿
③ 240~400그릿 ④ 400~450그릿

해설 180~240그릿은 자연 네일에 적당하다.

072 손톱과 발톱에 대한 설명으로 틀린 것은?

① 손톱은 한달에 약 3~5mm의 길이로 자란다.
② 반투명의 경케라틴 단백질로 구성되어 있다.
③ 시스테인을 함유하고 있다.
④ 손톱과 발톱의 길이는 같이 자란다.

해설 발톱은 손톱의 1/2 정도 늦게 자란다.

073 케라틴의 구성 요소 중 가장 많이 차지하고 있는 성분은?

① 글루탐산 ② 시스틴(시스테인)
③ 아르기닌 ④ 아미노산

해설 케라틴은 시스틴을 많이 함유하고 있다.

074 네일의 성장 속도에 관한 설명으로 바르지 않은 것은?

① 소지 손톱이 가장 빠르게 자란다.
② 노인과 여성은 손톱이 느리게 자란다.
③ 손톱의 탈락 후 완전 재생 기간은 약 4~6개월이 소요된다.
④ 발톱의 성장 속도는 네일 성장 속도의 1/2이다.

해설 노인, 여성, 소지, 겨울에 네일 성장 속도가 느리다.

075 하루에 평균적으로 손톱이 자라는 길이는?

① 약 0.1~0.15mm ② 약 0.5mm
③ 약 0.3~5mm ④ 약 0.02mm

해설 손톱은 하루 평균 약 0.1~0.15mm가 자란다.

076 습식 매니큐어의 순서로 옳은 것은?

① 손 소독 → 묵은 폴리시 제거 → 프리에지 형태 조형하기 → 핑거볼 담그기 → 큐티클 정리 → 소독 → 컬러 도포
② 손 소독 → 묵은 폴리시 제거 → 프리에지 형태 조형하기 → 핑거볼 담그기 → 큐티클 정리 → 컬러 도포 → 소독
③ 프리에지 형태 조형하기 → 묵은 폴리시 제거 → 손 소독 → 핑거볼 담그기 → 큐티클 정리 → 소독 → 컬러 도포
④ 묵은 폴리시 제거 → 손 소독 → 프리에지 형태 조형하기 → 핑거볼 담그기 → 큐티클 정리 → 컬러 도포 → 소독

해설 니퍼 사용 후에는 중간 소독을 다시 한다.

077 큐티클을 밀어 올릴 때 과도한 압력으로 인해 생길 수 있는 현상은?

① 압력과는 상관없다.
② 하이포니키움이 들뜬다.
③ 네일 바디에 굴곡이 생길 수 있다.
④ 프리에지에 균열이 일어난다.

해설 루눌라와 매트리스가 손상되어 네일 바디에 굴곡이 생길 수 있다.

078 매니큐어의 정의와 어원의 설명이 올바른 것은?

① 손톱의 관리를 하는 것으로 마사지는 포함되어 있지 않다.
② 라틴어의 Manus(손)과 Care(관리)의 합성어이다.
③ 손톱의 형태 및 큐티클 정리, 마사지, 컬러링 등의 총체적인 손 관리를 의미한다.
④ 매니큐어는 컬러링만 해주는 것이다.

해설 매니큐어는 손톱의 형태 및 큐티클 정리, 마사지, 컬러링 등의 총체적인 손 관리를 의미한다.

079 전 처리제에 대한 설명으로 틀린 것은?

① 네일 프라이머, 젤 본더 등을 총칭하는 용어이다.
② 피부에 묻었을 때에는 즉시 거즈로 닦아 준다.
③ 자연 네일 표면의 pH 밸런스를 맞춰주어 박테리아 성장을 억제하는 방부제 역할을 한다.
④ 논 애시드는 산성 성분이 없어 화상을 초래하지 않고, 네일을 부식시키지 않는다.

해설 전 처리제는 산성 제품으로 피부에 묻었을 경우 화상을 초래할 수 있으므로 흐르는 물에 씻어 준다.

080 전 처리제 방법으로 잘못 설명한 것은?

① 논 애시드는 산성 성분이 없어 화상을 초래하지 않고, 네일을 부식시키지 않는다.
② 어두운 색의 작은 유리용기를 사용하며 잘 보이는 공간에 보관한다.
③ 곰팡이 생성을 예방하는 역할을 한다.
④ 사용 시 눈과 호흡기의 안전을 위해 보안경과 마스크를 착용한다.

해설 이물질에 오염되거나 빛에 노출되면 변질될 우려가 있으므로 어두운 색의 작은 유리용기를 사용하며 서늘하고 통풍이 잘되는 공간에 보관한다.

081 젤 네일 폴리시와 인조 네일 전 처리 방법으로 설명이 틀린 것은?

① 오렌지우드스틱에 소량의 탈지면을 감아 일반 네일 폴리시 리무버를 적셔 유분기를 제거한다.
② 거즈를 사용하여 일반 폴리시 리무버를 적셔 유분기를 제거한다.
③ 전 처리제를 충분한 양을 도포한다.
④ 샌딩 파일 180~200그릿으로 고르지 않은 자연 손톱 표면 또는 유분기를 제거한다.

해설 전 처리제를 소량의 양으로 피부에 닿지 않게 도포한다.

정답	067	068	069	070	071	072	073	074
	②	③	③	①	②	④	②	①
	075	076	077	078	079	080	081	
	①	①	③	③	②	②	③	

082 젤 글루에 대한 설명 중 틀린 것은?

① 산성 제품으로 피부에 화상을 입힐 수 있으므로 최소량만을 사용한다.
② 인조 팁의 투명도 조절 시 사용한다.
③ 인조 팁의 두께 조절 시 사용한다.
④ 조체에 인조 네일 접착 시 사용한다.

해설 산성 제품으로 피부에 화상을 입힐 수 있으므로 최소량만을 사용하는 제품은 프라이머이다.

083 자연 네일을 보강할 때, 오버레이하여 사용할 수 없는 재료는?

① 네일 폼 ② 아크릴
③ 실크 ④ 젤

해설 폼은 길이 연장에 받침대로 사용되나 오버레이 재료는 아니다.

084 그라데이션 컬러링에 대해 옳은 것은?

① 스펀지를 원하는 그라데이션이 나올 때까지 반복하여 작업한다.
② 그라데이션은 2코트를 원칙으로 한다.
③ 프리에지에서 루눌라까지 자연스럽게 경계 없이 그라데이션이 되어야 한다.
④ 그라데이션은 스펀지로 작업을 하기 때문에 프리에지는 바르지 않아도 무관하다.

해설 그라데이션은 원하는 컬러가 나올 때까지 반복하여 작업한다.

085 컬러링을 하기 위한 브러시의 이상적인 각도는?

① 15도 ② 90도
③ 45도 ④ 30도

해설 브러시의 각도는 45도가 가장 이상적이다.

086 프렌치 컬러링 중 다양한 방법으로 응용된 컬러링하는 기법이 아닌 것은?

① 사선형 컬러링 ② 루눌라 컬러링
③ 슬림라인 컬러링 ④ 딥 프렌치 컬러링

해설 프렌치, 딥 프렌치, 루눌라(하프문), 일자형, V자형, 사선형

087 자연 손톱 전체에 컬러링 한 후 벗겨지기 쉬운 프리에지 단면 부분을 지우는 기법은?

① 프리에지 컬러링 ② 프리월 컬러링
③ 하프문 컬러링 ④ 헤어라인 컬러링

해설 헤어라인 팁 컬러링

088 컬러링에 대한 설명으로 틀린 것은?

① 탑 코트를 발라 코팅 막을 형성하고 컬러의 지속력을 강화시킨다.
② 에나멜은 가능한 얇게 2회 바른다.
③ 베이스 코트를 여러 번 발라 발톱 표면에 광택을 부여한다.
④ 베이스 코트는 1회 바른다.

해설 베이스 코트와 탑 코트는 1회, 유색 폴리시는 2회 도포한다.

089 다음 중 채도 대비의 특징에 관한 설명 중 잘못된 것은?

① 무채색 위의 유채색은 채도가 높아 보인다.
② 채도가 낮은 색은 더욱 낮게, 채도가 높은 색은 더욱 높게 보인다.
③ 채도가 높은 색 위의 낮은 채도의 색은 채도가 더 낮아 보인다.
④ 두 개 이상의 색을 배열하여 색채를 배합하여 네일 디자인을 표현한다.

해설 배색에 관한 설명

090 배색과 사계절 컬러이미지에 어울리지 않는 것은?

① 겨울 – 저명도 배색
② 가을 – 고명도에 붉은 계열 배색
③ 여름 – 채도차가 큰 배색
④ 봄 – 고명도 배색

해설 가을 – 중명도 배색, 저채도 배색, 고채도에 붉은 계열 배색

091 다음 중 어떤 배색 방법인가?

> 인접한 색을 이용하고 톤의 차를 두어 배색하는 방법으로 온화함, 상냥함, 친근함을 줌

① 동일색상 배색　② 유사색상 배색
③ 반대색상 배색　④ 채도차가 큰 배색

해설 유사색상 배색 방법 – 인접한 색으로 배색하여 온화함, 상냥함, 친근함, 명쾌함을 줌

092 다음 중 여름 컬러이미지에 맞지 않는 것은?

① 노란 기가 없는 파랑, 라벤더, 하늘색, 청록색, 청색 컬러
② 고채도 배색, 채도 차가 큰 배색 방법
③ 우아한 이미지, 청량감, 시원함, 강렬한 느낌
④ 성숙하고 지적이며 섹시한 이미지에 차갑고 시원한 느낌

해설 성숙하고 지적이며 섹시한 이미지 – 가을 컬러이미지
차갑고 시원한 느낌 – 여름 컬러이미지

093 라틴어의 디자인 어원으로 '지시하다', '표현하다', '스케치하다'의 의미를 가진 용어는?

① 데시그나레　② 데셍
③ 플레이닝　④ 데세뇨

해설 데시그나레 – 라틴어의 디자인 어원

094 다음 중 디자인에 대한 설명과 거리가 먼 것은?

① 생산과 소비의 가치를 부여한다.
② 경제적 가치를 생성한다.
③ 사회적 차별을 형성한다.
④ 커뮤니케이션의 수단이다.

해설 사회적 차별을 형성하는 것과는 관계 없다.

095 디자인의 개념으로 가장 옳은 것은?

① 미적, 독창적 가치를 추구하는 것이다.
② 경제적, 실용적 가치를 추구하는 것이다.
③ 유행에 따른 미를 추구하는 것이다.
④ 미적, 실용적 가치를 계획하고 표현하는 것이다.

해설 실용적이면서 미적인 조형 활동을 계획하는 것이다.

096 인조 네일에서 가장 높은 부분으로 프리에지에서 큐티클 라인으로 2/3 지점인 부분은?

① 컨케이브　② 하이 포인트
③ C-커브　④ 능선 부분

해설 인조 네일에서 가장 높은 부분은 하이 포인트이다.

097 팁 위드 랩의 설명으로 틀린 것은?

① 네일 팁을 사용하여 연장하고 네일 랩을 이용하여 덮어주는 작업 방법이다.
② 실크, 린넨, 화이버 글라스 등의 네일 랩 종류가 있다.
③ 네일 랩을 사용한다.
④ 오버레이 제품으로 아크릴과 젤을 사용한다.

해설 팁 위드 랩은 내추럴 팁과 랩을 이용한 인조 네일이다.

098 네일 팁 접착 방법으로 틀린 것은?

① 팁의 접착력을 높이기 위해 에칭 작업을 했다.
② 네일 팁이 자연 네일의 양쪽 옆면을 모두 커버해야 한다.
③ 글루 드라이는 팁을 접착하기 전에 가까이에서 살짝 분사해 놓는다.
④ 45도로 자연 네일의 1/2 미만으로 기포가 생기지 않도록 접착한다.

해설 글루 드라이는 10~15센티미터의 거리를 두고 약하게 분사해야 한다.

정답								
	082	083	084	085	086	087	088	089
	①	①	①	③	③	④	③	④
	090	091	092	093	094	095	096	097
	②	②	④	①	③	④	②	④
	098							
	③							

099 자연 네일에 네일 팁을 붙일 때 유지하는 가장 이상적인 각도는?

① 15° ② 90°
③ 45° ④ 10°

해설 자연 네일에 팁을 붙일 때는 45°의 각도가 가장 이상적이다.

100 네일 팁 오버레이 작업 전 과정에 대한 설명 중 틀린 것은?

① 웰 부분이 너무 두꺼울 경우 손톱에 부착하기 전에 미리 네일 파일로 웰 부분을 얇게 갈아 준다.
② 큐티클 오일을 바른 후 큐티클 푸셔를 사용하여 작업 공간을 확보한다.
③ 고객과 작업자 모두 손을 소독한다.
④ 자연 네일의 프리에지 길이는 1mm 정도가 적당하다.

해설 인조 네일 작업 전에는 큐티클 오일을 사용하면 안 된다.

101 네일 팁의 재질이 아닌 것은?

① 플라스틱 ② 아세테이트
③ 나일론 ④ 아크릴릭

해설 네일 팁의 재질은 플라스틱, 아세테이트, 나일론이다.

102 팁 위드 랩의 작업 시 필요 없는 재료는?

① 라이트 글루 ② 필러 파우더
③ 내추럴 팁 ④ 탑 코트

해설 팁 위드 랩의 작업 시 필요한 재료는 네일 팁(내추럴 팁), 팁 커터, 네일 접착제(라이트 글루), 글루 드라이, 필러 파우더, 실크, 실크가위이다.

103 네일 팁 부착 시 주의점으로 바르지 않은 것은?

① 자연 네일의 모양은 라운드형이 적당하다.
② 푸셔나 오렌지우드스틱을 사용해 큐티클을 밀어준다.
③ 프리에지의 길이는 1mm 정도가 적당하다.
④ 자연 네일의 길이가 일정하지 않더라도 맞추지 않고 관리한다.

해설 자연 네일의 길이는 1mm 정도의 라운드나 오벌 형태로 파일을 한 후 접착한다.

104 네일 랩에 대한 설명으로 옳은 것은?

① 섬유 랩으로 린넨은 시술 후 컬러링 작업이 필요 없다.
② 리퀴드 랩은 액체 타입으로 미세한 천 조각이 들어가 있어 순간 대체용 제품이다.
③ 섬유 랩으로 실크는 임시 랩으로만 사용이 가능하다.
④ 종이 랩은 롤링 시 리무버에 용해가 되지 않는다.

해설 리퀴드 랩은 액체 타입으로 미세한 천 조각이 들어가 있어 순간 대체용 제품이다.

105 네일 랩의 종류가 아닌 것은?

① 실크 ② 나일론
③ 린넨 ④ 파이버 글래스

해설 네일 랩의 종류는 실크, 린넨, 파이버 글래스 등이다.

106 젤 네일의 손상 원인이 아닌 것은?

① 젤 램프기기에 적절하게 경화한 경우
② 젤을 큐티클에 넘치게 발랐을 경우
③ 경화시간을 적절하게 지키지 않았을 경우
④ 유효기간이 경과한 네일 재료를 사용하여 작업한 경우

해설 젤 램프기기에 적절하게 경화한 경우에 젤 네일은 고광택과 유지력이 높다.

107 소프트 젤에 대한 설명으로 틀린 것은?

① 제거가 쉬운 젤 타입으로 아세톤을 이용해 제거한다.
② 아세톤에 잘 녹지 않아 파일로 제거한다.
③ 제거가 용이하다.
④ 강도가 약하다.

해설 아세톤에 녹지 않는 젤은 하드 젤이다.

108 젤 투톤 스컬프처의 설명으로 옳지 않은 것은?

① 아크릴 네일 폼을 접착한 경우에도 뒤집어 경화 시 완벽히 경화된다.
② 탑 젤로 고광택이 가능하고 유지력이 높다.
③ 냄새가 거의 없고 부작용이 적다.
④ 히팅 현상으로 뜨거울 수 있으므로 고객에게 미리 알려 주의를 준다.

해설 아크릴 네일 폼은 불투명하기 때문에 빛이 투과하지 않아 완벽하게 경화되지 않는다.

109 아크릴 프렌치 스컬프처 작업 시 스마일 라인에 대한 설명으로 틀린 것은?

① 온도에 예민하므로 빠른 시간에 작업하여 얼룩이 지지 않도록 한다.
② 양쪽 포인트의 밸런스보다는 자연스러움을 강조해야 한다.
③ 깨끗하고 선명한 스마일 라인을 만들어야 한다.
④ 손톱의 상태에 따라 라인의 깊이를 조절할 수 있다.

해설 아크릴 프렌치 스컬프처의 스마일 라인은 선명하고 밸런스가 맞아야 한다.

110 아크릴을 분말 형태로 만든 물질로 아크릴 파우더나 완성된 아크릴 네일은?

① 포름알데히드 ② 올리고머
③ 아크릴레이트 ④ 폴리머

해설 아크릴을 분말 형태로 만든 물질로, 아크릴 파우더나 완성된 아크릴 네일은 폴리머이다.

111 아크릴 스컬프처의 시술 과정에서 아크릴 파우더(폴리머)와 리퀴드(모노머)의 상온중합반응이 완벽하게 이루어져 완전히 굳는 시간은?

① 12~18시간 정도 ② 24~48시간 정도
③ 1~2시간 정도 ④ 3~5시간 정도

해설 완전히 굳는 시간은 24~48시간 정도이다.

112 투톤 아크릴 스컬프처의 작업에 대한 설명으로 틀린 것은?

① 화이트 파우더 특성상 프리에지가 퍼져 보일 수 있으므로 C-커브가 잘 나오도록 핀칭을 준다.
② 깨끗하고 선명한 스마일 라인에 양쪽 대칭이 맞아야 한다.
③ 프렌치 스컬프처라고도 한다.
④ 얼룩지지 않도록 여러 번 반복해서 브러시를 많이 두드린다.

해설 빠른 시간에 작업해서 얼룩지지 않도록 하며, 브러시를 많이 두드리면 기포가 생긴다.

113 아크릴 브러시의 보관 방법으로 잘못된 것은?

① 아크릴 네일이 굳었을 때 브러시 클리너를 사용하여 세척한다.
② 오렌지우드스틱을 사용하여 네일 폴리시 리무버를 적시고 잔여물을 긁어낸다.
③ 브러시 끝을 가지런히 모아주고 아크릴 리퀴드가 마르지 않도록 뚜껑을 덮어 브러시 끝을 아래쪽으로 향하도록 하여 보관한다.
④ 브러시에 아크릴이 남아있지 않도록 아크릴 리퀴드로 여러 번 키친타월에 닦아 아크릴의 잔여물을 제거한다.

해설 네일 폴리시 리무버를 사용하여 잔여물을 긁어내면 안 된다.

정답	099	100	101	102	103	104	105	106
	③	②	④	④	④	②	②	①
	107	108	109	110	111	112	113	
	②	①	②	④	②	④	②	

114 네일 랩을 했을 경우 리프팅 현상이 일어나는 원인이 아닌 것은?

① 자연 네일과 실크의 턱을 180그릿으로 부드럽게 갈았다.
② 네일이 건조하므로 시술 전 오일을 발라 주었다.
③ 큐티클을 보호하기 위해 글루를 묻혀 놓았다.
④ 실크의 사이즈를 약간 작게 재단하였다.

해설 리프팅 현상의 원인이 되지 않도록 자연 네일과 실크의 턱을 부드럽게 갈아 연결한다.

115 아크릴 관리 후 보수의 가장 적합한 시기는?

① 2~3주 ② 3~4주
③ 4~5주 ④ 5~6주

해설 아크릴 관리 후 적당한 보수 기간은 2~3주 사이이다.

116 인조 네일 보수에 설명으로 틀린 것은?

① 자연스럽게 보일 수 있도록 보수한다.
② 인조 네일을 한 부분의 무게 중심이 달라져 자연 네일에 손상이 온다.
③ 정기적인 보수를 하지 않으면 균열이나 부러짐의 현상이 생길 수 있다.
④ 리프팅 부위는 표면을 정리하지 않고 보수한다.

해설 리프팅 부위는 곰팡이나 세균 등의 서식과 네일의 변색을 가져올 수 있으므로 표면을 정리한 후에 보수한다.

117 인조 네일 시술 시, 손톱을 물에 불리면 안 되는 가장 큰 이유는?

① 인조 네일 접착이 쉽지 않다.
② 리프팅이 일어나서 들뜬다.
③ 습기를 먹은 자연 네일은 곰팡이 및 세균 번식의 우려가 있다.
④ 파일을 할 때 쉽게 떨어진다.

해설 손톱은 pH 4.5~5.5를 맞추어 박테리아 성장을 억제시켜줘야 하는데 물에 불리면 습기로 인해 곰팡이 및 세균 번식의 우려가 생긴다.

118 아크릴 스컬프처의 보수에 대한 설명으로 틀린 것은?

① 아크릴이 단단하게 굳은 후 파일링한다.
② 들뜬 부분에 큐티클 오일을 바른 후 매끄럽게 정리해 준다.
③ 새로 자라 나온 자연 네일을 자연스럽게 연결해 주어야 한다.
④ 자라 나온 들뜬 경계 부분의 턱을 제거하여 경계를 없애 준다.

해설 ②는 들뜬 부분에 큐티클 오일이 흡수되기 때문에 오일을 바르고 정리하면 안 된다.

119 다음 중 일반 네일 폴리시 잔여물 정리에 대한 설명 중 틀린 것은?

① 오렌지우드스틱에 소량의 탈지면을 말아 네일 폴리시 리무버를 적셔 잔여물의 컬러를 정리한다.
② 물 스프레이를 이용하여 멸균거즈로 잔여물을 정리한다.
③ 네일 폴리시 리무버의 양이 많으면 완성된 컬러링이 번질 수 있다.
④ 네일 폴리시 리무버의 양이 적으면 탈지면의 입자가 나와 완성된 컬러링을 건드릴 수 있으니 주의해야 한다.

해설 인조 네일 잔여물 – 물 스프레이를 이용하여 멸균거즈로 잔여물을 정리

정답	114	115	116	117	118	119		
	①	①	④	③	②	②		

공중위생관리편

네일미용을 위해 공중위생관리를 학습해야 하는 이유

- ☐ 고객에게 안전하고 위생적인 서비스 제공
- ☐ 작업자와 고객의 위생 관리
- ☐ 네일숍 환경을 청결하게 관리
- ☐ 공중위생영업자로써 공중위생관리법 숙지

공중위생관리

감염병의 예방 및 관리에 관한 법률 [시행 2022.12.11.]

먹는물 수질기준 및 검사 등에 관한 규칙

[별표1] 먹는물의 수질기준 〈개정 2021.9.16.〉

공중위생관리법 [시행 2022.6.22.]

공중위생관리법 시행령 [시행 2020.6.4.]

[별표1] 과징금의 산정기준 〈개정 2019.4.9.〉

[별표2] 과태료의 부과기준 〈개정 2019.10.8.〉

공중위생관리법 시행규칙 [시행 2022.6.22.]

[별표1] 공중위생영업의 종류별 시설 및 설비기준 〈개정 2022.6.22.〉

[별표3] 이용기구 및 미용기구의 소독기준 및 방법 〈개정 2010.3.19.〉

[별표4] 공중위생영업자가 준수하여야 하는 위생관리기준 등 〈개정 2022.6.22.〉

[별표7] 행정처분기준 〈개정 2022.6.22.〉

1절 공중보건

1 공중보건 기초

1 공중보건학의 개념

(1) 공중보건학

① 조직화된 지역사회의 노력을 통해 질병을 예방하고, 수명을 연장시키며, 신체적·정신적 효율을 증진시키는 기술과학

② 질병예방, 생명연장, 건강증진

③ 최소단위 : 지역사회

(2) 건강

단순히 질병이 없고 허약하지 않은 상태만이 아니라 신체적, 정신적, 사회적 안녕이 완전한 상태

(3) 공중보건의 3대 사업

① 보건교육

② 보건행정보건의료서비스

③ 보건관계법보건의료법규

(4) 공중보건학의 관리 범위

① **질병관리** : 역학, 감염병 및 비감염병관리, 기생충관리

② **가족 및 노인보건** : 인구보건, 가족보건, 모자보건, 노인보건

③ **환경보건** : 환경위생, 대기환경, 수질환경, 산업환경, 주거환경

④ **식품보건** : 식품위생

⑤ **보건관리** : 보건행정, 보건교육, 보건통계, 보건영양, 사회보장제도, 정신보건, 학교보건 등

> **과년도 기출예제**
> **Q** 공중보건학의 범위 중 보건관리 분야에 속하지 않는 사업은?
> **A** 산업보건

2 공중보건 지표

(1) 세계보건기구(WHO)에서 규정하는 건강지표

① **조사망률** : 인구 1,000명당 1년간의 전체 사망자 수

② **평균수명** : 0세의 평균여명어떤 시기를 기점으로 그 후 생존할 수 있는 평균연수

③ **비례사망지수** : 연간 총 사망자수에 대한 50세 이상의 사망자수를 퍼센트로 표시한 지수

$$\text{비례사망지수} = \frac{\text{50세 이상의 사망자 수}}{\text{총 사망자 수}} \times 100$$

> **과년도 기출예제**
> **Q** 한 나라의 건강수준을 다른 국가들과 비교할 수 있는 지표로 세계보건기구가 제시한 것은?
> **A** 비례사망지수, 조사망률, 평균수명

(2) 국가 간이나 지역사회 간의 보건수준을 평가하는 3대 지표

① 영아사망률

② 비례사망지수

③ 평균수명

(3) 영아사망률

① 한 지역이나 국가의 대표적인 보건수준 평가기준의 지표

② 가장 예민한 시기이므로 영아사망률은 지역사회의 보건수준을 가장 잘 나타냄

③ 출생 후 1년 이내에 사망한 영아수를 해당 연도의 총 출생아수로 나눈 비율(1,000분비)

$$\text{영아사망률} = \frac{\text{그 해의 1세 미만 사망자 수}}{\text{그 해의 연간 출생아 수}} \times 1,000$$

과년도 기출예제

Q 영아사망률의 계산공식으로 옳은 것은?

A 영아사망률

$= \frac{\text{그 해의 1세 미만 사망자 수}}{\text{그 해의 연간 출생아 수}} \times 1,000$

2 질병관리

1 역학

① 집단 현상으로 발생하는 질병의 발생 원인과 감염병이 미치는 영향을 연구하는 학문

② 질병 발생의 간접적인 원인 및 직접적인 원인이나 관련된 위험 요인을 규명하여 질병의 원인을 제거

③ 집단을 대상으로 유행병의 감시 역할을 하고 예방대책을 모색

과년도 기출예제

Q 역학에 대한 내용으로 옳은 것은?

A 인간 집단을 대상으로 질병 발생과 그 원인을 탐구하는 학문

2 검역

외국 질병의 국내 침입방지를 위한 감염병의 예방대책으로 감염병 유행지역의 입국자에 대하여 감염병 감염이 의심되는 사람의 강제격리로서 "건강격리"라고도 함

과년도 기출예제

Q 이것이란 감염병 유행지역의 입국자에 대하여 감염병 감염이 의심되는 사람의 강제격리로 "건강격리"라고도 함

A 검역

3 질병

(1) 질병의 정의

신체의 구조적, 기능적 장애로서 질병 발생의 삼원론에 의해 항상성이 파괴된 상태

(2) 질병 발생의 3대 요인

① 병인

- 병원균을 인간에게 직접 가져오는 원인
- 병원체, 생물학적 요인, 물리화학적 요인 등

② **숙주**

- 병원체의 기생으로 영양물질의 탈취, 조직손상을 당하는 생물 (숙주의 감수성)
- 연령, 성별, 인종, 질병, 면역 등

③ **환경**

- 생물학적 환경
- 물리화학적 환경 : 계절, 기후, 자외선
- 병원체의 전파수단이 되는 모든 사회경제적 환경 : 직업, 인구 밀도, 경제활동, 생활습관

과년도 기출예제

Q1 다음 중 감염병 유행의 3대 요소는?
A1 병원체, 숙주, 환경

Q2 질병 발생의 3대 요소는?
A2 병인, 숙주, 환경

Q3 다음 중 감염병이 아닌 것은?
A3 당뇨병

4 감염병 생성과정의 6대 요소

병원체 → 병원소 → 병원소로부터 병원체의 탈출 → 병원체의 전파 → 신숙주로 침입 → 숙주의 감수성(감염)

5 병원체 숙주에 침입하여 질병을 일으키는 미생물

① **세균(박테리아)** : 콜레라, 폐렴, 이질, 결핵, 한센병나병, 장티푸스, 파상풍, 디프테리아, 매독, 임질 등
② **바이러스** : 후천성 면역결핍 증후군AIDS, 홍역, 간염, 인플루엔자, 광견병, 폴리오, 일본뇌염, 풍진 등
③ **리케차** : 양충병쯔쯔가무시, 발진열, 록키산홍반열, 발진티푸스 등
④ **진균(사상균, 곰팡이)** : 무좀, 칸디다증 등
⑤ **스피로헤타** : 매독, 재귀열, 렙토스피라증(와일씨병), 서교증 등
⑥ **클라미디아** : 비임균성 요도염, 자궁경부염, 트라코마 감염 등
⑦ **기생충** : 원충류, 선충류, 조충류, 흡충류 등

6 병원소

(1) 인간 병원소

① **감염자** : 균이 침입된 감염자
② **현성 감염자** : 균이 증상으로 나타난 감염자
③ **불현성 감염자** : 균이 증식하고 있으나 아무런 증상이 나타나지 않은 감염자
④ **건강 보균자**불현성 보균자

- 증상이 없으면서 균을 보유하고 있는 자로서 보건관리가 가장 어려운 보균자
- 디프테리아, 폴리오, 일본뇌염, 유행성 수막염 등

과년도 기출예제

Q1 다음 중 병원소에 해당하지 않는 것은?
A1 물
→ 흙, 가축, 보균자

Q2 다음 중 감염병 관리상 가장 중요하게 취급해야 할 대상자는?
A2 건강 보균자

⑤ **잠복기 보균자**발병 전 보균자
- 증상이 나타나기 전에 균을 보유하고 있는 보균자
- 디프테리아, 홍역, 백일해, 유행성 이하선염 등

⑥ **병후 보균자**만성회복기 보균자
- 균을 지속적으로 보유하고 있는 보균자
- 이질, 장티푸스, 디프테리아, 파라티푸스 등

(2) 동물 병원소

① **소** : 탄저병, 결핵, 파상열, 살모넬라증 등
② **돼지** : 탄저병, 파상열, 일본뇌염, 살모넬라증 등
③ **말** : 탄저병, 유행성 뇌염, 살모넬라증 등
④ **양** : 탄저병, 파상열, 브루셀라증 등
⑤ **쥐** : 페스트, 발진열, 살모넬라증, 서교증, 유행성 출혈열, 렙토스피라증와일씨병, 양충병쯔쯔가무시 등
⑥ **고양이** : 살모넬라증, 톡소플라스마증, 서교증 등
⑦ **개** : 광견병공수병, 톡소플라스마증 등
⑧ **닭, 오리** : 조류인플루엔자 등
⑨ **토끼** : 야토증 등

7 병원소로부터 병원체의 탈출

(1) 호흡기계 탈출

① 기침, 재채기, 침, 가래 등으로 탈출
② 디프테리아, 결핵, 홍역, 백일해, 천연두, 유행성 이하선염, 두창, 인플루엔자, 폐렴 등

과년도 기출예제
Q 다음 감염병 중 호흡기계 감염병에 속하는 것은?
A 디프테리아

(2) 소화기계 탈출

① 분변, 구토물 등으로 탈출
② 파라티푸스, 장티푸스, 세균성 이질, 콜레라, 폴리오, 유행성 간염, 파상열 등

(3) 비뇨생식기계 탈출

① 소변, 성기 분비물 등으로 탈출
② 매독, 임질, 연성하감 등

(4) 개방병소로 직접 탈출

① 피부병, 피부의 상처, 농양 등으로 직접 탈출
② 나병(한센병) 등

(5) 기계적 탈출

① 이, 벼룩, 모기 등 흡혈성 곤충에서 탈출
② 말라리아, 황열 등

8 병원체의 전파

(1) 직접 전파

① **호흡기 전파**

- 재채기 등의 오염된 공기로 전파되는 비말 감염
- 홍역, 결핵, 폐렴, 인플루엔자, 성홍열, 백일해, 유행성 이하선염 등

② **혈액, 성매개 전파**

- 혈액이나 신체 접촉을 통한 성병으로 전파되는 감염
- 후천성 면역결핍증AIDS, B형 감염, 매독, 임질 등

(2) 절지동물 매개 전파 간접 전파

① **진드기** : 양충병쯔쯔가무시, 유행성 출혈열, 재귀열, 발진열

② **모기** : 일본뇌염, 말라리아, 뎅기열, 황열, 사상충

③ **파리** : 장티푸스, 이질, 콜레라, 파라티푸스, 결핵, 디프테리아

④ **바퀴** : 장티푸스, 이질, 콜레라, 소아마비

⑤ **벼룩** : 발진열, 페스트

⑥ **이** : 발진티푸스, 재귀열

(3) 무생물 매개 전파 간접 전파

① **비말 감염**포말

- 디프테리아, 성홍열, 인플루엔자, 결핵, 백일해, 폐렴, 유행성 감기 등
- 눈, 호흡기 등으로 전파
- 비말핵이 먼지와 섞여 공기를 통해 전파

② **수인성 감염**수질, 식품

- 세균성 이질, 콜레라, 장티푸스, 파라티푸스, 폴리오, 장출혈성 대장균 등
- 인수사람, 가축의 분변으로 오염되어 전파
- 쥐 등으로 병에 걸린 동물에 의해 오염된 식품으로 전파
- 단시일 이내에 환자에게 폭발적으로 일어나며 발생률·치명률이 낮음

③ **토양 감염**

- 파상풍, 가스괴저병 등
- 오염된 토양에 의해 피부의 상처 등으로 감염

④ **개달물 감염**

- 결핵, 트라코마, 두창, 비탈저, 디프테리아 등
- 수건, 의류, 서적, 인쇄물 등의 개달물에 의해 감염

과년도 기출예제

Q 이·미용업소에서 공기 중 비말전염으로 가장 쉽게 옮겨질 수 있는 감염병은?

A 인플루엔자

과년도 기출예제

Q1 파리가 매개할 수 있는 질병과 거리가 먼 것은?

A1 발진티푸스

Q2 절지동물에 의해 매개되는 감염병이 아닌 것은?

A2 탄저

→ 유행성 일본뇌염, 발진티푸스, 페스트

Q3 감염병을 옮기는 질병과 그 매개곤충을 연결한 것으로 옳은 것은?

A3 양충병(쯔쯔가무시) – 진드기

과년도 기출예제

Q 다음 중 수인성 감염병에 속하는 것은?

A 세균성 이질

과년도 기출예제

Q1 다음 중 이·미용실에서 사용하는 타월을 철저하게 소독하지 않았을 때 주로 발생할 수 있는 감염병은?

A1 트라코마

Q2 개달전염과 무관한 것은?

A2 식품

Q3 다음 중 이·미용업소에서 가장 쉽게 옮겨질 수 있는 질병은?

A3 전염성 안질

9 숙주로의 침입

① **호흡기계 침입** : 비말핵 감염기침, 재채기, 공기전파감염
② **소화기계 침입** : 경구 감염구강
③ **비뇨생식기계 침입** : 성기 감염
④ **경피 침입** : 피부 감염
⑤ **기계적 침입** : 유행성 A형 간염은 수혈을 통하여 침입

10 숙주의 감염 면역과 감수성

① **숙주** : 병원체가 옮겨 다니며 기생할 수 있는 대상사람, 동물
② **숙주의 감수성** : 숙주의 저항성인 면역성과 관련
③ 병원체가 숙주에 침입하면 반드시 병이 발생단, 신체 저항력과 면역이 형성되면 병이 발생하지 않을 수 있음
④ 감수성이 높으면 질병 발병이 많고 면역력이 높으면 질병이 발생하지 않음
⑤ 감수성 지수가 높으면 면역성이 떨어지고 감수성 지수가 낮으면 면역성이 높아짐
⑥ **감수성 지수** : 홍역·두창(95%), 백일해(60~80%), 성홍열(40%), 디프테리아(10%), 폴리오(0.1%)

11 면역

(1) 선천적 면역

태어날 때부터 개인적 차이에 의해 자연적으로 가지고 형성되는 면역

(2) 후천적 면역

① **자연 능동면역** : 각종 질환 이후 형성되는 면역
- 질병이환 후 영구 면역 : 홍역, 수두, 장티푸스, 콜레라, 백일해, 유행성 이하선염(볼거리), 두창, 황열, 페스트
- 불현성감염 후 영구 면역 : 일본뇌염, 소아마비(폴리오)
- 질병이환 후 약한 면역 : 디프테리아, 세균성 이질, 인플루인자, 폐렴, 수막구균성 수막염
- 감염면역만 형성 : 매독, 임질, 말라리아

> **과년도 기출예제**
> **Q** 감염병 감염 후 얻어지는 면역의 종류는?
> **A** 자연 능동면역

② **인공 능동면역** : 예방접종으로 항체를 만들어 형성되는 면역
- 생균백신 : 결핵, 홍역, 폴리오, 두창, 탄저, 광견병, 황열
- 사균백신 : 장티푸스, 파라티푸스, 콜레라, 백일해, 폴리오, 일본뇌염
- 순화독소 : 파상풍, 디프테리아

> **과년도 기출예제**
> **Q** 장티푸스, 결핵, 파상풍 등의 예방접종으로 얻어지는 면역은?
> **A** 인공 능동면역

③ **자연 수동면역** : 태반이나 수유를 통해 형성되는 면역
④ **인공 수동면역** : 항체주사를 통해 일시적으로 질병에 대응하는 면역

> **과년도 기출예제**
> **Q** 출생 시 모체로부터 받는 면역은?
> **A** 자연 수동면역

(3) 예방접종시기

① **초회 접종** : B형간염(양성-0, 1, 6개월 3회 / 음성-0, 1, 2 또는 0, 1, 6개월 3회)
② **1개월 이내** : BCG(결핵)
③ **2, 4, 6개월** : 폴리오, DPT(디프테리아, 백일해, 파상풍)
④ **12~15개월** : MMR(홍역, 유행성 이하선염, 풍진)

> **과년도 기출예제**
> **Q1** 결핵예방접종으로 사용하는 것은?
> **A1** BCG
>
> **Q2** 다음 중 출생 후 아기에게 가장 먼저 실시하게 되는 예방접종은?
> **A2** B형간염

12 법정 감염병의 종류

(1) 제1급 감염병

에볼라바이러스병, 마버그열, 라싸열, 크리미안콩고출혈열, 남아메리카출혈열, 리프트밸리열, 두창, 페스트, 탄저, 보툴리눔독소증, 야토병, 신종감염병증후군, 중증급성호흡기증후군(SARS), 중동호흡기증후군(MERS), 동물인플루엔자 인체감염증, 신종인플루엔자, 디프테리아

> **과년도 기출예제**
> **Q** 다음 중 제2급 감염병이 아닌 것은?
> **A** 디프테리아

(2) 제2급 감염병

결핵, 수두, 홍역, 콜레라, 장티푸스, 파라티푸스, 세균성 이질, 장출혈성대장균감염증, A형간염, 백일해, 유행성이하선염, 풍진, 폴리오, 수막구균 감염증, b형헤모필루스인플루엔자, 폐렴구균 감염증, 한센병, 성홍열, 반코마이신내성황색포도알균(VRSA) 감염증, 카바페넴내성장내세균목(CRE) 감염증, E형간염, 엠폭스(MPOX)

> **과년도 기출예제**
> **Q** 제2급 감염병에 해당하는 것은?
> **A** 콜레라, 장티푸스

(3) 제3급 감염병

파상풍, B형간염, 일본뇌염, C형간염, 말라리아, 레지오넬라증, 비브리오패혈증, 발진티푸스, 발진열, 쯔쯔가무시증, 렙토스피라증, 브루셀라증, 공수병, 신증후군출혈열, 후천성면역결핍증(AIDS), 크로이츠펠트-야콥병(CJD) 및 변종크로이츠펠트-야콥병(vCJD), 황열, 뎅기열, 큐열, 웨스트나일열, 라임병, 진드기매개뇌염, 유비저, 치쿤구니야열, 중증열성혈소판감소증후군(SFTS), 지카바이러스 감염증, 매독

> **과년도 기출예제**
> **Q** 법정 감염병 중 제3급 감염병에 속하는 것은?
> **A** 황열

(4) 제4급 감염병

인플루엔자, 회충증, 편충증, 요충증, 간흡충증, 폐흡충증, 장흡충증, 수족구병, 임질, 클라미디아감염증, 연성하감, 성기단순포진, 첨규콘딜롬, 반코마이신내성장알균(VRE) 감염증, 메티실린내성황색포도알균(MRSA) 감염증, 다제내성녹농균(MRPA) 감염증, 다제내성아시네토박터바우마니균(MRAB) 감염증, 장관감염증, 급성호흡기감염증, 해외유입기생충감염증, 엔테로바이러스감염증, 사람유두종바이러스 감염증, 코로나바이러스감염증-19

13 기생충 관리

(1) 기생충

① 다른 생물체의 몸속에서 먹이와 환경을 의존하여 기생생활을 하는 무척추동물

② 단세포의 원충, 다세포의 선충류, 조충류, 흡충류

② **숙주** : 기생물이 붙어서 사는 생물

(2) 기생충 관리

① 기생충 질환을 일으키는 발생 원인을 제거

② 유행지역의 역학적 조사와 적극적인 관리 실시

③ 개인 위생관리소독를 철저히 하고 비위생적인 환경을 개선

(3) 원충 단세포의 원생동물

① **질트리코모나스**질편모충

- 원인 : 화장실 변기, 목욕탕, 불건전한 성행위, 타월로 인해 감염
- 감염 : 비뇨생식기계에 기생
- 증상 : 질염, 성병
- 관리 : 불건전한 성 접촉위생관리에 주의

② **이질아메바**

- 원인 : 물로 인해 감염
- 감염 : 장에 기생
- 증상 : 급성 이질, 대장염, 설사병, 복통 등
- 관리 : 물을 끓여서 음용하고 상하수도와 토양 위생관리

③ **말라리아**학질

- 원인 : 말라리아 원충에 감염된 모기
- 감염 : 모기 침이 백혈구 안에서 분열, 증식, 기생
- 증상 : 오한, 발열, 발한, 빈혈, 두통, 합병증 발생
- 관리 : 야간 외출 삼가, 모기 기피제 및 모기장 사용

(4) 선충류 감염률이 가장 높음

① **회충**

- 원인 : 토양, 물, 채소로 인해 감염
- 감염 : 소장에 기생
- 증상 : 복통, 구토, 장염
- 관리 : 채소를 익혀서 섭취, 분뇨, 토양의 위생관리

② **요충**

- 원인 : 물, 집단감염의복, 침구류 전파, 소아감염이 잘 되는 인구밀집지역에 많이 분포
- 감염 : 충수, 맹장, 요충이 소장 하루, 직장에 기생
- 증상 : 습진, 피부염, 소화장애, 신경증상, 항문의 가려움증
- 관리 : 개인 위생관리, 의복, 침구류 등 소독

③ **구충**십이지장충

- 원인 : 경피 감염십이지장충, 아메리카구충
- 감염 : 소장 상부에 기생
- 증상 : 피부염, 채독증, 빈혈, 이명증
- 관리 : 채소를 익혀서 섭취, 분뇨와 토양의 위생관리

④ **사상충**말레이사상충

- 원인 : 모기로 감염인도, 말레이시아 등 특정지역에 국한되어 유행하며 상피병이라 함
- 감염 : 림프관과 림프선에 기생
- 증상 : 근육통, 두통, 고열, 림프관염, 상피증
- 관리 : 야간 외출 삼가, 모기 기피제 및 모기장 사용

⑤ **선모충**

- 원인 : 날고기 섭취로 인한 감염
- 감염 : 선모충이 근육, 간, 소장에 기생
- 증상 : 근육통, 두통, 발열
- 관리 : 육류 냉동보관, 익혀서 섭취

⑥ **아니사키스충**고래회충

- 원인 : 해산어류의 생식으로 인한 감염오징어, 고등어 등
- 감염 : 위장에 기생
- 증상 : 구토, 복통
- 관리 : 해산어류 24시간 냉동보관, 익혀서 섭취, 내장은 섭취 자제

(5) 조충류

① **유구조충증**갈고리촌충

- 원인 : 돼지고기
- 감염 : 소장에 기생
- 증상 : 복통, 설사, 만성소화기 장애, 신경증상, 식욕부진
- 관리 : 돼지고기를 익혀서 섭취

② **무구조충증**민촌충

- 원인 : 소고기
- 감염 : 소장에 기생
- 증상 : 복통, 설사
- 관리 : 소고기를 익혀서 섭취

③ **긴촌충증**광절열두조충

- 원인 : 제1숙주 물벼룩, 제2숙주 연어, 송어
- 감염 : 소장에 기생
- 증상 : 복통, 설사, 빈혈
- 관리 : 민물고기를 익혀서 섭취

과년도 기출예제

Q 다음 기생충 중 송어, 연어 등의 생식으로 주로 감염될 수 있는 것은?

A 긴촌충증

(6) 흡충류

① **간흡충**간디스토마증
- 원인 : 제1숙주 우렁이, 제2숙주 잉어, 참붕어, 피라미
- 감염 : 간의 담도에 기생
- 증상 : 소화불량, 설사, 담관염
- 관리 : 민물고기를 익혀서 섭취

② **폐흡충**폐디스토마증
- 원인 : 제1숙주 다슬기, 제2숙주 게, 가재
- 감염 : 폐에 기생
- 증상 : 기침, 객담, 객혈
- 관리 : 게, 가재를 익혀서 섭취

과년도 기출예제

Q 폐흡충 감염이 발생할 수 있는 경우는?

A 가재를 생식했을 때

③ **요코가와흡충**
- 원인 : 제1숙주 다슬기, 제2숙주 은어, 숭어
- 감염 : 소장에 기생
- 증상 : 설사, 장염
- 관리 : 은어, 숭어를 익혀서 섭취

3 가족 및 노인보건

1 인구보건

(1) 인구

① 일정기간 동안 일정한 지역에서 생존하는 인간의 집단

② **인구 조사** : 일정기간의 인구의 규모와 구조변동에 관한 조사로서 인구동태출생, 사망, 전입 및 전출 등, 인구증가자연증가, 사회증가를 조사하는 것

③ **인구 정태** : 일정지역 내의 인구는 끊임없이 변동되고 있지만, 일정시점에서 조사하면 여러 가지 내용으로 분류되는데, 조사 시점에 있어서 인구의 상태를 말함

④ **인구 문제** : 인구의 구성과 인구 수, 지역적 분포 등 인구 현상에 있는 모든 변화에 의하여 발생

과년도 기출예제

Q 인구통계에서 5~9세 인구란?

A 만5세 이상~만10세 미만 인구

(2) 인구구성형태 인구모형

① **피라미드형**
- 후진국형인구증가형
- 출생률 증가, 사망률 감소
- 14세 이하 인구가 65세 이상 인구의 2배 이상인 형태

② **종형**
- 이상적인형인구정지형
- 출생률과 사망률이 낮은 형
- 14세 이하 인구가 65세 이상 인구의 2배 정도인 형태

과년도 기출예제

Q 인구구성 중 14세 이하가 65세 이상 인구의 2배 정도이며 출생률과 사망률이 모두 낮은 형은?

A 종형

③ **항아리형**방충형

- 선진국형인구감퇴형
- 출생률이 사망률보다 낮은 형
- 14세 이하 인구가 65세 이상 인구의 2배 이하인 형태

④ **별형**

- 도시형인구유입형
- 생산연령 인구 증가
- 생산인구가 전체인구의 50% 이상인 형태

⑤ **호로형**표주박형

- 농어촌형인구감소형
- 생산연령 인구 감소
- 생산인구가 전체인구의 50% 미만인 형태

과년도 기출예제

Q 일명 도시형, 유입형이라고도 하며 생산층 인구가 전체 인구의 50% 이상이 되는 인구 구성의 유형은?

A 별형

2 가족보건

(1) 가족계획

① 모자보건법산아제한에 의하면 출산의 시기 및 간격을 조절

② 출생 자녀수도 제한하고 불임증 환자를 진단 및 치료하는 것

③ 초산 연령(20~30세), 단산 연령(35세 이전)을 조절, 출산횟수 조절(임신간격 약 3년)

④ 영·유아 보건을 위한 가족계획 : 신생아 및 영아의 건강상태, 유전인자, 모성의 연령, 출산의 터울, 주거 등의 환경요인

⑤ 모성 및 영·유아 외의 가족계획 : 여성의 사회생활을 고려하여 가정 경제 및 조건에 적합한 자녀 수를 출산

(2) 조출생률

① 인구 1,000명에 대한 연간 출생아 수

② 가족계획 사업의 효과 판정 상 유력한 지표

$$\text{조출생률} = \frac{\text{연간 출생아 수}}{\text{그 해의 인구}} \times 1,000$$

3 모자보건

(1) 모자보건

① **정의** : 모성 및 영·유아의 건강을 유지, 증진시키는 것12~44세 이하의 임산부 및 6세 이하의 영·유아를 대상

② **모자보건 지표** : 영아사망률, 주산기사망률, 모성사망률

③ **모성보건 3대 사업 목표** : 산전관리, 산욕관리, 분만관리

(2) 영·유아보건

① 태아 및 신생아, 영·유아를 대상
② **초생아** : 출생 1주 이내
③ **신생아** : 출생 4주 이내
④ **영아** : 출생 1년 이내
⑤ **유아** : 만 4세 이하
⑥ **우리나라 영·유아 사망의 3대 원인** : 폐렴, 장티푸스, 위병

(3) 임산부의 주요 질병

① **유산** : 임신 28주(7개월)까지의 분만
② **조산** : 임신 28~38주의 분만
③ **사산** : 죽은 태아의 분만
④ **조산아** : 2.5kg 이하(미숙아)
⑤ **임신중독증** : 페부종, 고혈압, 간·콩팥기능 이상, 시야 장애 등 원인
⑥ **자궁 외 임신** : 난관의 손상에 의해 발생, 결핵성 난관염, 인공유산 후의 염증, 임균성 등의 원인
⑦ **분만시 이상출혈** : 자궁파열, 경부나 질의 열상, 회음열상, 태반인자, 혈소판 감소증 등의 원인
⑧ **분만전 이상출혈** : 자궁 경부 정맥류, 탯줄의 기시부 이상 등의 원인
⑨ **산욕기 이상출혈** : 자궁근 무력증, 산도열상, 잔류 태반 등 태반 이상의 원인
⑩ **산욕열 및 감염** : 산욕기(출산 6~8주 사이) 감염에 의한 심한 발열 현상으로 고열과 오한이 생기는 증세

(4) 모유수유

① 수유 전 산모의 손을 씻어 감염을 예방
② 모유에는 림프구, 대식세포 등의 백혈구가 들어 있어 각종 감염으로부터 장을 보호하고 설사를 예방하는 데 큰 효과
③ 초유는 영양가가 높고 면역체가 있으므로 아기에게 반드시 먹이도록 함

과년도 기출예제
Q 모유수유에 대한 설명으로 옳지 않은 것은?
A 모유수유를 하면 배란을 촉진시켜 임신을 예방하는 효과가 없음

4 성인보건

① 성인과 노인에게 많이 발생
② 식습관, 운동습관, 흡연, 음주 등의 생활습관
③ 고혈압, 당뇨병, 비만, 동맥경화증, 협심증, 심근경색증, 뇌졸증, 퇴행성관절염, 폐질환, 간질환 등

5 노인보건

① 노인 : 노인의 평균수명 연장으로 질병과 장애 발병률이 높아지고 있음
② 고령화 사회진입, 노인질환 급증, 국민 총 의료비 증가 등의 이유로 노인보건 필요
③ 의료비, 소득 감소 등의 경제적인 문제, 소외의 문제 등 노인문제 발생
④ 의료지원, 사회복지, 사회활동 등의 지원 및 문제 해결방안 모색 요구

4 환경보건

1 환경위생

(1) 세계보건기구환경위생전문위원회의 환경위생

인간의 신체 발육과 건강 및 생존에 유해한 영향을 미치거나 미칠 가능성이 있는 모든 환경 요소를 관리

(2) 환경위생의 범위

① **자연적 환경**

- 우리 생활에 필요한 물리적 환경
- 공기 : 기온, 기습, 기류, 기압, 매연, 가스 등
- 물 : 강수, 수량, 수질관리, 수질오염, 지표수, 지하수 등
- 토지 : 지온, 지균, 쓰레기 처리 등
- 소리 : 소음 등

② **사회적 환경**

- 우리 생활에 직·간접으로 영향을 주는 환경
- 정치, 경제, 종교, 인구, 교통, 교육, 예술 등

③ **인위적 환경**

- 외부의 자극으로부터 인간을 보호하는 환경
- 의복, 식생활, 주택, 위생시설 등

④ **생물학적 환경**

- 동·식물, 미생물, 설치류, 위생 해충 등이 갖는 환경
- 구충구서 : 곤충, 해충(파리, 모기) 등

과년도 기출예제

Q 오늘날 인류의 생존을 위협하는 대표적인 3요소는?

A 인구, 환경오염, 빈곤

과년도 기출예제

Q 자연적 환경요소에 속하지 않는 것은?

A 위생시설

→ 기온, 기습, 소음

(3) 기후의 3대 요소

① **기온**

- 18±2℃
- 쾌적 온도 : 18℃
- 실·내외 온도차 : 5~7℃

② **기습**

- 40~70%
- 쾌적 습도 : 60%

③ **기류**

- 실내 0.2~0.3m/sec
- 실외 1m/sec
- 쾌적 기류 : 1m/sec
- 불감 기류 : 0.5m/sec 이하

과년도 기출예제

Q 일반적으로 이·미용업소의 실내 쾌적 습도 범위로 가장 알맞은 것은?

A 40~70%

(4) 온열조건

기온, 기습, 기류, 복사열

2 대기환경

(1) 공기

① **정의** : 지구를 둘러싸고 있는 대기를 구성하는 기체로, 지구상 생물 존재에 꼭 필요한 역할을 하는 요소

② **성분** : 산소(O_2) 21%, 질소(N_2) 78%, 이산화탄소(CO_2) 0.03%

(2) 대기오염

① 대기 중 고유의 자연 성질을 바꿀 수 있는 화학적, 물리적, 생리학적 요인으로 인한 오염

② 실내공기 오염의 지표 : 이산화탄소(CO_2)

③ 대기오염의 지표 : 이산화황(SO_2), 아황산가스, 아황산무술

④ 오존층 파괴의 대표 가스 : 염화불화탄소(CFC)

(3) 질소(N_2)

① 공기 중의 약 78%를 차지

② 비독성 가스이며 고압에서는 마취 현상이 나타남

③ 고기압 환경이나 감압 시에는 모세혈관에 혈전이 나타남감압병, 잠함병

(4) 산소(O_2)

① 공기 중의 약 21% 차지

② 산소 농도가 10% 이하일 경우 호흡곤란 증상, 7% 이하일 경우 질식

(5) 이산화탄소(CO_2)

① 공기 중의 약 0.03% 차지

② 실내공기 오염의 지표

③ 지구 온난화 현상의 원인이 되는 대표가스

④ 기체상을 탄산가스라고 함

⑤ 무색, 무취, 비독성 가스 기체

⑥ 실내의 이산화탄소의 최대허용량상한량 : 0.1%(1000ppm)

⑦ 7%에서는 호흡곤란, 10% 이상일 경우 사망

⑧ 실내에 이산화탄소 증가 시 온도와 습도가 증가하여 무더우며 군집독 발생

> **과년도 기출예제**
> **Q** 다음 중 실내공기 오염의 지표로 널리 사용되는 것은?
> **A** CO_2

(6) 일산화탄소(CO)

① 탄소의 불완전 연소로 생성되는 무색, 무취의 기체

② 산소와 헤모글로빈의 결합을 방해하여 세포와 신체조직에서 산소 부족현상을 나타냄

③ 호흡기로 흡입되어 체내에 침범하면 두통, 현기증, 중추신경계손상, 질식현상을 나타냄

(7) 이산화황(SO_2)

① 아황산가스, 아황산무수물이라고도 함
② 황과 산소의 화합물로서 황이 연소할 때 발생하는 무색의 기체
③ 최대 허용량상한량 : 0.05ppm
④ 독성이 강하여 공기 속에 0.003% 이상이 되면 식물이 죽음
⑤ 금속을 부속시키며 자극이 강해 기관지, 만성염증, 심폐질환, 합병증을 일으킬 수 있음
⑥ 대기오염의 기준, 도시공해 요인으로 자동차 배기가스, 중유연소, 공장매연 등에서 다량 배출

> **과년도 기출예제**
> **Q** 다음 중 식물에게 가장 피해를 많이 줄 수 있는 기체는?
> **A** 이산화황

(8) 염화불화탄소(CFC)

① 프레온 가스라고 하며 오존층 파괴의 대표 가스
② 냉장고나 에어컨 등의 냉매, 스프레이의 분사제에서 발생
③ 오존이 존재하는 성층권까지 도달하면 오존층을 파괴

(9) 오존(O_3)

① 2차 오염 물질로 광화학 옥시던트를 발생
② 지상 25~30km성층권에 있는 오존층은 자외선 대부분을 흡수
③ 가슴통증, 기침, 메스꺼움, 기관지염, 심장질환, 폐렴 증세 일으킴

(10) 공기의 자정작용

① 공기 자체의 희석작용
② 태양광선의 자외선에 의한 살균작용
③ 강설, 강우에 의한 용해성 가스나 분진 등의 세정작용
④ 산소(O_2), 오존(O_3), 과산화수소(H_2O_2) 등에 의한 산화작용
⑤ 식물의 탄소 동화작용에 의한 이산화탄소(CO_2), 산소(O_2) 교환작용

> **과년도 기출예제**
> **Q** 공기의 자정작용 현상이 아닌 것은?
> **A** 식품의 탄소동화작용에 의한 CO_2의 생산작용

(11) 대기환경현상

① **군집독** : 다수인이 밀폐된 공간에 실내 공기가 물리·화학적 변화를 초래해 불쾌감, 두통, 권태감, 현기증, 구토, 식욕 부진 등을 일으킴
② **온난화 현상** : 지구의 온실효과가 지나쳐서 지구 전체의 온도가 과도하게 상승하는 현상
③ **기온역전현상** : 상부 기온이 하부 기온보다 높아지면서 공기의 수직 확산이 일어나지 않으므로 대기가 안정되지만 오염도는 심함

3 수질환경

(1) 먹는물의 수질기준

① 대장균군 : 100mL 중 검출되지 않아야 함
② 일반세균 : 1mL 중 100CFU 미만
③ 색도 : 5도 미만
④ 탁도 : 1NTU 미만
⑤ 염소이온 : 250mg/L 이하

> **과년도 기출예제**
> **Q** 상수에서 대장균 검출의 주된 의의는?
> **A** 오염의 지표가 됨

⑥ 수온이온농도 : pH 5.8~8.5
⑦ 불소 : 1.5mg/L 이하
⑧ 수은 : 0.001mg/L 이하

> **참고**
> - 상수의 수질오염 분석 시 대표적인 생물학적 지표 : 대장균
> - 하수의 오염도를 나타내는 수질오염 지표 : BOD

(2) 물의 경도

① 물속에 녹아있는 칼슘과 마그네슘의 총량을 탄산칼슘의 양으로 환산하여 표시
② 경도는 물속에 함유되어 있는 경도 유발물질에 의해 나타나는 물의 세기

> **과년도 기출예제**
> **Q** 소독제를 수돗물로 희석하여 사용할 경우 가장 주의해야 할 점은?
> **A** 물의 경도

③ 물 1L 중 1mg의 탄산칼슘이 들어있을 때를 경도 1도라고 함
④ 경도가 높은 물은 산뜻하지 않은 진한 맛, 낮은 경우에는 담백하고 김빠진 맛이 남
⑤ 소독제를 수돗물로 희석하여 사용할 경우 경도에 주의
⑥ **붕사** : 경수를 연수로 만드는 약품
⑦ 수돗물이 경도가 높으면 소독제와 불활성 효과, 즉 침전 상태가 될 수 있으므로 주의
⑧ **경수**센물 : 경도 10 이상의 물로서 칼슘, 마그네슘이 많이 포함되어 거품이 잘 일어나지 않고 뻣뻣하여 세탁, 목욕용으로는 부적합
⑨ **연수**단물 : 경도 10 이하의 물로서 수돗물이 대표적이며 세탁, 생활용수, 보일러 등에 사용

(3) 정수법

① **수질검사** : 물리적·화학적 검사, 현장조사, 세균학적 검사, 생물학적 검사
② **수질 자정작용** : 희석작용, 침전작용, 일광 내 자외선에 의한 살균작용, 산화작용, 생물의 식균작용 등
③ **인공정수과정**

침전 → 여과 → 소독 → 배수 → 급수

④ 완속사 여과는 보통침전법을 사용하고 급속사 여과는 약물침전법을 사용

(4) 용존산소량 DO

① 물속에 용해되어 있는 유리산소량인 용존산소
② 5ppm 이상
③ 용존산소가 낮으면 오염도가 높음
④ 적조현상 등으로 생물의 증식이 높으면 용존산소량이 낮음
⑤ 4mg/L 이하일 때 어류는 생존 불가능

(5) 생물화학적산소요구량 BOD

① 미생물에 의해 분해되어 안정화되는 데 소비되는 산소량
② 5ppm 이하
③ 생물학적 산소요구량이 높으면 오염도가 높음
④ 하수의 수질오염지표

(6) 화학적산소요구량 COD

물속의 유기물을 무기물로 산화시킬 때 필요로 하는 산소요구량

(7) 부유물질 SS

① 불용해성 물질과 미소물질을 측정한 것
② 여과나 원심분리에 의해 분리되는 0.1 μ 이상의 입자이며 현탁물질이라고도 함

(8) 하수처리 과정

예비처리 → 본처리 → 오니처리

① **예비처리**1차
- 일반적으로 보통침전을 함
- 약품침전을 할 때에는 황산알루미늄이나 황산철 등을 섞어서 사용

② **본처리**2차

혐기성 처리	• 무산소 상태에서 혐기성 균을 이용하여 유기물을 환원·분해하는 방법 • 암모니아·아미노산 생성, 황화물 분해, 황화수소·메르캅탄 등의 화합물을 생성시키는 과정 • 부패조법, 희석방류법, 임호프탱크법 등에 의해 처리
호기성 처리	• 호기성균에 의해 하수 중의 부유물질을 산화·분해하는 방법 • 이산화탄소 발생 • 살수여과법, 산화지법, 활성오니법 등에 의해 처리

③ **오니처리**
- 배수, 배기가스로 환경에 배출되는 오염물질을 고형물화하여 안전하게 복수시킴
- 침전에 의해 분리한 활성오니의 일부는 반송되는데, 육상투기법, 해양투기법, 퇴비법, 소각법, 사상건조법, 소화법 등의 의해 일반적으로 처리
- 오니의 종류나 지역의 특성에 따라 처리방법에 차이가 있음

(9) 오물처리

① **폐기물** : 소각법, 매립법, 퇴비법 등
② **분뇨처리** : 정화조이용법, 해양투기법, 화학제 처리법, 비료화법 등
③ **쓰레기처리** : 소각법, 매립법, 비료화법, 사료법 등

과년도 기출예제
Q 일반폐기물 처리방법 중 가장 위생적인 방법은?
A 소각법

(10) 수질 오염 물질

① **유기물질** : BOD, COD수치 높음, DO수치 낮음
② **화학적 유해물질** : 수은, 납, 알칼리, 농약, 카드뮴, 시안, 산 등
③ **병원균** : 장티푸스, 세균성 이질, 콜레라, 감염성 간염, 살모넬라
④ **부영양화 물질** : N·P계 물질, 적조·녹조 현상
⑤ **현탁 고형물** : 난분해성 물질, 경성세제, PCB, DDT

(11) 수질 오염 피해

① **수은 중독(Hg)**
- 메틸수은 폐수에 오염된 어패류 섭취로 발생
- 미나마타병 : 수은 중독, 언어장애, 청력장애, 시야협착, 사지마비 등 증상

② **카드뮴 중독(Cd)**
- 지하수나 지표수에 오염되어 축적된 농산물 섭취로 발생
- 이타이이타이병 : 카드뮴 중독, 골연화증, 신장기능 장애, 보행 장애 등 증상

③ **납 중독(Pb)** : 빈혈, 신경마비, 뇌 중독 증상
④ **PCB 중독** : PCB를 사용한 제품을 소각할 때 대기 중으로 확산되어 들어갔다가 빗물 등에 섞여서 토양, 하천 등으로 흘러 발생
⑤ **기타** : 수인성 감염병, 기생충성 질환, 수도열, 농작물의 고사, 어패류의 사멸, 상수·공업용수의 오염

(12) 수질오염 개선 및 방지대책

① 하수도 정비촉진, 공장폐수 처리, 도시 수세식 변소의 시설관리 개선
② 불법투기 금지 조치, 해수오염 방지대책 마련 및 공장폐수 오염실태 파악 후 지역 개발의 사전 대책

4 산업환경

(1) 산업보건

① 산업현장의 산업종사자에 대한 육체적·정신적·사회적 안녕을 최고도로 증진·유지시키는 것을 목적
② 산업종사자뿐만 아니라 생산과 직결되어 기업의 손실 방지, 근로자의 건강과 안전을 위해서도 중요

(2) 산업재해 지수

① 재해통계는 항목과 내용, 재해요소가 정확하게 파악되며, 이에 따른 재해방지대책을 세우게 됨
② 재해의 지수로서 도수율과 강도율을 표준으로 재해의 발생빈도와 재해의 결과의 정도를 뜻함

(3) 산업재해의 보상

① 산재보상보험의 적용 사업장규모는 5인 이상의 사업체
② 산재보상보험법에서는 경영주체가 정부이고 각 사업장의 사업주가 이에 가입하여 보험금을 지불 규정
③ 업무상 재해 인정 범위는 업무상 사유에 의한 부상, 질병, 신체장애 또는 사망의 범위
④ 보험급여의 종류에는 요양급여, 휴업급여, 장해급여, 유족급여, 장의비 등

(4) 산업종사자와 질병

① **잠함병, 잠수병, 감압증** : 해녀, 잠수부
② **난청** : 항공정비사
③ **근시안** : 식자공
④ **고산병** : 파일럿, 승무원
⑤ **참호족, 동상, 동창** : 냉동고 취급자
⑥ **진폐증** : 광부
⑦ **규폐증** : 석공
⑧ **납중독** : 인쇄공
⑨ **석면폐증** : 석면 취급자
⑩ **탄폐증** : 연탄 취급자
⑪ **조혈 기능 장애, 백혈병, 생식 기능 장애** : 방사선 취급자
⑫ **열피로, 열사병, 열경련** : 제철소, 용광로 작업자
⑬ **안구진탕증, 근시, 피로** : 불량조명 사용자
⑭ **레이노이드** : 진동 작업자

5 주거환경

(1) 주택 4대 조건

① **건강성** : 한적하고 교통이 편리하고, 공해를 방생시키는 공장이 없는 환경
② **안전성** : 남향 또는 동남향, 서남향의 지형이 채광에 적절
③ **가능성** : 지질은 건조하고 침투성이 있는 오물의 매립지가 아니어야 함
④ **쾌적성** : 지하 수위가 1.5~3m 정도로 배수가 잘되는 곳, 실내·외 온도 차이 5~7℃

(2) 자연조명 조건

① 하루 최소 4시간 이상의 일조량
② 창의 면적은 방바닥 면적의 1/7~1/5 정도
③ 창의 방향은 조명의 균등을 요하는 네일숍은 동북향 또는 북창방향
④ 태양을 광원으로 연소산물이 없고 조도 평등으로 인해 눈의 피로도가 적어야 함
⑤ 주광률은 1% 이상

(3) 인공조명 조건

① 비싸지 않아야 함
② 유해가스가 발생되지 않아야 함
③ 광색은 주광색에 가까운 간접조명이 좋음
④ 충분한 조도를 위해 좌상방에서 조명이 비춰줘야 함
⑤ 열의 발생이 적고, 폭발이나 발화의 위험이 없어야 함

과년도 기출예제

Q 인공조명을 할 때 고려사항 중 틀린 것은?
A 균등한 조도를 위해 직접조명이 되도록 해야 함

(4) 소음피해 조건

① 불쾌감, 불안증, 교감신경의 작용으로 인한 생리적 장애
② 소음의 크기, 주파수, 폭로기간에 따라 다름
③ 청력장애, 수면방해, 맥박 수·호흡 수 증가, 대화 방해 및 작업능률의 저하

5 식품위생과 영양

1 식품위생

(1) 식품위생의 정의

식품의 재배, 생산, 제조로부터 인간이 섭취할 때까지의 모든 단계에 걸쳐 식품의 안전성, 완전 무결성 및 건전성을 확보하기 위한 모든 수단

(2) 식품위생 관리 3대 요소

① **안전성** : 가장 중요한 요소
② **건강성** : 영양소의 적절한 함유
③ **건전성** : 식품의 신선도

(3) 식품위생의 목적

① 식품으로 인한 위생상의 위해를 방지
② 식품 영양의 질적 향상 도모
③ 국민보건의 향상과 증진에 이바지

(4) 식품의 변질

① **변질** : 품질이 변화함으로써 영양소가 파괴되고 맛과 향이 손실되어 식용에 부적합해지는 현상
② **산패** : 지방류의 유기물이 공기에 의해 산화되어 악취가 발생하는 현상
③ **부패** : 혐기성균 속의 번식에 의해 단백질 분해가 일어나고 식용에 부적합해지는 현상
④ **변패** : 지방이나 탄수화물이 변질되는 현상
⑤ **발효** : 탄수화물이나 단백질이 미생물에 의해 분해되어 더 좋은 상태로 발현
⑥ **후란** : 호기성 세균이 단백질 식품에 작용하여 변질

(5) 식품 보존방법

① **물리적** : 건조법, 냉동법, 냉장법, 가열법, 밀봉법, 통조림법, 자외선 및 방사선 조사법
② **화학적** : 절임법, 보존료 첨가법, 훈증법, 훈연법
③ **생물학적** : 세균, 곰팡이, 효모의 작용으로 식품을 저장하는 방법

2 식중독

(1) 식중독의 정의

① 내·외적 환경 영향, 병원성 미생물 등으로 변질된 식품을 섭취하였을 때 일어남

② 곰팡이독·자연독·화학성·세균성 식중독 등으로 분류함

(2) 곰팡이독 식중독

① 원인이 되는 아플라톡신은 황변미와 같은 곡류에서 주로 발생

② 간암을 일으키는 등 강력한 독성

③ **아플라톡신** : 땅콩, 옥수수

④ **시트리닌** : 황변미

⑤ **파툴린** : 부패된 사과

(3) 자연독 식중독

① 식물성 자연독 식중독

독성물질	원인식품	증상
솔라닌	감자	구토, 복통, 설사, 발열, 언어장애 등
무스카린	버섯	위장형 중독, 콜레라형 중독, 신경장애형 중독 등
에르고톡신	맥각류	위궤양 증상, 신경계 증상
시큐톡신	독미나리	구토, 현기증, 경련(심하면 의식불명), 신경중추 마비, 호흡곤란 등
아미그달린	청매	마비증상

과년도 기출예제

Q 솔라닌이 원인이 되는 식중독과 관계가 깊은 것은?

A 감자

② 동물성 자연독 식중독

독성물질	원인식품	증상
테트로도톡신	복어	사지마비·언어장애·운동장애 발생, 구토, 의식불명 등
삭시톡신	조개류	신체마비, 호흡곤란 등
베네루핀	조개류	출혈반점, 혈변, 혼수상태 등

(4) 화학물질 식중독

① **식품첨가물** : 착색제, 방향제, 표백제, 산화방지제, 유화제, 발색제, 소포제

② **유해금속** : 납, 아연, 구리, 비소, 수은, 카드뮴

③ **농약** : 채소, 과일, 곡류 표면 잔류로 인한 식중독

④ **용기** : 공업용 색소를 사용한 합성수지, 비위생적 포장지

(5) 감염형 세균성 식중독

① 세균 자체에 의해 식중독 유발

② **살모넬라**

- 원인 : 오염된 육류, 알, 두부, 유제품
- 잠복기 : 12~48시간
- 증상 : 발열, 두통, 설사, 복통, 구토
- 관리 : 도축장 위생, 식육류 안전보관, 식품의 가열

③ **장염비브리오**

- 세균성 식중독의 60~70% 차지
- 원인 : 오염된 어패류 등
- 잠복기 : 1~26시간
- 증상 : 급성위장염, 복통, 설사, 구토, 혈변
- 관리 : 생어패류 생식금지, 조리기구 위생관리

④ **병원성 대장균**

- 원인 : 오염된 음식물 섭취
- 잠복기 : 10~30시간
- 증상 : 두통, 구토, 설사, 복통
- 관리 : 식수, 분변에 의한 음식물 오염 예방

(6) 독소형 세균성 식중독

① 식품에 침입한 세균이 분비하는 독소에 의해 식중독 유발

② **포도상구균**

- 원인균 : 엔테로톡신
- 잠복기 : 1~6시간
- 증상 : 급성위장염, 구토, 복통, 설사, 타액 분비 증가
- 관리 : 화농성 질환자의 식품취급 금지

③ **보툴리누스균**

- 원인균 : 뉴로톡신
- 잠복기 : 12~36시간
- 증상 : 호흡곤란, 소화기계 증상, 신경계 증상
- 관리 : 혐기성 상태의 위생적 보관, 가공, 가열처리

④ **웰치균**아포균

- 원인균 : 엔테로톡신
- 잠복기 : 10~12시간
- 증상 : 구토, 설사, 위장계 증상
- 관리 : 육류의 위생, 가열

(7) 세균성 식중독과 소화기계 감염병의 차이점

세균성 식중독	소화기계 감염병
• 2차 감염이 거의 없음 • 연령에 의한 역학적 특성이 없음 • 균량, 독소량이 많아야 함 • 원인식품에 의해 발명 • 감염병보다 잠복기간 짧고 면역이 형성되지 않음	• 2차 감염 형성 • 젊은층, 장년층에 주로 발병 • 균량이 적어도 발생 • 숙주에서 숙주로 감염

6 보건행정

1 보건행정

(1) 보건행정의 정의

일반적으로 정부와 공공단체가 국민 또는 지역사회주민의 건강을 유지·향상시키기 위하여 수행하는 행정 활동

(2) 보건행정의 목적

① 지역사회 주민의 올바른 건강 의식과 행동 변화, 생활환경 개선 등을 통해 질병을 예방하며 건강을 증진하여 수명을 연장하는 것

② 행정조직을 통하여 보건활동에 관여 이를 지원, 지도, 협력 및 교육하는 행정적 활동

(3) 보건행정 활동의 4대 요소

조직, 인사, 예산, 법적 규제

(4) 보건행정의 범위

① 보건관련 기록보존

② 대중에 대한 보건교육

③ 환경위생

④ 감염병 관리

⑤ 모자보건

⑥ 의료서비스 제공

⑦ 보건간호

> **과년도 기출예제**
>
> **Q1** 세계보건기구에서 정의하는 보건행정의 범위에 속하지 않는 것은?
>
> **A1** 산업행정
>
> **Q2** 세계보건기구에서 규정한 보건행정의 범위에 속하지 않는 것은?
>
> **A2** 보건통계와 만성병 관리

(5) 보건행정의 특성

① **공공성 및 사회성** : 공공의 이익과 집단 건강을 추구

② **봉사성** : 지속적이고 적극적인 서비스로 봉사

③ **조장성 및 교육성** : 주민들의 참여 및 교육에 관여

④ **과학성 및 기술성** : 지식과 기술이 바탕

> **과년도 기출예제**
>
> **Q** 보건행정의 특성과 거리가 먼 것은?
>
> **A** 독립성과 독창성

(6) 보건행정의 분야 및 보건행정기구

① 미리 정해진 목표를 달성하기 위하여 인적·물적 자원을 활용하여 공적 조직 내에 행해지는 과정의 상호작용

② **관리 과정의 요소** : 기획, 조직, 인사, 지휘, 조정, 보고, 예산 등

③ **기획과정**

전제 → 예측 → 목표 설정 → 행동 계획의 전제 → 체계 분석

(7) 보건행정 사회보장제도

① 실업·질병·사고·정년퇴직 등으로 인한 생계의 위협을 예방

② 출생·사망·혼인 등으로 인한 예외적 지출을 해결하기 위하여 소득을 보장하는 활동이라고 규정함

③ **사회보험** : 소득보장, 의료보장

④ **공적부조** : 기초생활보장, 의료급여

⑤ **사회복지** : 아동, 노인, 장애인, 가정복지

참고 4대 공공 사회보험 제도

의료보험, 국민연금, 고용보험, 산재보험

과년도 기출예제

Q1 자력으로 의료문제를 해결할 수 없는 생활무능력자 및 저소득층을 대상으로 공적으로 의료를 보장하는 제도는?

A1 의료보호

Q2 사회보장의 종류에 따른 내용의 연결이 옳은 것은?

A2 사회보험 – 소득보장, 의료보장

(8) 보건소

보건행정의 합리적인 운영과 국민 보건을 향상시키고 도모하기 위해 전국 시·군·구 단위로 설치된 보건행정기관

2 세계보건기구(WHO)

(1) 주요기능

① 국제 검역대책과 진단 및 검사 기준의 확립

② 국제적인 보건사업과 보건문제의 협의, 규제 및 권고안 제정

③ 보건문제 전문가 및 과학자들의 협력 도모

④ 보건, 의학과 사회보장 향상을 위한 교육, 통계자료 수집과 의학적인 조사연구사업 추진

(2) 세계보건기구(WHO)가 규정한 범위

① 보건자료보건 관련 제 기록의 보존

② 대중에 대한 보건교육

③ 환경위생

④ 감염병 관리

⑤ 모자보건

⑥ 의료

⑦ 보건간호

2절 소독

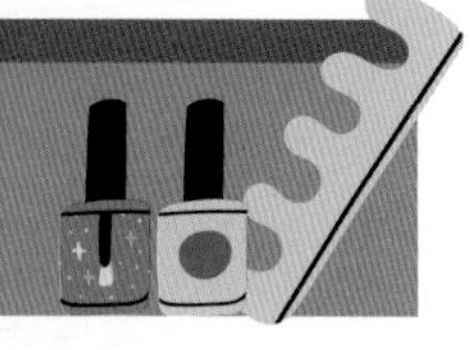

1 소독의 정의 및 분류

1 소독

(1) 소독의 정의

병원미생물을 파괴함으로써 균에 의한 질병의 감염력을 완전히 없애는 것

(2) 소독의 분류

① **멸균** : 살아있는 모든 균을 완전히 없애는 것
② **살균** : 미생물을 급속 사멸시키는 것
③ **소독** : 병원성 미생물을 가능한 제거하여 감염력을 없애는 것
④ **방부** : 병원성 미생물의 증식과 성장을 억제하여 미생물의 부패나 발효를 방지하는 것
⑤ **희석** : 용품이나 기구 등의 이물질을 제거하여 세척하는 것

(3) 소독의 효과

멸균 〉 살균 〉 소독 〉 방부 〉 희석

과년도 기출예제

Q1 미생물의 발육과 그 작용을 제거하거나 정지시켜 음식물의 부패나 발효를 방지하는 것은?
A1 방부

Q2 병원성·비병원성 미생물 및 포자를 가진 미생물 모두를 사멸 또는 제거하는 것은?
A2 멸균

Q3 여러 가지 물리화학적 방법으로 병원성 미생물을 가능한 한 제거하여 사람에게 감염의 위험이 없도록 하는 것은?
A3 소독

2 소독약

(1) 소독제의 구비조건

① 살균력이 강함
② 인체에 무해·무독하여 안전성이 있음
③ 저렴하고 구입이 용이
④ 경제적이고 사용 방법이 용이
⑤ 소독 범위가 넓고, 냄새가 없고, 탈취력이 있음
⑥ 물품의 부식성과 표백성이 없음

과년도 기출예제

Q1 소독제의 구비조건에 해당하지 않는 것은?
A1 용해성이 낮을 것

Q2 소독제의 구비조건과 가장 거리가 먼 것은?
A2 냄새가 강할 것

(2) 소독약의 사용 및 보존상의 주의점

① 온도, 농도가 높고 접촉시간이 길수록 소독효과가 큼
② 소독 대상물의 성질, 병원체의 아포 형성 유무와 저항력을 고려하여 선택
③ 병원 미생물의 종류와 소독의 목적, 소독법, 시간을 고려하여 선택
④ 약제에 따라 사전에 조금 조제해 두고 사용해도 되는 것과 새로 만들어 사용하는 것을 구별하여 사용
⑤ 희석시킨 소독약은 장기간 보관하지 않음
⑥ 밀폐시켜 일광이 직사되지 않는 곳에 보관

과년도 기출예제

Q1 소독제를 사용할 때 주의사항이 아닌 것은?
A1 알코올 사용
→ 취급 방법, 농도 표시, 소독제병의 세균 오염

Q2 소톡세의 사용 및 보존상의 주의점으로 틀린 것은?
A2 부식과 상관이 없으므로 보관 장소에 제한이 없음

⑦ 염소제는 일광과 열에 의해 분해되지 않도록 냉암소에 보관
⑧ 승홍이나 석탄산 같은 약품은 인체에 유해하므로 특별히 주의하여 취급
⑨ 화학제품을 사용할 때는 피부나 눈에 들어가지 않도록 조심할 것
⑩ 화학제품이 쏟아지면 즉시 닦고 사용한 후에는 반드시 손을 닦을 것

(3) 소독약 농도 표기법

① **용액량**

$$용액량 = 용질량(소독약) \times 희석배$$

② **희석배**

$$희석배 = \frac{용액량}{용질량}$$

③ **퍼센트**

$$퍼센트(\%) = \frac{용질량(소독약)}{용액량(용매+용질)} \times 100$$

④ **퍼밀리**

$$퍼밀리(‰) = \frac{용질량(소독약)}{용액량(용매+용질)} \times 1{,}000$$

⑤ **피피엠**

$$피피엠(ppm) = \frac{용질량(소독약)}{용액량(용매+용질)} \times 1{,}000{,}000$$

과년도 기출예제
Q 석탄산 10% 용액 200mL를 2% 용액으로 만들고자 할 때 첨가해야 하는 물의 양은?
A 800mL

2 미생물 총론

1 미생물의 정의

육안으로 보이지 않는 미세한 생물체

2 미생물의 분류

(1) 병원성 미생물

① 인체에 침입하는 미생물
② 박테리아세균, 바이러스, 리케차, 진균, 사상균, 원충류, 클라미디아 등

과년도 기출예제
Q1 다음 중 미생물학의 대상에 속하지 않는 것은?
A1 원시동물

Q2 다음 중 미생물의 종류에 해당하지 않는 것은?
A2 편모

Q3 미생물의 종류에 해당하지 않는 것은?
A3 벼룩

(2) 비병원성 미생물

① 병원성이 없는 인체에 해를 주지 않는 미생물

② 유산균, 효모균, 곰팡이류 등

3 미생물의 증식환경

(1) 온도

① 미생물의 증식과 사멸에 있어 중요한 요소

② 미생물 증식의 최적온도 : 28~38℃

③ **저온균** : 최적온도 10~20℃, 식품 부패균

④ **중온균** : 최적온도 20~40℃, 질병 병원균

⑤ **고온균** : 최적온도 40~80℃, 온천균

(2) 습도 수분

① 미생물은 약 80~90%가 수분

② 몸체를 구성하는 성분이 되며 생리기능을 조절

③ 습도가 높은 환경에서 서식

④ 건조해도 증식하는 세균결핵균과 사멸하는 세균임균, 수막염균이 있음

(3) 영양분

① 미생물의 발육에 필요한 에너지

② 탄소원, 질소원, 무기질 등

(4) 산소

① **호기성균**편성호기성균

- 산소가 필요한 균
- 결핵균, 디프테리아균, 백일해, 녹농균 등

② **혐기성균**편성혐기성균

- 산소가 필요하지 않는 균
- 파상풍균, 보툴리누스균, 가스괴저균

③ **통성혐기성균**

- 산소가 있는 곳과 없는 곳에서도 생육이 가능한 균
- 포도상구균, 살모넬라균, 대장균

> **과년도 기출예제**
> **Q** 호기성 세균이 아닌 것은?
> **A** 파상풍균

(5) 수소이온농도 pH

① pH 6~8중성 또는 약알칼리성에서 미생물의 발육이 가장 잘됨

② 약산성 : 진균, 유산 간균, 결핵균

③ 중성 : 박테리아(세균)

④ 약알칼리성 : 콜레라균, 장염비브리오균

> **과년도 기출예제**
> **Q** 세균 증식에 가장 적합한 최적 수소이온농도는?
> **A** pH 6.0~8.0

(6) 삼투압

① 미생물은 세포막이 있어 내부에 침투 농도와 이온 농도를 조절하는 능력이 있음
② 염분 농도가 높으면 미생물 세포 내의 수분이 빠져나와 세포가 정상적으로 증식할 수 없고 사멸

3 병원성 미생물

1 미생물의 크기

곰팡이 〉 효모 〉 세균 〉 리케차 〉 바이러스

2 바이러스

① 병원체 중 살아있는 세포 속에서만 생존
② 생체 내에서만 증식 가능
③ 핵산 DNA와 RNA 중 하나를 유전체로 가지고 있음
④ 병원체 중에서 가장 작음전자현미경으로 관찰
⑤ 황열바이러스가 인간질병 최초의 바이러스
⑥ 항생제 등 약물의 감수성이 없어 예방접종 및 감염원 접촉을 피하는 것이 최선의 예방방법
⑦ 질병 : 후천성 면역결핍 증후군AIDS, 간염, 홍역, 천연두, 인플루엔자, 광견병, 폴리오, 일본뇌염, 풍진 등

과년도 기출예제

Q1 인체에 질병을 일으키는 병원체 중 대체로 살아있는 세포에서만 증식하고 크기가 가장 작아 전자현미경으로만 관찰할 수 있는 것은?
A1 바이러스

Q2 바이러스의 특성으로 가장 거리가 먼 것은?
A2 항생제에 감수성이 있음

3 세균 박테리아

(1) 세균의 특징

① 미세한 단세포 원핵생물
② 대부분은 동식물의 생체와 사체 또는 유기물에 기생하고 주로 분열로 번식
③ 부패, 식중독, 감염병 등의 원인이며 인간에게 질병을 유발
④ 체내에 감염되면 빠른 속도로 퍼짐
⑤ 공기, 물, 음식 등으로 전염될 가능성이 높기 때문에 위험
⑥ 질병 : 콜레라, 장티푸스, 디프테리아, 결핵, 나병, 백일해, 탄저, 보툴리즘, 페스트 등

(2) 아포

① 불리한 환경 속에서 생존하기 위하여 생성하는 것
② 영양부족, 건조, 열 등의 증식환경이 부적당한 경우 균의 저항력을 높이고 장기간 생존

과년도 기출예제

Q 미생물의 증식을 억제하는 영양의 고갈과 건조 등의 불리한 환경 속에서 생존하기 위하여 세균이 생성하는 것은?
A 아포

(3) 세균의 구조

① **편모** : 균체 표면의 편모는 운동성을 가지며 길이는 2~3㎛로서 항원성을 가짐

② **섬모** : 편모보다 작은 미세한 털로 전자현미경으로 관찰하며 단백질로 구성되며 항원성을 가짐

(4) 세균의 형태에 따른 분류

① **구균**둥근 모양

- 쌍구균 : 2개씩 짝, 폐렴균, 임균
- 연쇄상구균 : 염주알 모양으로 연쇄 구조, 패혈증, 류마티스의 원인균(용혈연쇄상구균)
- 포도상구균 : 포도송이 모양의 배열, 인체의 화농성 질환의 원인균(황색포도상구균)

② **간균**막대 모양

- 형태는 종에 따라 다양 : 대나무 마디 모양, 각진 것, 바늘같이 뾰족한 것, 곤봉모양, 콤마모양 등
- 크기에 따라 차이 : 작은 간균(0.5㎛), 긴 간균(1.5×8㎛) 등
- 디프테리아균, 결핵균, 파상풍균, 장티푸스균, 이질균, 나균(한센균), 백일해균 등

③ **나선균**가늘고 길게 만곡된 모양

- 나선의 크기와 나선 수에 따라 나뉨
- 콜레라균, 매독균 등

4 진균 사상균

① 버섯, 효모, 곰팡이로 분류

② 비병원성으로 인체에 유익한 균도 있음

③ 병원성 진균은 진균증을 일으키며 사상균은 백선의 원인균으로 질병 유발

④ 무좀, 피부질환, 칸디다증 등

5 리케차

① 세균보다 작은 약 0.3㎛의 크기로 생 세포에서만 증식하는 병원성 미생물

② 곤충을 매개로 하여 인체에 침입하고 질환을 일으킴

③ 벼룩, 진드기, 이 등이 옮기는 병균

④ 유행성 발진티푸스, 발진열, 록키산홍반열, 양충병쯔쯔가무시병, 선열 등

6 원충류 원생동물

① 사람, 동물에 기생하며 사람에게 감염성을 나타내는 병원성 미생물

② 동물 중에서 체제가 가장 단순하고, 동물분류상 최하급에 위치에 있음

③ 하나의 세포로 구성된 현미경적 크기의 동물이며 하나의 개체로서 생활

④ 말라리아, 아메바성 이질, 톡소플라스마증, 질트리코모나스증 등

7 클라미디아
① 트라코마 결막 감염 병원체를 대표로 하는 편성 기생충인 병원성 미생물
② 세포 액포 안에서 증식하고 세포질에 들어가지 않음
③ 재감염이 일어남
④ 리케차와 가까운 미생물로 나뉨
⑤ 트라코마, 자궁경부염, 비임균성 요도염 등

4 소독방법

1 소독법의 살균기전
① **단백질 변성작용** : 석탄산, 알코올, 크레졸, 승홍수, 포르말린
② **산화작용** : 오존, 과산화수소, 표백제, 염소, 차아염소산
③ **가수분해작용** : 생석회

> **과년도 기출예제**
> **Q1** 세균의 단백질 변성과 응고작용에 의한 기전을 이용하여 살균하고자 할 때 주로 이용하는 방법은?
> **A1** 가열
>
> **Q2** 살균작용의 기전 중 산화에 의하지 않는 소독제는?
> **A2** 알코올

2 물리적 소독법
(1) 물리적 소독법
① 열이나 수분, 자외선, 여과 등의 물리적인 방법을 이용하는 소독법
② **자외선** : 일광 소독, 자외선 소독기
③ **건열법** : 건열 멸균법, 화염 멸균법, 소각법
④ **습열법** : 자비 소독법, 고압증기 멸균법, 유통증기 멸균법, 간헐 멸균법, 초고온 순간 살균법, 고온 살균법, 저온 살균법
⑤ **비열법** : 여과 멸균법, 초음파 멸균법, 방사선 멸균법

> **과년도 기출예제**
> **Q1** 물리적 소독법에 속하지 않는 것은?
> **A1** 크레졸 소독법
> → 건열 멸균법, 고압증기 멸균법, 자비 소독법
>
> **Q2** 다음 중 이학적(물리적) 소독법에 속하는 것은?
> **A2** 열탕 소독

(2) 일광 소독
① 대상물 : 수건, 침구, 의류 등
② 20분 이상 강한 살균 작용

(3) 자외선 소독기
① 대상물 : 철제 도구, 큐티클 니퍼, 큐티클 푸셔 등
② 2~3시간 이상 자외선에 직접 노출

(4) 건열 멸균법
① 대상물 : 유리, 주사바늘, 글리세린, 도자기, 분말 제품
② 170℃에서 1~2시간 가열하고 멸균 후 서서히 냉각처리

(5) 화염 멸균법

① 대상물 : 금속류, 유리막대, 도자기 등
② 170℃에서 20초 이상 화염 속에서 가열

(6) 소각법

① 대상물 : 오염된 휴지, 환자의 객담, 환자복, 오염된 가운, 쓰레기 등
② 불에 태워 멸균
③ 가장 강력한 방법

(7) 자비 소독법

① 대상물 : 수건, 의류, 금속철제 도구, 도자기, 식기류 등
② 100℃에서 끓는 물에 15~20분 가열
③ 탄산나트륨 1~2% 첨가 시 살균력이 높아지며 금속 손상 방지

(8) 고압증기 멸균법

① 대상물 : 의류, 이불, 거즈, 아포, 고무약액, 금속제품 등
② 고온 고압의 수증기를 미생물과 포자아포에 접촉 사멸
③ 가장 효과적인 소독법
④ 100℃ 이상 고압에서 기본 2기압15파운드으로 20분 가열

(9) 유통증기 멸균법

① 대상물 : 스팀 타월, 도자기, 의류, 식기류 등
② 100℃ 유통증기 30~60분 가열코흐 증기솥 사용

(10) 간헐 멸균법

① 대상물 : 도자기, 금속류, 아포
② 100℃에서 30~60분간 24시간마다 가열처리를 3회 반복하여 멸균
③ 고압증기 멸균에 의해 손상될 위험이 있는 경우 이용

(11) 초고온 순간 살균법

① 대상물 : 유제품
② 130~140℃에서 1~3초간 가열 후 급랭시킴

(12) 고온 살균법

① 대상물 : 유제품
② 70~75℃에서 15초 가열 후 급랭시킴

(13) 저온 살균법

① 대상물 : 유제품, 건조과실 등
② 62~63℃에서 30분간 살균처리
③ 영양성분 파괴를 방지

과년도 기출예제

Q1 자비 소독 시 일반적으로 사용하는 물의 온도와 시간은?
A1 100℃에서 20분간

Q2 금속성 식기, 면 종류의 의류, 도자기의 소독에 적합한 소독 방법은?
A2 자비 소독법

과년도 기출예제

Q1 다음 소독 방법 중 완전 멸균으로 가장 빠르고 효과적인 방법은?
A1 고압증기법

Q2 다음 중 아포(포자)까지도 사멸시킬 수 있는 멸균 방법은?
A2 고압증기 멸균법

Q3 다음 중 살균효과가 가장 높은 소독 방법은?
A3 고압증기 멸균

과년도 기출예제

Q 100℃에서 30분간 가열하는 처리를 24시간마다 3회 반복하는 멸균법은?
A 간헐 멸균법

과년도 기출예제

Q 대장균이 사멸되지 않는 경우는?
A 저온 소독

(14) 여과 멸균법

① 대상물 : 당, 혈청, 약제, 백신 등
② 열에 불안정한 액체의 멸균

(15) 초음파 멸균법

① 대상물 : 액체, 손 소독
② 초음파 파장으로 미생물을 파괴하여 멸균

(16) 방사선 멸균법

① 대상물 : 포장된 물품
② 방사선을 투과하여 미생물을 멸균

3 화학적 소독법

(1) 화학적 소독법

① 네일숍에서 기구 및 도구, 제품 등을 소독할 때 사용되는 화학적 소독제
② 석탄산, 승홍수, 알코올, 머큐로크롬, 포르말린, 크레졸, 역성비누, 과산화수소, 염소, 오존, 생석회, 훈증 소독법, E.O가스 멸균법

(2) 석탄산 페놀

① 3% 농도
② 소독제의 살균력 지표
③ 대상물 : 기구, 의료 용기, 방역용 소독
④ 부적합 제품 : 피부점막, 아포, 금속류 등
⑤ 세균의 단백질 응고, 세포의 용해작용으로 살균
⑥ 소금염화나트륨 첨가 시 소독력이 높아짐
⑦ **석탄산 계수**

$$\text{석탄산 계수} = \frac{\text{소독약의 희석배수}}{\text{석탄산의 희석배수}}$$

⑧ 어떤 소독제의 석탄산 계수가 2라는 것은 살균력이 석탄산의 2배라는 의미
⑨ 석탄산 계수가 높을수록 소독 효과가 뛰어남

과년도 기출예제

Q1 석탄산 소독에 대한 설명으로 틀린 것은?
A1 포자 및 바이러스에 효과적임

Q2 소독제인 석탄산의 단점이라 할 수 없는 것은?
A2 유기물 접촉 시 소독력이 약화됨

Q3 소독약의 살균력 지표로 가장 많이 이용되는 것은?
A3 석탄산

(3) 승홍수

① 0.1~0.5% 농도
② 대상물 : 피부
③ 부적합 제품 : 상처, 금속류, 음료수
④ 단백질 변성 작용, 금속부식, 물에 녹지 않고 살균력과 독성이 매우 강함
⑤ 맹독성이므로 취급, 보존 주의

과년도 기출예제

Q1 소독용 승홍수의 희석 농도로 적합한 것은?
A1 0.1~0.5%

Q2 다음 중 금속제품의 기구소독에 가장 적합하지 않은 것은?
A2 승홍수

(4) 알코올

① 70% 농도
② 대상물 : 손, 발, 피부, 유리, 철제 도구
③ 부적합 제품 : 고무, 플라스틱, 아포
④ 살균작용, 사용법이 간단하고 독성이 적음, 휘발성이 강함

과년도 기출예제

Q1 소독제의 적정 농도로 틀린 것은?
A1 알코올 1~3%

Q2 다음 중 소독방법에 대한 설명으로 틀린 것은?
A2 알코올 30%의 용액을 손, 피부 상처에 사용함

Q3 이·미용실의 기구(가위, 레이저) 소독으로 가장 적합한 소독제는?
A3 70~80%의 알코올

(5) 머큐로크롬

① 2% 농도
② 대상물 : 점막, 피부상처 소독
③ 물의 용해 강함, 세균발육 억제작용, 살균력이 약하며 자극성이 없음

(6) 포르말린

① 1~1.5% 농도
② 대상물 : 훈증 소독에 약제, 아포
③ 부적합 제품 : 배설물, 객담
④ 독성이 강하며 아포에 강한 살균 효과
⑤ 눈, 코, 기도를 손상시키며 장기간 노출 시 만성기관지염 등을 유발

참고 실내소독의 살균력

포르말린 〉 크레졸 〉 석탄산

(7) 크레졸

① 3% 농도
② 대상물 : 아포, 바닥, 배설물
③ 석탄산보다 2배 정도의 높은 살균력, 세균소독에 효과가 크고 독성이 비교적 약함

(8) 역성비누

① 0.01~0.1% 농도
② 대상물 : 손, 식기
③ 물에 잘 녹음, 무자극, 무독성, 세정력은 약하지만 소독력이 강함

(9) 과산화수소(H_2O_2)

① 3% 농도
② 대상물 : 구강, 피부 상처
③ 표백작용, 무색, 무취, 산화작용으로 미생물을 살균

과년도 기출예제

Q 소독용 과산화수소 수용액의 적당한 농도는?
A 2.5~3.5%

(10) 염소 액체염소

① 대상물 : 음용수, 상수도, 하수도, 아포
② 산화작용, 살균력이 크나 냄새가 있고 자극성과 부식성이 강함

(11) 오존

① 대상물 : 물
② 반응성이 풍부하고 산화작용이 강함

과년도 기출예제

Q1 다음 중 음용수 소독에 사용되는 소독제는?
A1 액체염소

Q2 물의 살균에 많이 이용되고 있으며 산화력이 강한 것은?
A2 오존(O_3)

(12) 생석회 산화칼슘

① 대상물 : 화장실, 분변, 하수도, 쓰레기통
② 가스분해 작용, 냄새가 없고 저렴한 비용으로 넓은 장소에 대량 소독에 주로 사용

과년도 기출예제
Q1 다음 중 하수도 주위에 흔히 사용되는 소독제는?
A1 생석회

Q2 이·미용업소 쓰레기통, 하수구 소독으로 효과적인 것은?
A2 생석회, 석회유

(13) 훈증 소독법

① 대상물 : 해충, 선박
② 증기 소독법

(14) E.O가스 멸균법 에틸렌옥사이드

① 대상물 : 고무, 플라스틱, 아포
② 고압증기 멸균법에 비해 멸균 후 장기 보존이 가능하나 멸균 시간이 길고 비용이 고가

5 분야별 위생·소독

1 작업 전 소독

① 모든 작업 전에는 시술자와 고객은 흐르는 물에 비누로 깨끗이 씻고 손 소독
② 시술 전 70% 농도의 알코올을 적신 솜으로 소독
③ 모든 도구는 70% 알코올을 이용하며 20분 동안 담근 후 건조시켜 사용
④ 소독 및 세제용 화학제품은 서늘한 곳에 밀폐 보관
⑤ 타월, 가운 1회 사용 후 세탁·소독

과년도 기출예제
Q 재질에 관계없이 빗이나 브러시 등의 소독 방법으로 가장 적합한 것은?
A 세제를 풀어 세척한 후 자외선 소독기에 넣음

2 일회용 폐기물

① 아세톤, 네일 폴리시 리무버, 아크릴 리퀴드 등은 폐기 시 페이퍼에 적셔 폐기
② 사용한 페이퍼, 탈지면, 멸균 거즈 등은 사용 후 밀폐된 쓰레기통에 폐기
③ 네일 파일, 오렌지우드스틱, 토우 세퍼레이터, 콘커터 날은 일회용으로 사용

3 자외선 소독기 소독

① 네일숍 기구 : 큐티클 니퍼, 큐티클 푸셔, 클리퍼 등 자외선 소독기에 소독
② 이·미용실의 기구 : 가위, 머리빗 등 자외선 소독기에 소독
③ 이·미용의 기구를 증기 소독한 후 수분을 닦아 자외선 소독기에 보관

과년도 기출예제
Q1 다음 중 자외선 소독기의 사용으로 소독효과를 기대할 수 없는 경우는?
A1 여러 장의 겹쳐진 타월

Q2 다음 중 가위를 끓이거나 증기 소독한 후 처리방법으로 가장 적합하지 않은 것은?
A2 소독 후 탄산나트륨을 발라둠

3절 공중위생관리법규(법, 시행령, 시행규칙)

1 목적 및 정의

1 공중위생관리법의 목적

공중이 이용하는 영업의 위생관리 등에 관한 사항을 규정함으로써 위생 수준을 향상시켜 국민의 건강증진에 기여

2 공중위생영업의 정의

① 다수인을 대상으로 위생관리서비스를 제공하는 영업

② **미용업** : 손님의 얼굴, 머리, 피부 및 손톱·발톱 등을 손질하여 손님의 외모를 아름답게 꾸미는 영업

③ **이용업** : 손님의 머리카락 또는 수염을 깎거나 다듬는 등의 방법으로 손님의 용모를 단정하게 하는 영업

④ **숙박업** : 손님이 잠을 자고 머물 수 있도록 시설 및 설비 등의 서비스를 제공하는 영업

⑤ **세탁업** : 의류, 기타 섬유제품이나 피혁제품 등을 세탁하는 영업

⑥ **목욕장업** : 물로 목욕을 할 수 있는 시설 및 설비 또는 땀을 낼 수 있는 시설 및 설비 등의 서비스를 제공하는 영업

⑦ **건물위생관리업** : 공중이 이용하는 건축물·시설물 등의 청결유지와 실내공기정화를 위한 청소 등을 대행하는 영업

과년도 기출예제

Q1 미용사에게 금지되지 않은 업무는 무엇인가?

A1 얼굴의 손질 및 화장을 행하는 업무

Q2 공중위생관리법에서 사용하는 용어의 정의로 틀린 것은?

A2 "미용업"이라 함은 손님의 머리카락 또는 수염을 깎거나 다듬는 등의 방법으로 손님의 용모를 단정하게 하는 영업을 말함

3 공중위생관리법에 대한 명령

① 공중위생관리법 시행령 : 대통령령

② 공중위생관리법 시행규칙 : 보건복지부령

2 영업의 신고 및 폐업

1 영업신고

(1) 영업신고

공중위생영업을 하고자 하는 자는 공중위생영업의 종류별로 보건복지부령이 정하는 시설 및 설비를 갖추고 시장·군수·구청장에게 신고

(2) 미용업의 시설 및 설비기준

① 미용기구는 소독을 한 기구와 소독을 하지 아니한 기구를 구분하여 보관할 수 있는 용기를 비치하여야 함

② 소독기·자외선 살균기 등 미용기구를 소독하는 장비를 갖추어야 함

> **과년도 기출예제**
>
> **Q** 다음 중 이·미용업의 시설 및 설비기준으로 옳은 것은?
>
> **A** 소독기, 자외선 살균기 등의 소독장비를 갖추어야 함

(3) 영업신고 시 구비서류

① 영업신고서

② 영업시설 및 설비개요서

③ 교육수료증미리 교육을 받은 경우

> **참고**
>
> 신고서를 제출받은 시장·군수·구청장은 이·미용업의 경우에는 면허증을 확인해야 함

> **과년도 기출예제**
>
> **Q** 이·미용업 영업신고를 하면서 신고인이 확인에 동의하지 아니하는 때에 첨부하여야 하는 서류가 아닌 것은?(단, 신고인이 전자정부법에 따른 행정정보의 공동이용을 통한 확인에 동의하지 아니하는 경우임)
>
> **A** 이·미용사 자격증
>
> → 영업시설 및 설비개요서, 교육수료증, 면허증

2 변경신고

(1) 변경신고

보건복지부령이 정하는 중요사항을 변경하고자 하는 때에도 시장·군수·구청장에게 신고

(2) 보건복지부령이 정하는 중요사항

① 영업소의 명칭 또는 상호

② 영업소의 주소

③ 신고한 영업장 면적의 3분의 1 이상 증감

④ 대표자의 성명 또는 생년월일

⑤ 미용업 업종 간 변경

> **과년도 기출예제**
>
> **Q1** 공중위생관리법상 이·미용업자의 변경신고 사항에 해당되지 않는 것은?
>
> **A1** 신고한 영업장 면적의 4분의 1 이하의 변경
>
> **Q2** 이·미용업자는 신고한 영업장 면적을 얼마 이상 증감하였을 때 변경신고를 하여야 하는가?
>
> **A2** 3분의 1

(3) 영업신고 사항 변경 신고 시 제출서류

① 변경신고서

② 영업신고증

③ 변경사항을 증명하는 서류

3 폐업신고

① 영업자는 영업을 폐업한 날로부터 20일 이내에 시장·군수·구청장에게 신고

② 폐업신고 시 신고서 첨부

4 영업의 승계

(1) 공중위생영업자의 지위승계

① 공중위생영업의 양도 : 양수인

② 공중위생영업자의 사망 : 상속인

③ 법인의 합병 : 존속 또는 설립 법인

④ 파산, 압류재산의 매각 : 공중위생영업 관련시설 및 설비의 전부를 인수하는 자
⑤ 이·미용업의 경우에는 면허를 소지한 자에 한하여 공중위생영업자의 지위를 승계

(2) 영업자의 지위승계신고

1개월 이내에 시장·군수·구청장에게 신고

> **과년도 기출예제**
> **Q** 공중위생영업의 승계에 대한 설명으로 틀린 것은?
> **A** 공중위생영업자의 지위를 승계한 자는 1월 이내에 보건복지부령이 정하는 바에 따라 보건복지부장관에게 신고하여야 함

(3) 지위승계신고 시 구비서류

① 영업자지위승계신고서
② 영업양도의 경우 : 양도·양수를 증명할 수 있는 서류 사본
③ 상속의 경우 : 상속인임을 증명할 수 있는 서류
④ 양도, 상속외의 경우 : 해당 사유별로 영업자의 지위를 승계하였음을 증명할 수 있는 서류

3 영업자 준수사항

1 위생관리의 의무

① 영업자는 그 이용자에게 건강상 위해 요인이 발생되지 않도록 영업 관련 시설 및 설비를 위생적이고 안전하게 관리해야 함
② 의료기구나 의약품을 사용하지 않는 순수한 화장 또는 피부미용을 할 것
③ 미용기구는 소독을 한 기구와 소독을 하지 않는 기구로 분리하여 보관하고, 면도기는 1회용 면도날만을 손님 1인에 한하여 사용할 것
④ 미용사 면허증을 영업소 안에 게시할 것

2 미용기구의 소독기준 및 방법

① **자외선소독** : 1cm²당 85㎼ 이상의 자외선을 20분 이상 쬐어줌
② **건열멸균소독** : 섭씨 100℃ 이상의 건조한 열에 20분 이상 쐬어줌
③ **증기소독** : 섭씨 100℃ 이상의 습한 열에 20분 이상 쐬어줌
④ **열탕소독** : 섭씨 100℃ 이상의 물속에 10분 이상 끓여줌
⑤ **석탄산수소독** : 석탄산수(석탄산 3%, 물 97%의 수용액)에 10분 이상 담가둠
⑥ **크레졸소독** : 크레졸수(크레졸 3%, 물 97%의 수용액)에 10분 이상 담가둠
⑦ **에탄올소독** : 에탄올수용액(에탄올이 70%인 수용액)에 10분 이상 담가두거나 에탄올수용액을 머금은 면이나 거즈로 기구의 표면을 닦아줌

> **과년도 기출예제**
> **Q** 공중위생관리법상 이·미용기구의 소독기준 및 방법으로 틀린 것은?
> **A** 건열멸균소독 : 섭씨 100℃ 이상의 건조한 열에 10분 이상 쐬어줌

3 미용업자의 위생관리기준

① 점빼기 · 귓볼뚫기 · 쌍꺼풀수술 · 문신 · 박피술 그 밖에 이와 유사한 의료행위를 하여서는 아니 됨
② 피부미용을 위하여 약사법에 따른 의약품 또는 의료기기법에 따른 의료기기를 사용하여서는 아니 됨
③ 미용기구 중 소독을 한 기구와 소독을 하지 아니한 기구는 각각 다른 용기에 넣어 보관하여야 함
④ 1회용 면도날은 손님 1인에 한하여 사용하여야 함
⑤ 영업장 안의 조명도는 75럭스 이상이 되도록 유지하여야 함
⑥ 영업소 내부에 미용업 신고증 및 개설자의 면허증 원본을 게시하여야 함
⑦ 영업소 내부에 최종지급요금표를 게시 또는 부착하여야 함
⑧ ⑦의 내용에도 불구하고 신고한 영업장 면적이 66제곱미터 이상인 영업소의 경우 영업소 외부에도 손님이 보기 쉬운 곳에 최종지급요금표를 게시 또는 부착(이 경우 최종지급요금표에는 일부항목(5개 이상)만을 표시할 수 있음)
⑨ 3가지 이상의 미용서비스를 제공하는 경우에는 개별 미용서비스의 최종 지급가격 및 전체 미용서비스의 총액에 관한 내역서를 이용자에게 미리 제공(이 경우 미용업자는 해당 내역서 사본을 1개월간 보관하여야 함)

과년도 기출예제

Q1 이 · 미용업 영업장 안의 조명도 기준은?
A1 75럭스 이상

Q2 공중위생관리법상 이 · 미용업 영업장 안의 조명도는 얼마 이상이어야 하는가?
A2 75럭스

Q3 이 · 미용업자의 위생관리 기준에 대한 내용 중 틀린 것은?
A3 요금표 외의 요금을 받지 않을 것

4 미용업 영업소 안의 게시물

① 미용업 신고증
② 개설자의 면허증 원본
③ 최종지급요금표

과년도 기출예제

Q1 이 · 미용업소 내에 게시하지 않아도 되는 것은?
A1 근무자의 면허증 원본

Q2 이 · 미용업소 내에 반드시 게시하지 않아도 무방한 것은?
A2 이 · 미용사 자격증

Q3 법에 따라 이 · 미용업 영업소 안에 게시하여야 하는 게시물에 해당하지 않는 것은?
A3 이 · 미용사 국가기술자격증

4 면허

1 면허 발급

이용사 또는 미용사가 되고자 하는 자는 면허 발급 자격에 해당하는 자로서 보건복지부령이 정하는 바에 의하여 시장 · 군수 · 구청장의 면허를 받아야 함

과년도 기출예제

Q 다음 중 이 · 미용사 면허를 발급할 수 있는 사람만으로 짝지어진 것은?
A 시장, 구청장, 군수

2 면허 발급 자격

① 전문대학 또는 이와 같은 수준 이상의 학력이 있다고 교육부장관이 인정하는 학교에서 이용 또는 미용에 관한 학과를 졸업한 자
② 대학 또는 전문대학을 졸업한 자와 같은 수준 이상의 학력이 있는 것으로 인정되어 이용 또는 미용에 관한 학위를 취득한 자

③ 고등학교 또는 이와 같은 수준의 학력이 있다고 교육부장관에 인정하는 학교에서 이용 또는 미용에 관한 학과를 졸업한 자

④ 특성화고등학교, 고등기술학교나 고등학교 또는 고등기술학교에 준하는 각종 학교에서 1년 이상 이용 또는 미용에 관한 소정의 과정을 이수한 자

⑤ 국가기술자격법에 의한 이용사 또는 미용사의 자격을 취득한 자

과년도 기출예제

Q 다음 중 이·미용사 면허를 받을 수 없는 자는?

A 교육부장관이 인정하는 고등기술학교에서 6개월 이상 이·미용에 관한 소정의 과정을 이수한 자

3 면허 결격 사유

① 피성년후견인

② 정신질환자(다만, 전문의가 미용사로서 적합하다고 인정하는 사람을 그러하지 아니함)

③ 공중의 위생에 영향을 미칠 수 있는 감염병 환자로서 보건복지부령이 정하는 자(결핵환자)

④ 마약, 기타 대통령령으로 정하는 약물 중독자

⑤ 면허가 취소된 후 1년이 경과되지 아니한 자

4 면허 대여 금지

① 면허증을 발급받은 사람은 다른 사람에게 그 면허증을 빌려주어서는 아니 됨

② 누구든지 그 면허증을 빌려서는 아니 됨

③ 면허증을 대여하는 행위를 알선하여서는 아니 됨

5 면허 발급에 따른 제출서류

① 면허 신청서

② 졸업증명서 또는 학위증명서 또는 이수증명서 1부

③ 정신질환자가 아님을 증명하는 최근 6개월 이내의 의사의 진단서 1부

④ 감염병환자 또는 약물중독자가 아님을 증명하는 최근 6개월 이내의 의사의 진단서 1부

⑤ 사진 1장 또는 전자적 파일 형태의 사진

6 면허의 정지 및 취소

(1) 면허의 정지 및 취소의 주체

시장·군수·구청장은 미용사 면허를 취소하거나 6개월 이내의 기간을 정하여 면허를 정지할 수 있음

(2) 면허취소

① 피성년후견인

② 정신질환자

③ 약물 중독자

④ 국가기술자격법에 따라 자격이 취소된 경우

⑤ 이중으로 면허를 취득한 경우나중에 발급 받은 면허

⑥ 면허정지처분을 받고도 그 정지 기간 중 업무를 한 경우

(3) 면허정지

① 면허증을 다른 사람에게 대여한 때
- 1차 위반 : 면허정지 3월
- 2차 위반 : 면허정지 6월
- 3차 위반 : 면허취소

② 국가기술자격법에 따라 자격정지처분을 받은 경우(자격정지처분 기간에 한정) : 면허정지

③ 손님에게 성매매알선 등 행위 또는 음란 행위를 하게 하거나 이를 알선 또는 제공한 경우 미용사
- 1차 위반 : 면허정지 3월
- 2차 위반 : 면허취소

과년도 기출예제

Q1 1차 위반 시의 행정처분이 면허취소가 아닌 것은?

A1 국가기술자격법에 의하여 이·미용사 자격정지처분을 받을 때

Q2 손님에게 음란행위를 알선한 사람에 대한 관계행정기관의 장의 요청이 있는 때, 1차 위반에 대하여 행할 수 있는 행정처분으로 영업소와 업주에 대한 행정처분기준이 바르게 짝지어진 것은?

A2 영업정지 3월 – 면허정지 3월

7 면허증의 재발급

(1) 재발급 신청 요건

① 면허증의 기재사항에 변경이 있는 때

② 면허증을 잃어버린 때

③ 면허증이 헐어 못쓰게 된 때

(2) 면허증 재발급에 따른 제출서류

① 신청서

② 면허증 원본(기재사항이 변경되거나 헐어 못쓰게 된 때)

③ 사진 1장 또는 전자적 파일 형태의 사진

8 면허증의 반납

① 면허가 취소되거나 면허의 정지명령을 받은 자는 지체없이 관할 시장·군수·구청장에게 면허증을 반납하여야 함

② 면허의 정지명령을 받은 자가 반납한 면허증은 면허정지기간 동안 관할 시장·군수·구청장이 보관

과년도 기출예제

Q1 면허의 정지명령을 받은 자가 반납한 면허증은 정지기간 동안 누가 보관하는가?

A1 관할 시장·군수·구청상

Q2 이·미용사의 면허가 취소되거나 면허의 정지명령을 받은 자는 누구에게 면허증을 반납하여야 하는가?

A2 시장·군수·구청장

9 면허 수수료

① 대통령령이 정하는 바에 따라 수수료를 납부

② 수수료는 시장·군수·구청장에게 납부

③ 신규로 신청하는 경우 : 5,500원

④ 재발급 받고자 하는 경우 : 3,000원

5 업무

1 이·미용사의 업무 범위

① 이·미용사의 면허를 받은 자가 아니면 이·미용업을 개설하거나 그 업무에 종사할 수 없음
② 이·미용사의 감독을 받아 미용 업무의 보조를 행하는 경우에는 종사할 수 있음
③ 이·미용사의 업무는 영업소 외의 장소에서 행할 수 없음
④ 보건복지부령이 정하는 특별한 사유가 있는 경우에는 행할 수 있음

2 영업소 외에서의 이용 및 미용 업무

① 질병·고령·장애나 그 밖의 사유로 영업소에 나올 수 없는 자에 대하여 이용 또는 미용을 하는 경우
② 혼례나 그 밖의 의식에 참여하는 자에 대하여 그 의식 직전에 이용 또는 미용을 하는 경우
③ 사회복지시설에서 봉사활동으로 이용 또는 미용을 하는 경우
④ 방송 등의 촬영에 참여하는 사람에 대하여 그 촬영 직전에 이용 또는 미용을 하는 경우
⑤ 위의 네 가지 외에 특별한 사정이 있다고 시장·군수·구청장이 인정하는 경우

과년도 기출예제

Q 다음 중 영업소 외에서 이용 또는 미용업무를 할 수 있는 경우는?

A 중병에 걸려 영업소에 나올 수 없는 자의 경우, 혼례나 그 밖의 의식에 참여하는 자에 대한 경우

3 이용·미용의 업무보조 범위

① 이용·미용 업무를 위한 사전 준비에 관한 사항
② 이용·미용 업무를 위한 기구·제품 등의 관리에 관한 사항
③ 영업소의 청결 유지 등 위생관리에 관한 사항
④ 그 밖에 머리감기 등 이용·미용 업무의 보조에 관한 사항

6 행정지도감독

1 보고 및 출입·검사

(1) 주체

시·도지사 또는 시장·군수·구청장

(2) 조건

공중위생관리상 필요하다고 인정하는 때

(3) 실시

① 공중위생영업자에 대하여 필요한 보고를 하게 함
② 소속 공무원으로 하여금 영업소·사무소 등에 출입하여 영업자의 위생관리 의무 이행 등에 대하여 검사하게 함
③ 필요에 따라 공중위생영업장부나 서류를 열람하게 할 수 있음
④ 영업소에 설치가 금지되는 카메라나 기계 장치가 설치되었는지를 검사할 수 있음
⑤ 관계공무원은 그 권한을 표시하는 증표를 지녀야 하며, 관계인에게 이를 내보여야 함

과년도 기출예제
Q 시·도지사 또는 시장·군수·구청장은 공중위생관리상 필요하다고 인정하는 때에 공중위생영업자 등에 대하여 필요한 조치를 취할 수 있다. 이 조치에 해당하는 것은?
A 보고

참고 위생관리의무 이행검사 권한을 행사할 수 있는 자
특별시, 광역시, 도 또는 시·군·구 소속 공무원

2 영업의 제한

(1) 주체

시·도지사

(2) 조건

공익상 또는 선량한 풍속을 유지하기 위하여 필요하다고 인정하는 때

(3) 실시

공중위생영업자 및 종사원에 대하여 영업시간 및 영업행위에 관한 필요한 제한을 할 수 있음

3 위생지도 및 개선명령

(1) 주체

시·도지사 또는 시장·군수·구청장

(2) 대상

① 공중위생영업의 종류별 시설 및 설비기준을 위반한 공중위생영업자
② 위생관리의무 등을 위반한 공중위생영업자

(3) 실시

보건복지부령으로 정하는 바에 따라 기간을 정하여 개선을 명함

과년도 기출예제
Q 개선을 명할 수 있는 경우에 해당하지 않는 사람은?
A 공중위생영업자의 지위를 승계한 자로서 이에 관한 신고를 하지 아니한 자

4 영업소의 폐쇄

(1) 주체

시장·군수·구청장

과년도 기출예제
Q 풍속관련법령 등 다른 법령에 의하여 관계행정기관의 장의 요청이 있을 때 공중위생영업자를 처벌할 수 있는 자는?
A 시장·군수·구청장

(2) 영업장 폐쇄명령

① 영업신고를 하지 않은 경우

② 영업정지처분을 받고도 그 영업정지 기간에 영업을 한 경우

③ 공중위생영업자가 정당한 사유 없이 6개월 이상 계속 휴업하는 경우

④ 관할 세무서장에게 폐업신고를 하거나 관할 세무서장이 사업자 등록을 말소한 경우

⑤ 공중위생영업자가 영업을 하지 아니하기 위하여 영업시설의 전부를 철거한 경우

과년도 기출예제

Q 영업정지처분을 받고 그 영업정지기간 중 영업을 한때, 1차 위반 시 행정처분기준은?

A 영업장 폐쇄명령

(3) 영업정지

① 영업신고를 하지 않거나 시설 및 설비기준을 위반한 경우

구분	1차 위반	2차 위반	3차 위반	4차 이상 위반
영업신고를 하지 않은 경우	영업장 폐쇄명령	–	–	–
시설 및 설비기준을 위반한 경우	개선명령	영업정지 15일	영업정지 1월	영업장 폐쇄명령

과년도 기출예제

Q 이·미용업 영업자가 시설 및 설비기준을 위반한 경우 1차 위반에 대한 행정처분 기준은?

A 개선명령

② 변경신고를 하지 않은 경우

구분	1차 위반	2차 위반	3차 위반	4차 이상 위반
신고를 하지 않고 영업소의 명칭 및 상호 변경, 미용업 업종간 변경, 영업장 면적의 3분의 1 이상 변경	경고 또는 개선명령	영업정지 15일	영업정지 1월	영업장 폐쇄명령
신고를 하지 않고 영업소의 소재지 변경	영업정지 1월	영업정지 2월	영업장 폐쇄명령	–

과년도 기출예제

Q 신고를 하지 아니하고 영업소의 소재지를 변경한 때에 대한 1차 위반 시 행정처분 기준은?

A 경고 또는 개선명령

③ 지위승계신고를 하지 않은 경우

- 1차 위반 : 경고
- 2차 위반 : 영업정지 10일
- 3차 위반 : 영업정지 1월
- 4차 위반 : 영업장 폐쇄명령

④ 공중위생영업자의 위생관리의무 등을 지키지 않은 경우

구분	1차 위반	2차 위반	3차 위반	4차 이상 위반
소독을 한 기구와 소독을 하지 않은 기구를 각각 다른 용기에 넣어 보관하지 않거나 1회용 면도날을 2인 이상의 손님에게 사용한 경우	경고	영업정지 5일	영업정지 10일	영업장 폐쇄명령
피부미용을 위하여 의약품 또는 의료기기를 사용한 경우	영업정지 2월	영업정지 3월	영업장 폐쇄명령	–
점빼기·귓볼뚫기·쌍꺼풀수술·문신·박피술 그 밖에 이와 유사한 의료행위를 한 경우	영업정지 2월	영업정지 3월	영업장 폐쇄명령	–
미용업 신고증 및 면허증 원본을 게시하지 않거나 업소 내 조명도를 준수하지 않은 경우	경고 또는 개선명령	영업정지 5일	영업정지 10일	영업장 폐쇄명령
개별 미용서비스의 최종지급가격 및 전체 미용서비스의 총액에 관한 내역서를 이용자에게 미리 제공하지 않은 경우	경고	영업정지 5일	영업정지 10일	영업정지 1월

⑤ 카메라나 기계장치를 설치한 경우
- 1차 위반 : 영업정지 1월
- 2차 위반 : 영업정지 2월
- 3차 위반 : 영업장 폐쇄명령

⑥ 영업소 외의 장소에서 이용 또는 미용 업무를 한 경우
- 1차 위반 : 영업정지 1월
- 2차 위반 : 영업정지 2월
- 3차 위반 : 영업장 폐쇄명령

⑦ 보고를 하지 아니하거나 거짓으로 보고한 경우 또는 관계 공무원의 출입, 검사 또는 공중위생영업 장부 또는 서류의 열람을 거부·방해하거나 기피한 경우
- 1차 위반 : 영업정지 10일
- 2차 위반 : 영업정지 20일
- 3차 위반 : 영업정지 1월
- 4차 위반 : 영업장 폐쇄명령

⑧ 개선명령을 이행하지 않은 경우
- 1차 위반 : 경고
- 2차 위반 : 영업정지 10일
- 3차 위반 : 영업정지 1월
- 4차 위반 : 영업장 폐쇄명령

⑨ 성매매알선 등 행위의 처벌에 관한 법률, 풍속영업의 규제에 관한 법률, 청소년 보호법, 아동·청소년의 성보호에 관한 법률 또는 의료법을 위반하여 관계 행정기관의 장으로부터 그 사실을 통보받은 경우

구분	1차 위반	2차 위반	3차 위반	4차 이상 위반
손님에게 성매매알선 등 행위 또는 음란 행위를 하게 하거나 이를 알선 또는 제공한 경우 영업소	영업정지 3월	영업장 폐쇄명령	–	–
손님에게 도박 그밖의 사행행위를 하게 한 경우	영업정지 1월	영업정지 2월	영업장 폐쇄명령	–
음란한 물건을 관람·열람하게 하거나 진열 또는 보관한 경우	경고	영업정지 15일	영업정지 1월	영업장 폐쇄명령
무자격안마사로 하여금 안마사의 업무에 관한 행위를 하게 한 경우	영업정지 1월	영업정지 2월	영업장 폐쇄명령	–

과년도 기출예제

Q1 손님에게 음란행위를 알선한 사람에 대한 관계행정기관의 장의 요청이 있는 때, 1차 위반에 대하여 행할 수 있는 행정처분으로 영업소와 업주에 대한 행정처분기준이 바르게 짝지어진 것은?

A1 영업정지 3월 – 면허정지 3월

Q2 손님에게 도박 그 밖에 사행행위를 하게 한 때에 대한 1차 위반 시 행정처분기준은?

A2 영업정지 1월

(4) 영업소 폐쇄명령을 받고도 계속하여 영업을 할 때, 신고를 하지 않고 공중위생영업을 할 때의 조치

① 해당 영업소의 간판 기타 영업표지물의 제거

② 해당 영업소가 위법한 영업소임을 알리는 게시물 등의 부착

③ 영업을 위하여 필수불가결한 기구 또는 시설물을 사용할 수 없게 하는 봉인

과년도 기출예제

Q 공중위생영업자가 영업소 폐쇄명령을 받고도 계속하여 영업을 하는 때에 대한 조치사항으로 옳은 것은?

A 해당 영업소가 위법한 영업소임을 알리는 게시물 등을 부착

(5) 시장·군수·구청장이 봉인을 해제할 수 있는 조건

① 봉인을 계속할 필요가 없다고 인정되는 때

② 영업자 등이나 그 대리인이 해당 영업소를 폐쇄할 것을 약속하는 때

③ 정당한 사유를 들어 봉인의 해제를 요청하는 때

④ 해당 업소가 위법한 영업소임을 알리는 게시물 등의 제거를 요청하는 경우

5 과징금 처분

(1) 과징금 처분

① **주체** : 시장·군수·구청장

② 영업정지가 이용자에게 심한 불편을 주거나 그 밖에 공익을 해할 우려가 있는 경우에는 영업정지 처분에 갈음하여 1억 원 이하의 과징금을 부과할 수 있음

③ 위반 행위의 종별·정도 등에 따른 과징금의 금액 등에 관하여 필요한 사항은 대통령령으로 정함

> **과년도 기출예제**
> **Q** 과징금을 기한 내에 납부하지 아니한 경우에 이를 징수하는 방법은?
> **A** 지방세 외 수입금의 징수 등에 관한 법률에 따라 징수

④ 과징금을 납부해야 할 자가 납부기한까지 이를 납부하지 아니한 경우에는 과징금 부과처분을 취소한 뒤 영업정지 처분을 하거나 지방세 외 수입금의 징수 등에 관한 법률에 따라 징수

⑤ 시장·군수·구청장이 부과·징수한 과징금은 해당 시·군·구에 귀속

(2) 과징금의 산정기준

① 영업정지 1개월은 30일을 기준으로 함

② 위반행위의 종별에 따른 과징금의 금액은 영업정기 기간에 ③에 따라 산정한 영업정지 1일당 과징금의 금액을 곱하여 얻은 금액으로 함(과징금 산정금액이 1억 원을 넘는 경우에는 1억 원으로 함)

③ 1일당 과징금의 금액은 위반행위를 한 공중위생영업자의 연간 총매출액을 기준으로 산출

④ 연간 총매출액은 처분일이 속한 연도의 전년도의 1년간 총매출액을 기준으로 함

⑤ 시장·군수·구청장은 공중위생영업자의 사업규모·위반행위의 정도 및 횟수 등을 고려하여 과징금의 2분의 1 범위에서 과징금을 늘리거나 줄일 수 있음

⑥ 과징금을 늘리는 때에도 그 총액은 1억원을 초과할 수 없음

(3) 과징금의 부과 및 납부

① 시장·군수·구청장은 과징금을 부과하고자 할 때에는 그 위반행위의 종별과 해당 과징금의 금액 등을 명시하여 이를 납부할 것을 서면으로 통지함

② 통지를 받은 자는 통지를 받은 날로부터 20일 이내에 납부(단, 천재지변, 그 밖에 부득이한 사유로 인하여 그 기간 내에 납부할 수 없을 때에는 그 사유가 없어진 날부터 7일 이내에 납부)

③ 과징금의 납부를 받은 수납기관은 영수증을 납부자에게 교부

④ 수납기관은 과징금을 수납할 때에는 그 사실을 시장·군수·구청장에게 통보

⑤ 과징금의 징수·절차는 보건복지부령으로 정함

6 행정제재처분 효과의 승계

① 공중위생영업자가 그 영업을 양도하거나 사망한 때 또는 법인의 합병이 있는 때

- 종전의 영업자에 대하여 행정제재처분의 효과는 그 처분기간이 만료된 날부터 1년간 양수인·상속인 또는 합병 후 존속하는 법인에 승계
- 종전의 영업자에 대하여 진행 중인 행정제재처분 절차를 양수인, 상속인 또는 합병 후 존속하는 법인에 대하여 속행

② 양수인이나 합병 후 존속하는 법인이 양수하거나 합병할 때에 그 처분 또는 위반사실을 알지 못한 경우에는 그러하지 아니함

7 같은 종류의 영업금지

위반한 법률	구분	영업금지 기간
성매매알선 등 행위의 처벌에 관한 법률, 아동·청소년의 성보호에 관한 법률, 풍속영업의 규제에 관한 법률, 청소년 보호법	위반한 자	2년
	위반한 영업장소	1년
그 외의 법률	위반한 자	1년
	위반한 영업장소	6개월

8 청문

(1) 주체

보건복지부장관 또는 시장·군수·구청장

(2) 청문이 필요한 처분

① 신고사항의 직권 말소

② 이·미용사의 면허취소 및 면허정지

③ 영업정지명령, 일부 시설의 사용중지명령 또는 영업소 폐쇄명령

> **과년도 기출예제**
> **Q** 다음 중 청문의 대상이 아닌 때는?
> **A** 벌금으로 처벌하고자 하는 때

7 업소 위생등급

1 위생서비스수준의 평가

(1) 시·도지사

① 공중위생영업소의 위생관리수준을 향상시키기 위하여 위생서비스평가계획을 수립

② 위생서비스평가계획을 시장·군수·구청장에게 통보

> **과년도 기출예제**
> **Q** 공중위생영업소의 위생서비스평가계획을 수립하는 자는?
> **A** 시·도지사

(2) 시장·군수·구청장

① 평가계획에 따라 관할지역별 세부평가계획 수립

② 공중위생영업소의 위생서비스수준을 평가

③ 전문성을 높이기 위하여 필요하다고 인정하는 경우에는 관련 전문기관 및 단체로 하여금 위생서비스평가를 실시하게 할 수 있음

(3) 보건복지부령

① 위생서비스수준 평가는 2년마다 실시

② 공중위생영업소의 보건·위생관리를 위하여 특히 필요한 경우에는 위생관리등급별로 평가주기를 달리할 수 있음

③ 휴업신고를 한 경우 해당 공중위생영업소에 대해서는 위생서비스평가를 실시하지 않을 수 있음

참고 국고보조

국가 또는 지방자치단체는 위생서비스 평가의 전문성을 높이기 위하여 관련 전문 기관 및 단체로 하여금 위생서비스 평가를 실시하는 자에 대하여 예산의 범위 안에서 위생서비스 평가에 소요되는 경비의 전부 또는 일부를 보조할 수 있음

2 위생관리등급 공표

(1) 위생관리등급의 구분

① 최우수업소 : 녹색등급

② 우수업소 : 황색등급

③ 일반관리대상 업소 : 백색등급

(2) 시장·군수·구청장

위생서비스평가의 결과에 따른 위생관리등급을 해당 공중위생영업자에게 통보하고 이를 공표함

(3) 공중위생영업자

통보받은 위생관리등급의 표지를 영업소의 명칭과 함께 영업소의 출입구에 부착할 수 있음

(4) 시·도지사 또는 시장·군수·구청장

① 위생서비스의 수준이 우수하다고 인정되는 영업소에 대하여 포상을 실시할 수 있음

② 위생관리등급별로 영업소에 대한 위생감시를 실시해야 함

과년도 기출예제

Q 위생서비스 평가 결과 위생서비스의 수준이 우수하다고 인정되는 영업소에 대하여 포상을 실시할 수 있는 자에 해당하지 않는 것은?

A 보건소장

3 공중위생감시원

(1) 공중위생감시원

① 공중위생영업 신고, 승계, 위생관리업무 등 관계공무원의 업무를 행하기 위해 특별시·광역시·도·시·군·구에 공중위생감시원을 둠

② 공중위생감시원의 자격, 임명, 업무범위는 대통령령으로 정함

과년도 기출예제

Q 다음 중 공중위생감시원을 두는 곳은?

A 특별시, 광역시, 도, 군

(2) 공중위생감시원의 자격 및 임명

① 위생사 또는 환경기사 2급 이상의 자격증이 있는 사람

② 대학에서 화학·화공학·환경공학 또는 위생학 분야를 전공하고 졸업한 사람 또는 이와 같은 수준 이상의 학력이 있다고 인정되는 사람

③ 외국에서 위생사 또는 환경기사의 면허를 받은 사람

④ 1년 이상 공중위생 행정에 종사한 경력이 있는 사람

참고

시·도지사 또는 시장·군수·구청장은 위의 기준에 해당하는 사람만으로는 공중위생감시원의 인력확보가 곤란하다고 인정되는 때에는 공중위생 행정에 종사하는 사람 중 공중위생 감시에 관한 교육훈련을 2주 이상 받은 사람을 공중위생 행정에 종사하는 기간 동안 공중위생감시원으로 임명할 수 있음

(3) 공중위생감시원의 업무범위

① 시설 및 설비의 확인

② 공중위생영업 관련 시설 및 설비의 위생상태 확인·검사, 공중위생업자의 위생관리의무 및 영업자 준수사항 이행 여부의 확인

③ 위생지도 및 개선명령 이행여부의 확인

④ 영업의 정지, 일부 시설의 사용중지 또는 영업소 폐쇄명령 이행 여부의 확인

⑤ 위생교육 이행 여부의 확인

과년도 기출예제

Q 공중위생감시원의 업무에 해당하지 않는 것은?

A 세금납부 걱정 여부의 확인에 관한 사항

4 명예공중위생감시원

(1) 시·도지사

① 공중위생의 관리를 위한 지도·계몽 등을 행하게 하기 위하여 명예공중위생감시원을 둘 수 있음

② 명예공중위생감시원의 활동지원을 위하여 예산의 범위 안에서 시·도지사 정하는 바에 따라 수당 등을 지급할 수 있음

③ 명예공중위생감시원의 운영에 관하여 필요한 사항을 정함

(2) 명예공중위생감시원의 자격

① 공중위생에 대한 지식과 관심이 있는 자

② 소비자단체, 공중위생 관련 협회, 단체의 소속직원 중에서 당해 단체 등의 장이 추천한 자

(3) 명예공중위생감시원의 업무

① 공중위생감시원이 행하는 검사대상물의 수거 지원

② 법령 위반행위에 대한 신고 및 자료 제공

③ 공중위생에 관한 홍보·계몽 등 공중위생관리 업무와 관련하여 시·도지사가 따로 정하여 부여하는 업무

5 공중위생 영업자단체의 설립

공중위생영업자는 공중위생과 국민보건의 향상을 기하고 그 영업의 건전한 발전을 도모하기 위하여 영업의 종류별로 전국적인 조직을 가지는 영업자 단체를 설립할 수 있음

8 위생교육

1 영업자 위생교육

(1) 위생교육 시간

매년 3시간

> **과년도 기출예제**
> **Q** 공중위생업자가 매년 받아야 하는 위생교육 시간은?
> **A** 3시간

(2) 위생교육 내용

공중위생관리법 및 관련법규, 소양교육(친절 및 청결에 관한 사항을 포함), 기술교육, 그 밖의 공중위생에 관하여 필요한 내용

(3) 위생교육 대상자

① 공중위생영업자(미용업, 이용업, 숙박업, 세탁업, 목욕장업, 건물위생관리업)
② 공중위생영업을 승계한 자
③ 영업하고자 시설 및 설비를 갖추고 신고하고자 하는 자(개설하기 전에 미리 받아야 함)
④ 영업에 직접 종사하지 않거나 두 개 이상의 장소에서 영업을 하는 자는 종업원 중 영업장별로 공중위생에 관한 책임자를 지정하고 그 책임자로 하여금 위생교육을 받게 하여야 함
⑤ 동일한 공중위생영업자가 둘 이상의 미용업을 같은 장소에서 하는 경우에는 그 중 하나의 미용업에 대한 위생교육을 받으면 나머지 미용업에 대한 위생교육도 받은 것으로 봄

> **과년도 기출예제**
> **Q1** 이·미용업 위생교육에 관한 내용이 맞는 것은?
> **A1** 위생교육 대상자는 이·미용업 영업자임
> **Q2** 공중위생관리법령상 위생교육을 받은 자가 위생교육을 받은 날부터 ( ) 이내에 위생교육을 받은 업종과 같은 업종의 영업을 하려는 경우에는 해당 영업에 대한 위생교육을 받은 것으로 본다.
> **A2** 2년

⑥ 위생교육 대상자 중 섬·벽지지역의 영업자에 대하여는 교육교재를 배부하여 이를 익히고 활용하도록 함으로써 교육에 갈음할 수 있음
⑦ 6개월 이내에 위생교육을 받을 수 있는 자
- 천재지변, 본인의 질병·사고, 업무상 국외출장 등의 사유로 교육을 받을 수 없는 경우
- 교육을 실시하는 단체의 사정 등으로 미리 교육을 받기 불가능한 경우

⑧ 위생교육을 받은 자가 위생교육을 받은 날부터 2년 이내에 위생교육을 받은 업종과 같은 업종의 영업을 하려는 경우는 해당 영업에 대한 위생교육을 받은 것으로 봄

(4) 위생교육 기관

① 위생교육을 실시하는 단체는 보건복지부장관이 고시함
② 위생교육 실시단체는 교육교재를 편찬하여 교육대상자에게 제공
③ **위생교육 실시단체장**
- 위생교육을 수료한 자에게 수료증을 교부
- 교육실시 결과를 교육 후 1개월 이내에 시장·군수·구청장에게 통보
- 수료증 교부대장 등 교육에 관한 기록을 2년 이상 보관·관리

> **과년도 기출예제**
> **Q** 공중위생관리법상 위생교육에 관한 설명으로 틀린 것은?
> **A** 위생교육은 교육부장관이 허가한 단체가 실시할 수 있음

9 벌칙

1 벌금

(1) 1년 이하의 징역 또는 1천만 원 이하의 벌금

① 영업의 신고를 하지 아니한 자

② 영업정지 명령 또는 일부 시설의 사용중지 명령을 받고도 그 기간 중에 영업을 하거나 그 시설을 사용한 자

③ 영업소 폐쇄명령을 받고도 계속하여 영업을 한 자

과년도 기출예제

Q 이·미용업 영업신고를 하지 않고 영업을 한 자에 해당하는 벌칙기준은?

A 1년 이하의 징역 또는 1천만 원 이하의 벌금

(2) 6월 이하의 징역 또는 500만 원 이하의 벌금

① 보건복지부령이 정하는 중요한 사항을 변경하고도 변경신고하지 아니한 자

② 공중위생영업자의 지위를 승계한 자로서 신고를 아니한 자

③ 건전한 영업질서를 위하여 공중위생영업자가 준수하여야 할 사항을 준수하지 아니한 자

과년도 기출예제

Q 다음 중 이·미용업에 있어서 과태료 부과 대상이 아닌 사람은?

A 보건복지부령이 정하는 중요사항을 변경하고도 변경신고를 하지 아니한 자

(3) 300만 원 이하의 벌금

① 다른 사람에게 이용사 또는 미용사의 면허증을 빌려주거나 빌린 사람

② 이용사 또는 미용사의 면허증을 빌려주거나 빌리는 것을 알선한 사람

③ 면허의 취소 또는 정지 중에 이용업 또는 미용업을 한 사람

④ 면허를 받지 아니하고 이·미용업을 개설하거나 그 업무에 종사한 사람

2 과태료

(1) 300만 원 이하의 과태료

① 보고를 하지 아니하거나 관계공무원의 출입·검사 기타 조치를 거부·방해 또는 기피한 자

② 개선명령을 위반한 자

(2) 200만 원 이하의 과태료

① 위생관리 의무를 지키지 아니한 자

② 영업소 외의 장소에서 이·미용업무를 행한 자

③ 위생교육을 받지 아니한 자

(3) 과태료 부과와 징수 절차

① 보건복지부장관 또는 시장·군수·구청장이 부과·징수

② 위반 행위의 정도 및 위반 횟수, 위반 행위의 동기와 그 결과 등을 고려하여 1/2의 범위에서 가중 또는 경감할 수 있음

과년도 기출예제

Q1 이·미용업 영업과 관련하여 과태료 부과 대상이 아닌 사람은?

A1 무신고 영업자

Q2 처분기준이 2백만 원 이하의 과태료가 아닌 것은?

A2 관계공무원의 출입·검사·기타 조치를 거부·방해 또는 기피한 자

Q3 공중위생관리법상 규정에 위반하여 위생교육을 받지 아니한 때 부과되는 과태료의 기준은?

A3 200만 원 이하

공중위생관리편 출제예상문제

001 **공중보건의 정의(윈슬로우, Winslow)에 대한 설명으로 타당하지 않은 것은?**

① 공중보건의 목적은 질병 예방, 수명 연장, 건강과 효율의 증진이다.
② 조직된 지역사회의 노력으로 환경위생, 전염병관리, 질병의 조기 진단 등도 포함되어 있다.
③ 공중보건의 목적 달성을 위한 방법은 조직화된 지역사회의 노력이다.
④ 공중보건학의 대상은 지역 주민이 아닌 개인을 단위로 하고 있다.

해설 공중보건학의 대상은 개인이 아니라 지역 주민이다.

002 **한 지역이나 국가의 공중보건을 평가하는 기초자료로 가장 신뢰성 있게 인정되고 있는 것은?**

① 노인사망률 ② 영아사망률
③ 신생아사망률 ④ 조사망률

해설 영아사망률은 한 지역이나 국가의 대표적인 보건수준 평가 지표이다.

003 **세계보건기구(WHO)가 제시한 사망통계를 이용한 종합건강지표가 아닌 것은?**

① 평균수명 ② 영아사망률
③ 비례사망지수 ④ 조사망률

해설 WHO가 제시한 종합건강지표는 조사망률, 평균수명, 비례사망지수이다.

004 **공중보건의 평가 지표가 아닌 것은?**

① 영아사망률 ② 평균수명
③ 비례사망지수 ④ 조사망률

해설 보건 수준을 평가하는 3대 지표는 영아사망률, 비례사망지수, 평균수명이다.

005 **공중보건의 3대 요소에 속하지 않는 것은?**

① 감염병 치료
② 수명 연장
③ 건강과 능률의 향상
④ 질병 예방

해설 공중보건의 3대 요소는 질병 예방, 생명 연장, 건강과 효율의 증진이다.

006 **공중보건을 위한 지역사회의 공동 노력으로 바람직하지 않은 것은?**

① 환경위생
② 예방 및 치료를 위한 의료 조직 구성
③ 질병의 조기 진단 및 감염병 관리
④ 보건 자료 수집 및 개인관리

해설 개인관리가 아닌 지역사회의 전체 주민 또는 국민 관리이다.

007 **검역의 의미를 가장 잘 표현한 것은?**

① 감염병 감염 환자 격리
② 감염병 감염 의심자 격리
③ 급성 감염병 환자 격리
④ 법정 감염병 환자 격리

해설 검역은 감염병 감염이 의심되는 사람을 강제 격리하는 것이다.

008 **병원성 미생물의 종류가 아닌 것은?**

① 박테리아 ② 진균
③ 효모균 ④ 리케차

해설 병원성 미생물은 박테리아(세균), 바이러스, 리케차, 진균, 사상균, 원충류, 클라미디아 등이며, 비병원성 미생물은 유산균, 효모균, 조류 등이다.

정답	001	002	003	004	005	006	007	008
	④	②	②	④	①	④	②	③

009 감염병 전파방식 중 비말 전파의 형식이 아닌 것은?

① 감기 ② 결핵
③ 홍역 ④ 트라코마

해설 트라코마는 접촉 전파이다.

010 모기를 매개곤충으로 하여 일으키는 질병이 아닌 것은?

① 말라리아 ② 일본뇌염
③ 사상충 ④ 발진티푸스

해설 발진티푸스는 이로 전파되는 질병이다.

011 파리에 의해 주로 전파될 수 있는 감염병은?

① 페스트 ② 장티푸스
③ 사상충 ④ 소아마비

해설 장티푸스는 파리, 페스트는 벼룩, 사상충은 모기, 소아마비는 바퀴에 의해 전파된다.

012 다음 중 수인성 감염병에 속하지 않는 것은?

① 장티푸스 ② 파상풍
③ 이질 ④ 콜레라

해설 수인성 감염병에는 세균성 이질, 콜레라, 장티푸스, 파라티푸스, 폴리오, 장출혈성 대장균 등이 있다.

013 쥐와 관계없는 감염병은?

① 유행성 출혈열 ② 페스트
③ 공수병 ④ 살모넬라증

해설 공수병(광견병)은 개와 관계있는 감염병이다.

014 질병 전파의 개달물에 해당되는 것은?

① 공기, 물 ② 우유, 음식물
③ 파리, 모기 ④ 의복, 침구

해설 수건, 의류, 서적, 인쇄물 등 개달물에 의해 감염된다.

015 감염병 관리상 보건관리가 가장 어려운 대상은?

① 건강 보균자 ② 잠복기 보균자
③ 불현성 감염자 ④ 회복기 환자

해설 건강 보균자는 증상이 없으면서 균을 보유하고 있는 자로서 보건관리가 가장 어렵다.

016 인공 능동면역의 특성을 가장 잘 설명한 것은?

① 생균백신, 사균백신 및 순화독소의 접종으로 형성되는 면역
② 항독소 등 인공제제를 접종하여 형성되는 면역
③ 각종 감염병 감염 후 형성되는 면역
④ 모체로부터 태반이나 수유를 통해 형성되는 면역

해설 인공 능동면역의 특성은 생균백신, 사균백신 및 순화독소의 접종으로 형성되는 면역이다.

017 다음 중 제2급 법정 감염병이 아닌 것은?

① 디프테리아 ② 결핵
③ 콜레라 ④ 홍역

해설 디프테리아는 제1급 법정 감염병이다.

018 다음 중 1급 법정 감염병인 것은?

① 장티푸스 ② 페스트
③ 일본뇌염 ④ 결핵

해설 보기 중 1급 법정 감염병은 페스트이다.

019 다음 중 2급 법정 감염병인 것은?

① 야토병
② 두창
③ 엠폭스(MPOX)
④ 파상풍

해설 엠폭스(MPOX)는 2급 법정 감염병이다.

020 **제1급 감염병의 특징과 거리가 먼 것은?**

① 치명률이 높거나 집단으로 발생한다.
② 유행 즉시 신고해야 한다.
③ 24시간 이내에 신고해야 한다.
④ 음압격리와 같은 높은 수준의 격리가 필요하다.

해설 발생 또는 유행 즉시 신고해야 한다.

021 **인구 구성 중 14세 이하 인구가 65세 이상 인구의 2배 정도이며 출생률과 사망률이 모두 낮은 형은?**

① 별형 ② 종형
③ 항아리형 ④ 피라미드형

해설 종형은 14세 이하 인구가 65세 이상 인구의 2배 정도이며, 출생률과 사망률이 모두 낮은 형이다.

022 **조산아를 판단하는 출생 당시의 체중 기준은?**

① 3.0kg 이하 ② 2.5kg 이하
③ 1.2kg 이하 ④ 2.0kg 이하

해설 조산아는 2.5kg 이하(미숙아)를 기준으로 한다.

023 **세안수로서 경수를 연수로 만들 때 사용하는 것은?**

① 붕사 ② 에탄올
③ 크레졸 ④ 석탄산

해설 경수에 붕사를 넣으면 물속의 마그네슘이나 칼슘 같은 염류와 결합하여 연수가 된다.

024 **물의 경수와 연수에 대한 설명으로 옳지 않은 것은?**

① 경수는 거품이 잘 일어나지 않고 뻣뻣하다.
② 일시경수는 끓이면 경도가 낮아져 연수가 된다.
③ 물 10L 중 1mg의 탄산칼슘이 들어있을 때를 경도 1도라 한다.
④ 연수는 수돗물이 대표적이다.

해설 물 1L 중 1mg의 탄산칼슘이 들어있을 때를 경도 1도라 한다.

025 **하수오염도를 측정하는 방법에 대한 설명이 틀린 것은?**

① BOD가 높으면 오염도가 높다.
② COD는 유기물을 무기물로 산화시킬 때 필요로 하는 산소요구량이다.
③ 용존산소가 부족할 때 오염도가 낮다.
④ BOD는 유기 물질을 산화시키는데 소비되는 산소량이다.

해설 용존산소량이 낮으면 오염도가 높다.

026 **인체가 느끼는 불쾌지수를 표시하는 것으로 가장 알맞은 것은?**

① 기류와 기습 영향 ② 기온과 기습 영향
③ 기습과 기압 영향 ④ 기압과 기류 영향

해설 인체가 느끼는 불쾌지수는 기온과 기습의 영향이다.

027 **실내 공기의 오염 지표로 주로 측정되는 것은?**

① 질소(N_2) ② 염화불화탄소(CFC)
③ 이황산가스(SO_2) ④ 이산화탄소(CO_2)

해설 실내 공기의 오염 지표는 이산화탄소(CO_2)이다.

028 **일반적으로 공기 중 이산화딘소(CO_2)는 몇 %를 차지하고 있는가?**

① 0.03% ② 0.3%
③ 3% ④ 13%

해설 공기 중 이산화탄소는 약 0.03%를 차지한다.

정답								
	009	010	011	012	013	014	015	016
	④	④	②	②	③	④	①	①
	017	018	019	020	021	022	023	024
	①	②	③	③	②	②	①	③
	025	026	027	028				
	③	②	④	①				

029 다음 중 실내에서 다수인이 밀집한 상태의 실내 공기 변화 상태는?

① 온도 상승 – 상대습도 증가 – 이산화탄소 증가
② 온도 하강 – 상대습도 증가 – 이산화탄소 감소
③ 온도 상승 – 상대습도 감소 – 이산화탄소 감소
④ 온도 상승 – 상대습도 증가 – 이산화탄소 감소

해설 실내에 다수인이 밀집한 상태의 실내 공기 변화는 온도 상승 – 상대습도 증가 – 이산화탄소 증가이다.

030 다음 불쾌지수(DI)의 설명 중 가장 알맞은 것은?

① 기류와 기습 영향에 의하여 인체가 느끼는 불쾌감을 숫자로 표시
② 기온과 기습 영향에 의하여 인체가 느끼는 불쾌감을 숫자로 표시
③ 기습과 기압 영향에 의하여 인체가 느끼는 불쾌감을 숫자로 표시
④ 기압과 기류 영향에 의하여 인체가 느끼는 불쾌감을 숫자로 표시

해설 불쾌지수(DI)는 기온과 기습 영향에 의하여 인체가 느끼는 불쾌감을 숫자로 표시한다.

031 다음 대기오염물질 중 인체의 기관지, 심폐질환, 등 심한 자극을 주며 식물을 고사시키는 것은?

① 아황산가스(SO_2)
② 염화불화탄소(CFC)
③ 일산화탄소(CO)
④ 이산화질소(NO_2)

해설 아황산가스(SO_2)는 대기오염 지표이며, 독성이 강하여 식물이 죽고 금속을 부속시키며, 자극이 강해 기관지, 만성 염증, 심폐질환, 합병증을 일으킬 수 있다.

032 다음 중 실내 환경기준에 적합한 것은?

① 온도 : 17~18℃, 습도 : 40~80%
② 온도 : 20~25℃, 습도 : 60~80%
③ 온도 : 17~18℃, 습도 : 40~70%
④ 온도 : 20~25℃, 습도 : 60~80%

해설 실내 환경기준은 온도 17~18℃, 습도 40~70%이다.

033 공기의 자정 작용이 아닌 것은?

① 산화 작용
② 희석 작용
③ 여과 작용
④ 자외선에 의한 살균 작용

해설 공기의 자정 작용은 희석 작용, 산화 작용, 살균 작용, 교환 작용, 세정 작용이다.

034 수질오염 피해 중 납 중독 증상으로 거리가 먼 것은?

① 빈혈 ② 신장 기능 장애
③ 뇌 중독 ④ 신경마비

해설 납 중독은 빈혈, 신경마비, 뇌 중독 증상이다.

035 독소형 식중독이 아닌 것은?

① 웰치균 ② 포도상구균
③ 병원성 대장균 ④ 보툴리누스균

해설 독소형 식중독에는 웰치균, 포도상구균, 보툴리누스균이 있다.

036 식중독의 병인론적 분류 중에서 일반적으로 잠복기가 가장 긴 것은?

① 화학물질에 의한 식중독
② 포도상구균 식중독
③ 기타 독소형 식중독
④ 감염형 식중독

해설 잠복기는 화학물질에 의한 식중독 0~30분, 포도상구균 식중독 약 2시간, 기타 독소형 식중독 약 12시간, 감염형 식중독 20시간 이상이다.

037 자연독 식중독 중 복어의 독소는?

① 삭시톡신 ② 무스카린
③ 테트로도톡신 ④ 솔라닌

해설 복어의 독소는 테트로도톡신이다.

038 식품의 변질에 대한 설명이 잘못된 것은?

① 산패 : 지질의 변패로서 냄새, 색이 변질된 상태이다.
② 변패 : 단백질의 성분이 변질된 상태이다.
③ 부패 : 단백질 분해로 유해물질이 발생하여 냄새가 난다.
④ 발효 : 좋은 미생물에 의해 좋은 상태로 발현된다.

해설 변패는 단백질 외의 탄수화물, 지질의 성분이 변질된 상태이다.

039 기생충 질환이 유행하게 되는 원인에 해당하지 않는 것은?

① 분변의 비료화 ② 환경 불량
③ 비위생적 일상생활 ④ 대기오염

해설 기생충 질환의 원인은 분변의 비료화, 환경 불량, 비위생적인 일상생활이다.

040 미생물의 성장에 가장 중요한 요소가 아닌 것은?

① 습도 ② 영양
③ 온도 ④ 농도

해설 미생물 번식 3대 요소는 온도, 습도, 영양분이다.

041 호기성 세균이 아닌 것은?

① 결핵균 ② 보툴리누스균
③ 녹농균 ④ 백일해균

해설 호기성 세균은 디프테리아균, 결핵균, 백일해균, 녹농균이다.

042 세균이 가장 잘 자라는 최적 수소이온농도에 해당되는 것은?

① 약산성 ② 강산성
③ 중성 ④ 강알칼리성

해설 세균 증식에 가장 적합한 최적 수소이온농도는 pH 6~8(중성 또는 약알칼리성)이다.

043 식중독 발생인자인 솔라닌과 관련이 있는 것은?

① 감자 ② 모시조개
③ 버섯 ④ 복어

해설 식중독 발생인자는 솔라닌(감자), 베네루핀(모시조개), 무스카린(버섯), 테트로도톡신(복어)이다.

044 식물성 자연독의 연결이 틀린 것은?

① 감자 : 솔라닌
② 독버섯 : 무스카린
③ 독미나리 : 시큐톡신
④ 청매 : 테물린

해설 청매는 아미그달린이다.

045 산소가 없어도 성장하는 균은?

① 호기성 균 ② 혐기성 균
③ 통성혐기성 균 ④ 미호기성 균

해설 혐기성 세균은 산소가 필요하지 않은 세균, 호기성 세균은 산소가 필요한 세균이다.

정답								
	029	030	031	032	033	034	035	036
	①	②	①	③	③	②	③	④
	037	038	039	040	041	042	043	044
	③	②	④	④	②	③	①	④
	045							
	②							

046 침입 경로가 호흡기계인 것은?

① 유행성 이하선염 ② 콜레라
③ 세균성 이질 ④ 장티푸스

해설 콜레라, 세균성 이질, 장티푸스는 침입 경로가 소화기계이다.

047 기생충 중 산란과 동시에 감염 능력이 있으며, 건조에 저항성이 커서 집단 감염이 가장 잘 되는 기생충은?

① 모충 ② 구충
③ 회충 ④ 요충

해설 요충은 물, 집단 감염(의복, 침구류 전파), 소아 감염이 잘 되는 인구 밀집 지역에 많이 분포되어 있다.

048 인체에 질병을 일으키는 병원체 중 대체로 살아 있는 세포에서만 증식하고 크기가 가장 작아 전자 현미경으로만 관찰할 수 있는 것은?

① 구균 ② 간균
③ 바이러스 ④ 원생동물

해설 바이러스는 병원체 중 가장 작아 전자 현미경으로 관찰이 가능하고, 살아 있는 세포 내에서만 생존한다.

049 운동성을 지닌 세균의 부속기관은?

① 섬모 ② 아포
③ 편모 ④ 축사

해설 세균의 균체 표면의 편모는 운동성을 가진다.

050 아포 생성균을 121℃에서 15~20분간 적용시키는 멸균법은?

① 유통증기 멸균법 ② 자비 소독법
③ 건열 멸균법 ④ 고압증기 멸균법

해설 고압증기 멸균법은 고온 고압의 수증기를 이용해 미생물과 포자형성균(아포)의 멸균에 가장 효과적이며, 100℃ 이상 고압에서 기본 15파운드로 20분 가열한다.

051 금속제품을 소독하고자 할 때 가장 적절하지 못한 것은?

① 크레졸 ② 승홍
③ 역성비누 ④ 알코올

해설 금속류는 승홍수 소독에 부적합하다.

052 살균작용의 기전 중 산화에 의하지 않는 소독제는?

① 차아염소산나트륨 ② 석탄산
③ 표백분 ④ 염소 유기 화합물

해설 살균 작용의 기전 중 산화에 의한 소독제는 오존, 과산화수소, 표백제, 염소, 차아염소산이다.

053 다음 중 고무장갑이나 플라스틱의 소독에 가장 적합한 것은?

① E.O 가스 살균법 ② 고압증기 멸균법
③ 자비 소독법 ④ 오존 멸균법

해설 고무, 플라스틱, 아포는 E.O 가스 멸균법으로 소독한다.

054 승홍의 소독과 관련 없는 것은?

① 온도가 높을수록 살균 효과가 좋다.
② 금속을 부식시킨다.
③ 물에 잘 녹지 않고 살균력과 독성이 매우 강하다.
④ 1~5% 수용액을 사용한다.

해설 승홍 소독은 0.1% 수용액을 사용한다.

055 가격이 저렴하고 살균력이 있으며 쉽게 증발되어 잔여량이 없는 살균제는?

① 알코올 ② 크레졸
③ 요오드 ④ 페놀

해설 알코올은 가격이 저렴하고, 사용법이 간단하며, 독성이 적다.

056 상처를 소독하는 데 이용하며, 미생물을 살균하는 소독제는?

① 역성비누 ② 과산화수소
③ 크레졸수 ④ 에탄올

해설 과산화수소는 구강, 피부 상처 소독에 사용하고, 표백 효과가 있으며 산화 작용으로 미생물을 살균한다.

057 3% 수용액으로 구내염, 입안 세척, 피부 상처 소독 등에 사용하는 소독약은?

① 과산화수소 ② 알코올
③ 크레졸 ④ 석탄산

해설 과산화수소는 구강 및 피부 상처 소독, 표백 효과가 있으며 산화 작용으로 미생물을 살균한다.

058 음용수, 상수의 소독 방법으로 알맞은 것은?

① 염소 소독 ② 증기 소독
③ 자비 소독 ④ 승홍액 소독

해설 염소(액체 염소) 소독의 대상물은 음용수, 상수도, 하수도, 아포이다.

059 100℃의 유통증기 속에서 30~60분간 멸균시킨 다음 24시간마다 3회 반복하는 멸균법은?

① 간헐 멸균법 ② 유통증기 멸균법
③ 건열 멸균법 ④ 고압증기 멸균법

해설 간헐 멸균법은 100℃에서 30~60분간 24시간마다 가열 처리 3회 반복한다.

060 소독과 멸균의 원리로 옳지 않은 것은?

① 자비 소독은 100℃에서 15~20분 이상 소독을 한다.
② 건열 멸균은 100℃에서 30분간 소독한다.
③ 고압증기 멸균법은 아포형성균 멸균에 최적이다.
④ 저온살균은 유제품을 63℃에서 30분간 살균 처리한다.

해설 건열 멸균은 140℃에서 3시간, 160℃에서 1시간 이상 멸균한다.

061 건열 멸균 방법에 해당하지 않는 것은?

① 멸균기를 사용하여 160~170℃에서 1~2시간 처리한다.
② 주로 건열 멸균기를 사용한다.
③ 고압 멸균법을 도입하고 있다.
④ 유리기구, 주사침 등의 처리에 이용된다.

해설 건열 멸균 방법은 유리기구, 주사침 등을 건열 멸균기를 사용하여 160~170℃에서 1~2시간 처리한다.

062 크레졸에 대한 설명으로 알맞은 것은?

① 석탄산의 2배 정도 효과가 있다.
② 이온 상태에서 강한 살균 작용을 한다.
③ 0.1% 수용액으로 무색, 무취 또는 백색의 결정성 분말이다.
④ 점막, 피부 외상 소독에 효과가 있다.

해설 크레졸은 석탄산의 2배 정도 효과가 있다.

063 이·미용실에 소독 약품을 보관할 시 반드시 착색을 하여 잘 보관하여야 하는 것은?

① 크레졸수 ② 포르말린수
③ 석탄산수 ④ 승홍수

해설 승홍수는 착색을 하여 잘 보관해야 한다.

정답								
	046	047	048	049	050	051	052	053
	①	④	③	③	④	②	②	①
	054	055	056	057	058	059	060	061
	④	①	②	①	①	①	②	③
	062	063						
	①	④						

064 에틸렌옥사이드(E.O) 가스의 설명으로 잘못된 것은?

① 비용이 비교적 비싸다.
② 멸균 후 보존 기간이 길다.
③ 50~60℃의 저온에서 멸균된다.
④ 멸균 완료 후 즉시 사용 가능하다.

해설 E.O 가스 멸균법은 대상물의 표면에 흡착된 에틸렌옥사이드를 제거하기 위해 장시간을 요하는 결점이 있다.

065 170℃에서 60분간 가열하는 멸균법은?

① 간헐 멸균법 ② 유통증기 멸균법
③ 건열 멸균법 ④ 자비 소독법

해설 건열 멸균법은 170℃에서 1~2시간 가열하고 멸균 후 서서히 냉각시킨다.

066 석탄산 소독의 장점은?

① 부식성이 승홍보다 높다.
② 상처 속에 대한 효과가 크다.
③ 피부 및 점막에 자극이 없다.
④ 안전성이 높고 화학변화가 적다.

해설 석탄산 소독의 장점은 안정성이 높고 화학변화가 적은 것이다.

067 공중위생영업의 미용업 시설 및 설비기준으로 알맞은 것은?

① 미용기구는 소독을 한 기구와 소독을 하지 아니한 기구를 구분하여 보관할 수 있는 용기를 비치해야 한다.
② 소독기·자외선 살균기 등 미용기구를 소독하는 장비를 갖추지 않아도 된다.
③ 탈의실과 목욕실은 남녀 구분하여 운용하여야 한다.
④ 영업소 안에는 별실 그 밖에 이와 유사한 시설을 설치해서는 안 된다.

해설 소독기·자외선 살균기 등 미용기구를 소독하는 장비를 갖추어야 한다. ③ 목욕장업 ④ 이용업의 시설 및 설비기준이다.

068 미용업자 위생관리 기준에 관한 사항 중 틀린 것은?

① 점 빼기·귓불 뚫기·쌍꺼풀 수술·문신·박피술 그 밖에 이와 유사한 의료 행위를 해서는 안 된다.
② 피부미용을 위하여 약사법 규제에 의한 의약품 또는 의료기기를 사용해서는 안 된다.
③ 업소 내에 미용업 신고증, 개설자의 면허증 원본 및 미용 요금표를 게시해야 한다.
④ 영업장 안의 조명도는 150럭스 이상이 되도록 유지해야 한다.

해설 영업장 안의 조명도는 75럭스 이상이 되도록 유지한다.

069 위생교육대상자 중 질병 등 부득이한 사유로 위생교육을 받을 수 없다고 인정되는 자에 대하여는 통지된 교육일로부터 몇 개월 이내에 위생교육을 받을 수 있는가?

① 1개월 ② 2개월
③ 3개월 ④ 6개월

해설 천재지변, 본인의 질병 또는 사고, 업무상 국외 출장 등의 경우, 교육을 실시하는 단체의 사정 등으로 미리 교육을 받기 불가능한 경우 영업 신고 후 6개월 이내에 위생 교육을 받을 수 있다.

070 평가의 전문성을 높이기 위하여 필요하다고 인정하는 경우에는 전문기관 및 단체로 하여금 위생서비스 평가를 실시하게 할 수 있는 자는?

① 대통령
② 보건복지부장관
③ 시장·군수·구청장
④ 시·도지사

해설 위생 서비스 평가는 시장·군수·구청장이 실시한다.

071 **관계공무원이 영업소를 폐쇄하기 위한 조치가 아닌 것은?**

① 영업소 철거
② 해당 영업소의 간판, 기타 영업 표지물의 제거
③ 해당 영업소가 위법함을 알리는 게시물 등의 부착
④ 영업에 필수 불가결한 기구 또는 시설물을 사용할 수 없게 봉인

해설 해당 영업소의 간판 및 영업 표지물을 제거, 해당 영업소가 위법한 영업소임을 알리는 게시물 등의 부착, 영업을 위하여 필수 불가결한 기구 또는 시설물을 사용할 수 없게 하는 봉인을 한다.

072 **공중위생관리법상 공중위생영업의 신고를 하는 경우의 구비 서류가 아닌 것은?**

① 교육수료증
② 영업신고서
③ 영업시설 및 설비개요서
④ 이·미용사 자격증

해설 영업 신고 시 구비 서류는 영업신고서, 영업시설 및 설비개요서, 교육수료증(미리 교육을 받은 경우)이다. 미용업의 경우 신고서를 제출받은 시장·군수·구청장은 행정정보의 공동이용을 통하여 면허증을 확인해야 한다.

073 **신고를 하지 않고 영업소의 소재지를 변경한 경우의 1차 행정 처분은?**

① 경고 ② 영업정지 1월
③ 영업정지 3월 ④ 영업정지 6월

해설 신고를 하지 아니하고 영업소의 소재지를 변경한 경우의 행정 처분은 1차 : 영업정지 1월, 2차 : 영업정지 2월, 3차 : 영업장 폐쇄명령이다.

074 **다음 괄호 안에 들어갈 말은?**

공중위생영업자는 신고한 영업장 면적의 ( ) 이상의 증감이 있을 때 변경 신고를 하여야 한다.

① 2분의 1 ② 3분의 1
③ 4분의 1 ④ 5분의 1

해설 신고한 영업장 면적의 1/3 이상의 증감이 있을 때 변경 신고해야 한다.

075 **영업의 신고 전에 미리 위생교육을 받기 불가능한 경우가 아닌 것은?**

① 천재지변
② 부모의 질병, 사고
③ 업무상 국외 출장 등의 사유
④ 교육을 실시하는 단체의 사정

해설 미리 위생교육을 받기 불가능한 경우는 본인의 질병, 사고이다.

076 **시·도지사 또는 시장·군수·구청장의 개선명령을 이행하지 아니한 때의 1차 행정 처분은?**

① 경고 ② 개선명령
③ 영업정지 1월 ④ 영업정지 2월

해설 개선명령을 이해하지 아니한 때는 1차 : 경고, 2차 : 영업정지 10일, 3차 : 영업정지 1월, 4차 : 영업장 폐쇄명령이다.

077 **공중위생영업소를 개설하고자 하는 자는 언제 위생 교육을 받아야 하는가?**

① 1년 이내 ② 6개월 이내
③ 3개월 이내 ④ 미리 받는다.

해설 영업하고자 시설 및 설비를 갖추고 신고하고자 하는 자는 개설하기 전에 미리 위생 교육을 받아야 한다.

078 **관계공무원의 영업소 출입·검사를 거부, 방해, 기피했을 때 영업자의 과태료는?**

① 500만 원 이하 ② 300만 원 이하
③ 200만 원 이하 ④ 100만 원 이하

해설 300만 원 이하의 과태료 : 출입, 검사, 기타 조치를 거부, 방해 또는 기피한 자

정답	064	065	066	067	068	069	070	071
	④	③	④	①	④	④	③	①
	072	073	074	075	076	077	078	
	④	②	②	②	①	④	②	

079 이·미용사의 면허증을 대여한 때의 1차 위반 행정 처분기준은?

① 면허정지 3월 ② 영업정지 3월
③ 면허정지 6월 ④ 영업정지 6월

해설 이·미용사 면허증 대여 시 처벌은 1차 : 면허정지 3월, 2차 : 면허정지 6월, 3차 : 면허취소이다.

080 보고 및 출입·검사에 대한 내용으로 틀린 것은?

① 시·도지사에게 필요한 보고를 한다.
② 소속 공무원으로 하여금 영업장에 출입시킨다.
③ 영업장 출입 시 관계공무원은 그 권한의 증표를 보여야 한다.
④ 공중위생관리상 필요와 관련 없이 수시로 출입시킨다.

해설 공중위생관리상 필요하다고 인정할 때 출입 가능하다.

081 미용업자가 시·군·구청장에게 변경신고를 해야 하는 사항이 아닌 것은?

① 영업소의 명칭 변경
② 영업소의 주소 변경
③ 영업소 내 시설 인테리어의 변경
④ 신고한 영업장 면적의 1/3 이상의 증감

해설 공중위생영업의 영업소의 명칭 또는 상호 변경, 신고한 영업장 면적의 1/3 이상의 증감, 영업소 주소의 변경이 있을 때 변경신고한다.

082 공중위생감시원을 둘 수 없는 곳은?

① 읍, 면, 동 ② 시·군·구
③ 광역시, 도 ④ 특별시

해설 공중위생감시원은 특별시, 광역시, 도, 시, 군, 구에 둔다.

083 영업소 외의 장소에서 이·미용 업무를 행할 수 있는 경우로 틀린 것은?

① 방송 등의 촬영에 참여하는 사람에 대하여 그 촬영 직전에 하는 경우
② 손님이 긴급히 국외에 출타하려는 자에 대한 요청이 있을 경우
③ 혼례, 기타 의식에 참여하는 자의 경우
④ 시장·군수·구청장이 인정한 경우

해설 질병·고령·장애나 그 밖의 사유로 인하여 영업소에 나올 수 없는 자의 경우, 혼례나 그 밖의 의식에 참여하는 자에 대하여 그 의식 직전에 하는 경우, 사회복지시설에서 봉사활동으로 업무를 하는 경우, 방송 등의 촬영에 참여하는 사람에 대하여 그 촬영 직전에 하는 경우, 시장·군수·군청장이 인정하는 경우에만 영업소 외의 장소에서 업무를 행할 수 있다.

084 천재지변, 그밖에 부득이한 사유로 과징금을 납부할 수 없을 때 며칠 이내 납부해야 하는가?

① 그 사유가 없어진 날부터 7일 이내
② 그 사유가 없어진 날부터 5일 이내
③ 그 사유가 없어진 날부터 10일 이내
④ 그 사유가 없어진 날부터 15일 이내

해설 천재지변, 그 밖에 부득이한 사유로 인하여 그 기간 내에 납부할 수 없을 때에는 그 사유가 없어진 날로부터 7일 이내에 납부해야 한다.

085 공익상 또는 선량한 풍속을 유지하기 위하여 필요하다고 인정하는 때에는 이·미용업의 영업시간 및 영업행위에 관한 필요한 제한을 할 수 있는 자는?

① 보건복지부장관
② 시·도지사
③ 시장·군수·구청장
④ 교육부장관

해설 시·도지사는 공익상 또는 선량한 풍속을 유지하기 위하여 필요하다고 인정하는 때에는 공중위생영업자 및 종사원에 대하여 영업시간 및 영업행위에 관한 필요한 제한을 할 수 있다.

086 영업소 폐쇄명령을 받은 후 동일한 장소에서 같은 종류의 영업을 하고자 할 때 얼마의 기간이 지나야 가능한가?

① 2개월　② 6개월
③ 10개월　④ 1년

해설 「성매매알선 등 행위의 처벌에 관한 법률」 등 외의 법률의 위반으로 폐쇄명령이 있은 후 6개월이 경과하지 아니한 때에는 누구든지 그 폐쇄명령이 이루어진 영업장소에서 같은 종류의 영업을 할 수 없다.

087 과태료 300만 원 처분에 해당하지 않는 자는?

① 시장·군수·구청장이 공중위생관리상 필요하다고 인정하여 요청한 보고를 하지 아니한 자
② 개선명령에 위반한 자
③ 관계공무원의 출입·검사·기타 조치를 거부·방해 또는 기피한 자
④ 미용업소의 위생관리 의무를 지키지 아니한 자

해설 미용업소의 위생관리 의무를 지키지 아니한 자는 200만 원 이하의 과태료이다.

088 1년 이하의 징역 또는 1천만 원 이하의 벌금에 처할 수 있는 것은?

① 면허의 취소 또는 정지 중에 미용업을 한 자
② 미용업 신고를 하지 아니하고 영업을 한 자
③ 보건복지부령이 정하는 중요한 사항을 변경하고도 변경 신고하지 아니한 자
④ 음란행위를 알선에 대한 손님의 요청에 응한 자

해설 1년 이하의 징역 또는 1천만 원 이하의 벌금은 영업의 신고를 하지 아니한 자, 영업정지 명령 또는 일부 시설의 사용중지 명령을 받고도 그 기간 중에 영업을 하거나 그 시설을 사용한 자, 영업소 폐쇄명령을 받고도 계속하여 영업을 한 자에 해당한다.

089 일반적으로 이·미용업소에서 이·미용작업을 통하여 감염될 수 있는 가능성이 가장 적은 것은?

① 인플루엔자　② 세균성 이질
③ 트라코마　④ 결핵

해설 세균성 이질은 수질과 식품에 의한 감염이다.

090 과태료를 부과할 수 있는 처분권자는?

① 대통령
② 특별시장, 광역시장, 도지사
③ 시장·군수·구청장
④ 시·도지사

해설 과태료는 시장·군수·구청장이 부과한다.

091 시장·군수·구청장이 영업소 폐쇄를 명하는 경우가 아닌 것은?

① 영업정지처분을 받고도 그 영업정지 기간에 영업을 한 경우
② 공중위생영업자가 시설 및 설비 기준을 위반한 경우
③ 공중위생영업자가 정당한 사유 없이 6개월 이상 계속 휴업하는 경우
④ 공중위생영업자가 관할 세무서장에게 폐업신고를 하거나 관할 세무서장이 사업자 등록을 말소한 경우

해설 시장·군수·구청장이 영업소 폐쇄를 명할 때는 영업정지처분을 받고도 그 영업정지 기간에 영업을 한 경우, 공중위생영업자가 정당한 사유 없이 6개월 이상 계속 휴업하는 경우, 공중위생영업자가 관할 세무서장에게 폐업신고를 하거나 관할 세무서장이 사업자 등록을 말소한 경우이다.

정답	079	080	081	082	083	084	085	086
	①	④	③	①	②	①	②	②
	087	088	089	090	091			
	④	②	②	③	②			

092 다음 괄호 안에 들어갈 말로 적절한 것은?

> 공중위생영업자는 그 이용자에게 건강상 ( )(이)가 발생하지 아니하도록 영업 관련 시설 및 설비를 안전하게 관리해야 한다.

① 질병 ② 사망
③ 감염병 ④ 위해 요인

해설 영업자는 그 이용자에게 건강상 위해 요인이 발생되지 않도록 영업 관련 시설 및 설비를 위생적이고 안전하게 관리한다.

093 미용업에 관한 시설 및 설비기준으로 적당한 것은?

① 소독한 기구와 소독하지 아니한 기구를 구분 보관할 수 있는 용기가 비치되어야 한다.
② 탈의실, 욕실, 욕조 및 샤워기를 설치해야 한다.
③ 진공청소기를 2대 이상 비치하여야 한다.
④ 적외선 살균기를 갖추어야 한다.

해설 소독한 기구와 하지 아니한 기구를 구분 보관할 수 있는 용기가 비치되어 있어야 한다.

094 청문을 실시해야 할 행정 처분 내용은?

① 시설 개수
② 경고
③ 일부 시설의 사용중지
④ 시정 명령

해설 이·미용사의 면허취소 및 면허정지, 공중위생영업의 정지, 일부 시설의 사용중지 및 영업소 폐쇄명령 등의 처분을 하고자 하는 때에는 청문을 실시한다.

095 다음 중 청문 대상이 아닌 것은?

① 면허정지 및 면허취소
② 자격증 취소
③ 영업소 폐쇄명령
④ 영업정지

해설 이·미용사의 면허취소 및 면허정지, 공중위생영업의 정지, 일부 시설의 사용중지 및 영업소 폐쇄명령 등의 처분을 하고자 하는 때에 청문을 실시한다.

096 과징금 부과 기준에서 영업소에 대한 처분일이 속한 년도의 전년도 총 매출 금액의 기준이 되는 기간은?

① 6개월 ② 1년
③ 2년 ④ 3년

해설 과징금 부과는 해당 영업소에 대한 처분일이 속한 년도의 전년도 1년간 총 매출 금액을 기준으로 한다.

097 면허를 반드시 취소해야 하는 경우는?

① 이·미용사의 면허 취소 등의 법률을 위반한 때
② 면허증을 다른 사람에게 대여한 때
③ 「이·미용사의 면허 취소 등의 법률」 규정에 의한 명령을 위반한 때
④ 면허 결격 사유에 해당될 때

해설 면허 결격 사유에 해당될 때에는 면허를 취소해야 한다.

098 공중위생관리법에 따른 과징금의 부과 및 납부에 관한 사항으로 틀린 것은?

① 시장·군수·구청장은 과징금을 납부해야 할 자가 기간 내에 납부하지 아니한 때에는 「지방세 외 수입금의 징수 등에 관한 법률」에 따라 징수한다.
② 통지를 받은 날부터 20일 이내에 납부한다.
③ 과징금은 4분의 3 범위에서 과징금을 늘리거나 줄일 수 있다.
④ 과징금의 징수 절차는 보건복지부령으로 정한다.

해설 과징금의 2분의 1 범위에서 과징금을 늘리거나 줄일 수 있다.

099 이·미용실에서 사용하는 쓰레기통의 소독에 적합한 것은?

① 염소 ② 에탄올
③ 포르말린 ④ 생석회

해설 생석회 대상물은 화장실, 분변, 하수도, 쓰레기통이다.

100 **미용사의 면허를 받을 수 없는 자에 해당되지 않는 사람은?**

① 피성년후견인
② 정신질환자 또는 간질병자
③ 면허가 취소된 후 3년이 경과되지 아니한 자
④ 감염병환자로 보건복지부령이 정하는 자

해설 면허가 취소된 후 1년이 경과되지 아니한 자는 면허를 받을 수 없다.

101 **미용업을 하는 자가 지켜야 할 사항이 아닌 것은?**

① 미용업 신고증을 영업소 안에 게시할 것
② 의료기구와 의약품을 사용하지 아니하는 순수한 화장 또는 피부미용을 할 것
③ 미용기구는 소독을 한 기구와 소독을 하지 아니한 기구로 분리하여 보관할 것
④ 면도기는 소독한 면도날만을 손님에게 사용할 것

해설 면도기는 1회용 면도날만을 손님 1인에 한하여 사용한다.

102 **다음 보기 중 공중위생영업 변경신고를 꼭 해야 하는 경우를 고르면?**

> ㉠ 영업소의 상호 변경
> ㉡ 영업소의 주소 변경
> ㉢ 영업소 내부 인테리어 개조
> ㉣ 신고한 영업장 면적의 1/4의 증감

① ㉠, ㉡　　② ㉠, ㉢
③ ㉢, ㉣　　④ ㉡, ㉢

해설 공중위생영업의 변경 신고를 해야 하는 상황은 영업소의 명칭 또는 상호 변경, 신고한 영업장 면적의 1/3 이상의 증감, 영업소 주소의 변경이 있을 때이다.

103 **공중위생관리를 위한 지도·계몽 등을 행하게 하기 위하여 둘 수 있는 것은?**

① 공중위생조사원
② 명예공중위생감시원
③ 공중위생 전문 교육원
④ 공중위생 평가 단체

해설 공중위생의 관리를 위한 지도·계몽 등을 행하게 하기 위하여 명예공중위생감시원을 둘 수 있다.

104 **이·미용사가 마약 중독자라고 판정될 때 취할 수 있는 조치 사항은?**

① 자격정지　　② 업무정지
③ 업소폐쇄　　④ 면허취소

해설 마약 중독자는 면허를 받을 수 없으므로 마약 중독자에 해당될 경우 면허취소한다.

105 **다음 중 공중위생업자가 종류별 시설 및 설비기준을 위반 또는 위생관리 의무사항을 위반한 자에 대하여 보건복지부령이 명할 수 있는 것은?**

① 영업정지　　② 자격정지
③ 업무정지　　④ 개선명령

해설 공중위생영업의 종류별 시설 및 설비기준을 위반 또는 위생관리의무 등의 위반은 보건복지부령으로 정하는 바에 따라 기간을 정하여 그 개선을 명할 수 있다.

정답	092	093	094	095	096	097	098	099
	④	①	③	②	②	④	③	④
	100	101	102	103	104	105		
	③	④	①	②	④	④		

106 면허증을 재발급 신청할 수 없는 경우는?

① 면허증을 분실한 때
② 면허증이 헐어 못쓰게 된 때
③ 면허증의 기재사항에 변경이 있을 때
④ 이·미용사 자격증이 취소된 때

해설 자격증이 취소된 경우는 재발급할 수 없다.

107 공중위생 시설의 소유자가 지켜야 하는 내용이 아닌 것은?

① 시설 이용자의 건강을 해할 우려가 있는 오염 물질이 발생되지 않도록 한다.
② 시설 이용자의 건강에 해가 없도록 위생관리를 해야 한다.
③ 영업소, 화장실, 기타 공중 이용 시설 안에서 위생관리를 해야 한다.
④ 소독기준 및 방법은 환경부령을 기준으로 정한다.

해설 이·미용기구의 소독기준 및 방법은 보건복지부령으로 정한다.

108 이·미용 업무의 보조를 할 수 있는 자는?

① 이·미용사의 감독을 받는 자
② 보건복지부가 인정한 자
③ 이·미용학원 수강생
④ 이·미용사 응시자

해설 이·미용사의 감독을 받아 미용 업무의 보조를 행하는 경우에는 종사할 수 있다.

109 이·미용업 영업소에서 음란한 물건을 관람·열람하게 하거나 진열 또는 보관할 경우의 1차 행정 처분은?

① 경고 ② 개선명령
③ 영업정지 1개월 ④ 영업장 폐쇄명령

해설 음란한 물건을 관람·열람하게 하거나 진열 또는 보관할 경우 1차 : 경고, 2차 : 영업정지 15일, 3차 : 영업정지 1월, 4차 : 영업장 폐쇄명령이다.

110 이·미용사의 면허를 받을 수 없는 자가 아닌 것은?

① 정신질환자
② 피성년후견인
③ 신용불량자
④ 면허가 취소된 후 1년 미만인 자

해설 이·미용사의 면허를 받을 시 신용불량자는 무관하다. 면허 결격 사유는 피성년후견인, 정신질환자, 공중의 위생에 영향을 미칠 수 있는 감염병 환자, 마약 기타 대통령령으로 정하는 약물중독자, 면허가 취소된 후 1년이 경과되지 아니한 자이다.

111 미용업 신고증 및 면허증 원본을 게시하지 아니한 때의 1차 행정 처분은?

① 개선명령
② 영업정지 10일
③ 영업정지 5일
④ 경고 또는 개선명령

해설 미용업 신고증 및 면허증 원본을 게시하지 않거나 업소 내 조명도를 준수하지 않은 경우의 행정 처분은 1차 : 경고 또는 개선명령, 2차 : 영업정지 5일, 3차 : 영업정지 10일, 4차 영업장 폐쇄명령이다.

112 공중위생영업자가 받아야 하는 위생교육 시간은?

① 매년 3시간 ② 매년 8시간
③ 2년마다 7시간 ④ 2년마다 8시간

해설 공중위생영업자는 매년 3시간 위생교육을 받아야 한다.

정답	106	107	108	109	110	111	112
	④	④	①	①	③	④	①

실전
모의고사편

미용사 네일 필기 실전모의고사 ❶

수험번호 :
수험자명 :

제한 시간 : 60분
남은 시간 : 60분

글자 크기 100% 150% 200% 화면 배치

전체 문제 수 : 60
안 푼 문제 수 :

답안 표기란

1	① ② ③ ④
2	① ② ③ ④
3	① ② ③ ④
4	① ② ③ ④

---

1 네일미용 역사에 대한 연결이 맞지 않는 것은?

① 이집트 – 헤나
② 고려시대 – 봉숭아물
③ 중국 – 홍화
④ 로마 – 염지갑화

2 외국 네일미용 역사에서 시대별 내용의 연결이 바른 것은?

① 1885년 : 네일 폴리시 필름 형성제인 니트로셀룰로오스가 개발되었다.
② 1900년 : 아몬드형 네일이 유행하였다.
③ 1948년 : 인조손톱(네일 팁)이 등장했다.
④ 1960년 : 아크릴 제품은 치과에서 사용하는 재료에서 발전했다.

3 1975년에 메틸 메타아크릴레이트와 같은 아크릴릭 네일제품이 인체에 유해함을 인정하고 사용을 금지시킨 미국의 정부 기관은?

① MSDS ② NASA
③ FDA ④ WHO

4 네일미용인의 직업적 윤리와 전문적인 자세의 거리가 먼 것은?

① 자기개발을 위해 새로운 기술을 연구하고 노력한다.
② 동료들의 재능을 인정하고 존중한다.
③ 동료들에 대한 비평에 동조하지 않아야 한다.
④ 화학물질을 안전하게 사용하고 관리하기 위하여 필요한 정보를 기재한다.

5 **화학물질의 안전관리에 대한 설명으로 바르지 않는 것은?**

① 렌즈의 사용을 피하고 보안경을 착용하는 것이 바람직하다.
② 창문을 열어 정기적인 환기를 해야 한다.
③ 화학물질은 피부에 닿아도 전혀 상관없기 때문에 신경 쓰지 않아도 된다.
④ 액티베이터의 경우 스프레이 타입보다 스포이드 타입을 사용하는 것이 좋다.

6 **점차적으로 네일이 탈락하는 증상으로 매독이나 당뇨병에 의하여 생기는 증상은?**

① 오니콥토시스
② 오티코리시스
③ 오니코그라이포시스
④ 오니코렉시스

7 **네일에 흰 반점이 나타나는 증상은?**

① 오니콕시스
② 행 네일
③ 커러제이션
④ 루코니키아

8 **고객관리 전에 고객의 피부 건강, 네일 상태, 알러지, 원하는 서비스의 여부, 생활 습관, 최종적으로 선택한 서비스 등에 대한 것들을 작성하도록 하는 고객관리의 내용은?**

① 고객에 대한 자세
② 시술 전 준비
③ 상담과 진단
④ 시술 후 처리

9 **피부의 기능 중 가장 미약한 것은?**

① 체온 조절의 기능
② 분비 기능
③ 보호 기능
④ 호흡 기능

답안 표기란	
5	① ② ③ ④
6	① ② ③ ④
7	① ② ③ ④
8	① ② ③ ④
9	① ② ③ ④

10 **피부 각질층에 대한 설명 중 옳지 않은 것은?**

① 비늘의 형태
② 생명력이 없는 세포
③ 피부의 방어대 역할 담당
④ 혈관이 얇게 분포

11 **공기의 접촉 및 산화와 관계있는 것은?**

① 검은 면포　　② 흰 면포
③ 원진　　④ 구진

12 **피부가 느끼는 감각 중 가장 예민한 감각은?**

① 촉각　　② 온각
③ 통각　　④ 냉각

13 **기초 화장품의 사용 목적 및 효과와 가장 거리가 먼 것은?**

① 피부 청결 유지　　② 피부 보습
③ 여드름 치료　　④ 여드름 방지

14 **SPF에 대한 설명으로 틀린 것은?**

① UV-B 방어 효과를 나타내는 지수이다.
② 오존층으로부터 자외선이 차단되는 정도를 알아보기 위한 목적으로 이용된다.
③ Sun Protection Factor의 약자로서 자외선 차단 지수이다.
④ 자외선 차단제를 바른 피부가 최소의 홍반을 일어나게 하는 데 필요한 자외선 양을 제품을 바르지 않은 피부가 최소의 홍반을 일어나게 하는 데 필요한 자외선 양으로 나눈 값이다.

15 **향수의 부향률이 낮은 것부터 순서대로 나열된 것은?**

① 샤워코롱 < 오데코롱 < 오데퍼퓸 < 오데토일렛 < 퍼퓸
② 샤워코롱 < 오데코롱 < 오데토일렛 < 오데퍼퓸 < 퍼퓸
③ 샤워코롱 < 오데코롱 < 오데토일렛 < 퍼퓸 < 오데퍼퓸
④ 샤워코롱 < 오데퍼퓸 < 오데토일렛 < 퍼퓸 < 오데코롱

답안 표기란	
10	① ② ③ ④
11	① ② ③ ④
12	① ② ③ ④
13	① ② ③ ④
14	① ② ③ ④
15	① ② ③ ④

16 골격계의 기능이 아닌 것은?

① 조혈 기능　　② 저장 기능
③ 지지 기능　　④ 생성 기능

17 발을 구성하는 뼈가 아닌 것은?

① 족지골　　② 수지골
③ 족근골　　④ 중족골

18 다리의 감각을 느끼고 근육의 운동을 조절하는 신경으로, 다리 뒤쪽을 따라 아래로 분포되어 있는 신경은?

① 정중신경　　② 근피신경
③ 대퇴신경　　④ 좌골신경

19 네일 폴리시의 기본 성분 중 대표적인 피막 형성제는?

① 톨루엔　　② 니트로셀룰로오스
③ 레진　　④ 이소프로필알코올

20 아세톤에 대한 설명으로 틀린 것은?

① 인조 네일의 유색 폴리시를 제거할 때에는 퓨어 아세톤을 사용한다.
② 아세톤의 과다 사용은 네일을 손상시킨다.
③ 아세톤은 인화성 물질이므로 취급에 주의를 기울인다.
④ 아세톤은 손톱과 피부를 건조하게 만든다.

21 큐티클 니퍼에 대한 설명으로 맞는 것은?

① 피부의 결대로 뒤로 빼듯이 사용하며, 한 줄로 이어 정리 후 반드시 소독한다.
② 최소 1개를 가지고 손과 발을 사용해도 된다.
③ 깨끗하게 하기 위해 큐티클은 깊게 잘라 낸다.
④ 거스러미가 일어나지 않도록 큐티클을 뜯어낸다.

답안 표기란	
16	① ② ③ ④
17	① ② ③ ④
18	① ② ③ ④
19	① ② ③ ④
20	① ② ③ ④
21	① ② ③ ④

22 **파일의 거칠기 정도를 구분하는 기준은?**

① 그릿(Grit)의 숫자를 기준으로 분류하며, 숫자가 클수록 부드럽다.
② 그릿(Grit)의 숫자를 기준으로 분류하며, 숫자가 작을수록 부드럽다.
③ 파일의 두께를 기준으로 분류하며, 두께가 두꺼울수록 거칠다.
④ 파일의 두께가 얇을수록 부드럽다.

23 **네일을 지칭하는 전문 용어는?**

① 케라틴 ② 마누스
③ 오닉스 ④ 오니코시스

24 **손톱은 한 달 평균 얼마나 자라는가?**

① 평균 약 1~3mm ② 평균 약 3~5mm
③ 평균 약 4~6mm ④ 평균 약 6~8mm

25 **케라틴의 구성 요소 중 가장 많이 차지하고 있는 화학 원소는?**

① 질소 ② 수소
③ 탄소 ④ 시스틴

26 **족욕기에 살균 비누를 넣는 이유로 옳은 것은?**

① 발의 상처를 소독하기 위해서
② 박테리아 살균을 위해서
③ 포자를 멸균하기 위해서
④ 큐티클을 제거하기 위해서

27 **라운드 형태의 네일에 관한 설명 중 바르지 않은 것은?**

① 매니큐어 시술 시 변경하는 형태이다.
② 손톱 끝부분에 원의 일부를 옮겨다 놓은 듯이 부드럽게 파일되어야 한다.
③ 스트레스 포인트부터 손톱 끝부분까지는 일직선이여야 하며, 손끝부터 둥글게 파일한다.
④ 좌우 대칭을 맞추어 파일한다.

답안 표기란	
22	① ② ③ ④
23	① ② ③ ④
24	① ② ③ ④
25	① ② ③ ④
26	① ② ③ ④
27	① ② ③ ④

답안 표기란	
28	① ② ③ ④
29	① ② ③ ④
30	① ② ③ ④
31	① ② ③ ④
32	① ② ③ ④

28 **전 처리제에 대한 설명으로 틀린 것은?**

① 네일 화장물의 밀착력을 높여주는 산성제품이다.
② 유지력을 높여주고 곰팡이 생성을 예방하며 자연 손톱 표면의 pH 밸런스를 맞춘다.
③ 자연 손톱 표면에 유·수분을 제거하기 위해 충분히 많이 바른다.
④ 네일 프라이머를 사용 시 눈과 호흡기의 안전을 위해 보안경과 마스크 착용한다.

29 **자연 네일 보강 재료의 종류가 아닌 것은?**

① 네일 폴리시 ② 아크릴 네일
③ 실크 네일 ④ 젤 네일

30 **다음 중 프렌치 컬러링에 대한 설명이 틀린 것은?**

① 프렌치 컬러링은 양쪽 대칭이 일정하지 않아도 된다.
② 프렌치 컬러링에 두께는 0.3~0.5cm 이내에 도포한다.
③ 컬러 본연의 색을 내기 위해 2회 도포하지만 컬러감에 따라 1~3회 사이로 증감 가능하다.
④ V자형, 사선형 컬러링은 응용된 프렌치 컬러링이다.

31 **다음 중 '색'과 '색채'를 설명한 것 중 잘못된 것은?**

① 물체의 색이 눈의 망막에 의해 지각됨과 동시에 느낌이나 연상, 상징 등을 함께 경험하는 지각적 현상을 '색채'라 한다.
② 물체의 색은 색채라 하고 연상이나 상징 등에 의해 느껴지는 것을 색이라 한다.
③ 빛이 물체를 비추었을 때 생겨나는 반사, 흡수, 투과 등의 과정을 통해 생기는 물리적인 지각 현상을 '색'이라 한다.
④ 빛이 우리 눈의 망막을 자극해 생겨나는 물리적 현상을 색이라 한다.

32 **네일 팁이 자연 네일과 접착되는 부분으로 네일 접착제를 바르는 곳은?**

① 웰(Well) ② 네일 베드
③ 웰 턱 ④ 프리에지

33 인조 네일 시술 시 네일 팁 사이즈 선택 방법으로 가장 거리가 먼 것은?

① 손톱이 클 경우 축소 효과를 위해 작은 사이즈 팁을 선택한다.
② 네일 팁이 자연 손톱 길이의 50% 이상 덮어서는 안 된다.
③ 손톱 양쪽 끝을 모두 커버해야 한다.
④ 웰 크기가 클 경우 갈아내거나 잘라서 사용한다.

34 클리어 젤의 특성이 아닌 것은?

① 소프트 젤은 퓨어 아세톤으로 제거가 가능하다.
② 하드 젤은 퓨어 아세톤으로 제거하기에 오랜 시간이 걸린다.
③ 라이트 큐어드 젤은 광선에 경화되는 젤로 우리가 일반적으로 쓰는 젤이다.
④ 노 라이트 큐어드 젤은 광선을 사용하지 않고 응고제를 사용하여 굳는 젤이다.

35 아크릴 작업에서 핀칭을 하는 이유는?

① 에칭을 주기 편하다.
② 리프팅을 방지한다.
③ C커브에 도움이 된다.
④ 하이 포인트 형성에 도움이 된다.

36 젤 폴리시를 경화시켜 주는 젤 UV램프 기기의 파장 범위는?

① UV-B(약 290~320nm)
② UV-A(약 320~400nm)
③ 적외선
④ UV-C(약 200~290nm)

37 UV 젤의 특징이 아닌 것은?

① 인조 네일 중 탑 젤의 광택이 가장 좋다.
② 분자 구조가 올리고머 형태이다.
③ UV램프를 이용하여 경화시킨다.
④ 농도와 상관없이 젤의 묽기는 일정하다.

답안 표기란				
33	①	②	③	④
34	①	②	③	④
35	①	②	③	④
36	①	②	③	④
37	①	②	③	④

38 아크릴 네일의 보수 시기로 가장 적당한 기간은?

① 1~2주 ② 2~3주
③ 3~4주 ④ 4~5주

39 인조 네일 광택 마무리 설명 중 틀린 것은?

① 180~240그릿의 샌딩 파일로 표면을 정리한다.
② 인조 네일 표면이 울퉁불퉁하면 광택이 잘 나지 않으므로 주의해야 한다.
③ 광택용 파일을 이용하여 거친 부분부터 부드러운 부분 순서로 사용하여 광택을 낸다.
④ 팁 네일, 젤 네일, 아크릴 네일은 표면에 파일로 광택을 낸다.

40 감염병 중 전파 가능성을 고려하여 격리가 필요한 질병은?

① 쯔쯔가무시증 ② 파상풍
③ 페스트 ④ 세균성 이질

41 인수공통감염병의 종류가 아닌 것은?

① 장출혈성대장균감염증 ② 브루셀라증
③ 일본뇌염 ④ 홍역

42 병원성 미생물의 크기가 큰 순서대로 나열한 것은?

① 바이러스 〉 세균 〉 효모 〉 리케차 〉 곰팡이
② 곰팡이 〉 세균 〉 효모 〉 리케차 〉 바이러스
③ 바이러스 〉 리케차 〉 곰팡이 〉 효모 〉 세균
④ 곰팡이 〉 효모 〉 세균 〉 리케차 〉 바이러스

43 예방법으로 생균백신을 사용하는 것은?

① 홍역 ② 콜레라
③ 디프테리아 ④ 파상풍

답안 표기란

38	①	②	③	④
39	①	②	③	④
40	①	②	③	④
41	①	②	③	④
42	①	②	③	④
43	①	②	③	④

44 자연 능동면역의 예시가 잘못된 것은?

① 영구면역(질병이환 후) : 두창, 홍역, 수두, 백일해
② 영구면역(불현성 감염 후) : 일본뇌염, 소아마비
③ 약한 면역(질병이환 후) : 폐렴, 디스테리아, 인플루엔자
④ 감염면역 : 콜레라, 성홍열, 페스트

45 다음 중 소독약의 보존에 관한 설명 중 부적절한 것은?

① 냉암소에 보관한다.
② 직사광선을 받지 않도록 한다.
③ 개봉한 소독약은 재사용을 위해 밀폐시켜 상온에 보관한다.
④ 식품과 혼돈하기 쉬운 용기나 장소에 보관하지 않도록 한다.

46 자비 소독을 하기에 가장 적합한 것은?

① 스테인리스 볼　② 제모용 고무장갑
③ 플라스틱 스파츌라　④ 피부관리용 팩붓

47 이·미용실 바닥 소독용으로 가장 알맞은 것은?

① 크레졸　② 생석회
③ 알코올　④ 승홍수

48 보건행정의 정의로 타당하지 않은 것은?

① 보건행정이란 공·사적으로 한 기관이 사회복지를 위한 공중보건 원리와 기법을 응용하는 것이다.
② 공중보건의 목적달성을 위한 공공책임하에 수행하는 행정활동이다.
③ 보건의료의 기술적 측면과 일반 행정적 기능의 양자가 잘 조화되고 합리적 운영이 이루어질 때(기술행정) 효율적 성과(공중보건)를 얻을 수 있다.
④ 국민의 생명 연장, 질병 예방, 육체적·정신적 효율증진을 도모하는 활동이다.

49 소독약품으로서 갖추어야 할 구비 조건이 아닌 것은?

① 안정성이 높을 것　② 독성이 낮을 것
③ 부식·표백성이 낮을 것　④ 용해성이 낮을 것

답안 표기란

44	① ② ③ ④
45	① ② ③ ④
46	① ② ③ ④
47	① ② ③ ④
48	① ② ③ ④
49	① ② ③ ④

50 눈의 피로를 적게 하고 눈을 보호하기 좋은 조명은?

① 반간접 조명 ② 간접 조명
③ 반직접 조명 ④ 직접 조명

51 석탄계수가 2.0인 소독약이 의미하는 것은?

① 살균력이 석탄산의 20%이다.
② 살균력이 석탄산의 2배이다.
③ 살균력이 석탄산의 2%이다.
④ 석탄산의 살균력이 2배이다.

52 분뇨 처리 방법이 아닌 것은?

① 해양투기법 ② 정화조 이용법
③ 투기법 ④ 비료화법

53 이·미용사의 면허 취소 및 정지에 대한 설명 중 틀린 것은?

① 면허증을 다른 사람에게 대여한 때에는 면허 취소 사유에 해당한다.
② 면허가 취소된 자는 지체없이 시장·군수·구청장에게 면허증을 반납해야 한다.
③ 시장·군수·구청장은 이용사 또는 미용사가 면허 취소 및 정지에 해당하는 경우 그 면허를 취소하거나 3개월 이내의 정지를 명할 수 있다.
④ 반납 면허증은 면허 정지기간 동안 관할 시장·군수·구청장이 보관해야 한다.

54 공중위생영업소의 위생 서비스 평가를 몇 년마다 실시하는가?

① 6개월 ② 3년
③ 2년 ④ 1년

55 소독을 한 기구와 소독을 하지 아니한 기구를 각각 다른 용기에 넣어 보관하지 아니한 경우 1차 행정처분은?

① 영업정지 5일 ② 경고
③ 영업정지 1월 ④ 영업정지 10일

답안 표기란

50	①	②	③	④
51	①	②	③	④
52	①	②	③	④
53	①	②	③	④
54	①	②	③	④
55	①	②	③	④

56 미용업을 하는 영업소의 시설과 설비기준에 적합한 것은?

① 공중 이용 시설은 대통령령이 정한 것이다.
② 소독한 기구와 하지 아니한 기구를 구분 보관할 수 있는 용기가 비치되어야 한다.
③ 소독기, 적외선 살균기 등 미용기구를 소독하는 장비를 갖추어야 한다.
④ 영업소 안에는 별실 그 밖에 이와 유사한 시설을 설치하여서는 안 된다.

57 역학의 정의를 설명한 것 중 타당하지 않은 것은?

① 인간 집단의 건강 생활에 방해 요인이 되는 질병을 대상으로 한다.
② 개인 질병의 예방과 치료, 양상을 파악하는 학문이다.
③ 질병의 분포와 경향, 양상 파악과 결정인자를 규명한다.
④ 질병 발생의 원인을 분석, 건강관리의 방향 및 예방 대책을 강구한다.

58 영업정지 명령 또는 일부 시설의 사용중지 명령을 받고도 그 기간 중에 영업을 하거나 그 시설을 사용한 자에 대한 벌금은?

① 1년 이하의 징역 또는 500만 원 이하의 벌금
② 6개월 이하의 징역 또는 500만 원 이하의 벌금
③ 1년 이하의 징역 또는 1천만 원 이하의 벌금
④ 6개월 이하의 징역 또는 300만 원 이하의 벌금

59 표피진균증 중 네일 몰드는 습기, 열, 공기에 의해 균이 번식되어 발생한다. 이때, 몰드가 발생한 부분의 수분 함유율은?

① 7~10%　② 12~18%
③ 23~25%　④ 30~45%

60 물질 안전 기준표에 대한 설명으로 거리가 먼 것은?

① 화학제품에 대한 정보를 알려 주는 기준 자료이다.
② 화학제품에 대하여 미국에서 법으로 규제해 놓았다.
③ 화학제품에 대한 위험성을 알려 주는 기준표이다.
④ 네일숍에서 사용하는 제품에 대한 물질 안전 기준표는 비치하지 않아도 된다.

답안 표기란	
56	① ② ③ ④
57	① ② ③ ④
58	① ② ③ ④
59	① ② ③ ④
60	① ② ③ ④

미용사 네일 필기 실전모의고사 ❶ 정답 및 해설

정답

1	④	2	①	3	③	4	④	5	③	6	①	7	④	8	③	9	④	10	④
11	①	12	③	13	③	14	②	15	②	16	④	17	②	18	④	19	②	20	①
21	①	22	①	23	③	24	②	25	③	26	②	27	③	28	③	29	①	30	①
31	②	32	①	33	①	34	②	35	③	36	②	37	④	38	②	39	④	40	④
41	④	42	④	43	①	44	④	45	③	46	①	47	①	48	④	49	④	50	②
51	②	52	③	53	③	54	③	55	②	56	②	57	②	58	③	59	③	60	④

해설

1 로마는 장밋빛 손톱 파우더를 사용하였다.

2 ② 1800년, ③ 1935년, ④ 1970년과 관련된 내용이다.

3 메틸 메타아크릴레이트와 같은 아크릴릭 네일 제품을 금지시킨 정부 기관은 미국의 식약청(FDA)이다.

4 화학물질을 안전하게 사용하고 관리하기 위하여 필요한 정보를 기재하는 것은 물질 안전 보건 자료(MSDS)이다.

5 화학물질은 피부에 닿지 않도록 주의해야 한다.

6 조갑탈락증(오니콥토시스)은 네일이 탈락하는 증상으로 매독이나 당뇨병에 의하여 생긴다.

7 네일에 흰 반점이 나타나는 증상은 조백반증(루코니키아, 백색조갑)이다.

8 작성해야 하는 고객관리는 상담과 진단이다.

9 피부 호흡은 1% 정도이고, 나머지 99%는 폐호흡이다.

10 각질층에는 혈관이 분포되어 있지 않다.

11 검은 면포는 모공이 열려 있으며, 단단하게 굳어진 피지가 산화되어 검게 보이는 여드름이다.

12 통각은 아픔을 느끼는 가장 예민한 피부 감각이다.

13 여드름 치료는 화장품의 사용 목적이 아니다.

14 자외선은 오존층에 의해 차단되나 최근 오존층 파괴로 주의가 필요하다 보니 자외선으로부터 피부를 보호하기 위해 사용한다.

15 향수의 부향률은 샤워코롱 〈 오데코롱 〈 오데토일렛 〈 오데퍼퓸 〈 퍼퓸 순이다.

16 골격계는 지지 기능, 보호 기능, 운동 기능, 저장 기능, 조혈 기능을 한다.

17 수지골은 손가락뼈이다.

18 좌골신경(궁둥신경)은 다리의 감각을 느끼고 근육의 운동을 조절하는 신경이다.

19 네일 폴리시의 기본 성분 중 대표적인 피막 형성제는 니트로셀룰로오스이다.

20 폴리시는 폴리시 리무버로 제거한다.

21 거스러미가 일어나지 않도록 피부의 결대로 뒤로 빼듯이 사용하며, 한 줄로 이어 정리하고, 한 고객에게 사용 후에는 반드시 소독하며, 최소한 니퍼 2개 이상을 소지하여 사용해야 한다.

22 그릿의 숫자가 높을수록 부드럽다.

23 오닉스는 네일 전문 용어이다.

24 손톱은 한 달 평균 약 3~5mm 자란다.

25 케라틴의 화학적 구성 비율은 탄소 〉 산소 〉 질소 〉 황 〉 수소이다.

26 살균 비누는 살균을 목적으로 한다.

27 손톱 끝부분에 각 없이 둥글게 파일하는 방법이다.

28 자연 손톱 표면에 유·수분을 제거하기 위해 강한 산성이므로 최소량을 사용한다.

29 네일 폴리시는 자연 네일 보강 재료가 아니다.

30 프렌치 컬러링은 양쪽 대칭이 일정해야 한다.

31 물리적인 지각 현상에 의한 물체의 색은 '색'이라 하고 '색'에 연상이나 상징 등이 가미되어 심리적으로 느껴지는 것을 '색채'라 함

32 팁의 접착제를 바르는 곳은 웰(Well) 부분이다.

33 작은 사이즈 팁을 선택 시 자연 네일에 손상과 변형이 온다.

34 하드 젤은 드릴이나 파일로 제거해야 한다.

35 핀칭의 이유는 이상적인 C커브를 주기 위함이다.

36 젤 UV램프기기의 파장 범위는 UV-A(약 320~400nm)이다.

37 젤 램프를 이용하여 경화시키는 UV 젤은 농도에 따라 젤의 묽기가 다르다.

38 보수 기간은 2~3주가 가장 적당하다.

39 젤 네일은 탑 젤로 광택을 낸다.

40 전파 가능성을 고려하여 격리가 필요한 감염병은 제2급 감염병인 세균성 이질이다.

41 인수공통감염병은 동물 병원소로 동물이 인간 숙주에게 감염시키는 감염원이다(장출혈성대장균감염증, 일본뇌염, 브루셀라증, 탄저, 공수병 등).

42 병원성 미생물의 크기는 곰팡이 〉 효모 〉 세균 〉 리케차 〉 바이러스이다.

43 생균백신 예방접종은 결핵, 홍역, 폴리오, 두창, 탄저, 광견병, 황열이다.

44 감염면역은 매독, 임질, 말라리아이다.

45 개봉한 소독약은 밀폐시켜 일광이 직사되지 않는 곳에 보관한다.

46 수건, 의류, 금속(철제 도구), 도자기, 식기류 등을 자비 소독한다.

47 바닥 소독 시 크레졸을 사용한다.

48 ①, ②, ③은 보건행정의 정의에 해당한다.

49 소독약품은 용해성이 높아야 한다.

50 눈의 피로를 적게 하고 눈을 보호하기 위하여 가장 좋은 조명은 간접 조명이다.

51 석탄산 계수가 2라는 것은 석탄산보다 2배의 소독력이 있다는 것이다.

52 분뇨 처리 방법은 정화조 이용법, 해양투기법, 화학제 처리법, 비료화법 등이다.

53 시장·군수·구청장은 이용사 또는 미용사가 면허 취소 및 정지에 해당하는 경우 그 면허를 취소하거나 6개월 이내의 면허 정지를 명할 수 있다.

54 위생 서비스 수준 평가는 2년에 한 번씩 실시한다.

55 소독을 한 기구와 소독을 하지 아니한 기구를 각각 다른 용기에 넣어 보관하지 아니한 경우에는 1차 : 경고, 2차 : 영업정지 5일, 3차 : 영업정지 10일, 4차 : 영업장 폐쇄명령이다.

56 시설 및 설비기준은 보건복지부령으로 정하며, 소독기, 자외선 살균기 등 미용기구를 소독하는 장비를 갖추어야 한다. ④는 이용업의 시설과 설비기준이다.

57 역학은 개인이 아닌 인간 집단을 대상으로 한다.

58 영업정지 명령 또는 일부 시설의 사용중지 명령을 받고도 그 기간 중에 영업을 하거나 그 시설을 사용한 자, 영업의 신고를 하지 아니한 자, 영업소 폐쇄명령을 받고도 계속하여 영업을 한 자는 1년 이하의 징역 또는 1천만 원 이하의 벌금이다.

59 습기, 열, 공기에 의해 균이 번식되어 발생한 네일 몰드는 수분을 23~25% 함유한다.

60 네일숍에서 사용하는 제품에 대한 물질 안전 기준표를 내부의 편리한 장소에서 쉽게 접할 수 있도록 비치한다.

미용사 네일 필기 실전모의고사 2

수험번호 :

수험자명 :

제한 시간 : 60분
남은 시간 : 60분

글자 크기 100% 150% 200% 화면 배치

전체 문제 수 : 60
안 푼 문제 수 :

답안 표기란

1	① ② ③ ④
2	① ② ③ ④
3	① ② ③ ④
4	① ② ③ ④

1 이·미용업소에서 감염될 수 있는 트라코마에 대한 설명 중 틀린 것은?

① 수건, 세면기 등에 의하여 감염된다.
② 감염원은 환자의 눈물, 콧물 등이다.
③ 예방접종으로 사전 예방할 수 있다.
④ 실명의 원인이 될 수 있다.

2 공중위생관리법상 이·미용업소의 조명 기준은?

① 55럭스 이상
② 75럭스 이상
③ 105럭스 이상
④ 155럭스 이상

3 석탄산의 소독력에 대한 내용으로 올바른 것은?

① 탄산 비누를 50% 비율로 첨가하여 사용한다.
② 세균, 바이러스 등에 효력이 있다.
③ 냄새가 있으며 피부 자극성이 강하다.
④ 물에 난용성이다.

4 영아사망률의 계산 공식으로 옳은 것은?

① (연간 출생아 수 / 인구) × 1000
② (그 해의 1~4세 사망아 수 / 어느 해의 1~4세 인구) × 1000
③ (그 해 1세 미만 사망아 수 / 어느 해의 연간 출생아 수) × 1000
④ (그 해의 출생 28일 이내의 사망아 수 / 어느 해의 연간 출생아수) × 1000

5 **공중위생관리법의 목적은?**

① 다수인을 대상으로 위생관리 서비스를 제공한다.
② 손님의 얼굴, 머리, 피부 등을 손질하는 영업이다.
③ 공중이 이용하는 영업과 시설의 위생관리 등에 관한 사항을 규정한다.
④ 손님의 외모를 아름답게 꾸미는 영업이다.

6 **기생충과 중간숙주의 연결이 잘못된 것은?**

① 광절열두조충증 – 물벼룩, 송어
② 요코가와흡충증 – 오염된 풀, 소
③ 폐흡충증 – 게, 가재
④ 간흡충증 – 우렁, 잉어

7 **아포를 가진 병원균의 소독법으로 적합한 것은?**

① 저온 멸균법
② 알코올 소독
③ 고압증기 멸균법
④ 역성비누 소독

8 **이·미용실에서 사용하는 수건에는 어떤 소독법이 가장 좋은가?**

① 건열 소독
② 증기 또는 자비 소독
③ 포르말린 소독
④ 석탄산 소독

9 **잠함병(감압병)의 직접적인 원인은?**

① 혈중 이산화탄소 농도 증가
② 혈중 산소 농도 증가
③ 혈중 일산화탄소 농도 증가
④ 혈액 및 체액 속의 질소 기포 증가

10 **200만 원의 과태료에 해당하지 않는 것은?**

① 개선명령을 위반한 자
② 영업소의 위생관리 의무를 지키지 아니한 자
③ 영업소 이외의 장소에서 미용 업무를 행한 자
④ 위생교육을 받지 아니한 자

답안 표기란

5	① ② ③ ④
6	① ② ③ ④
7	① ② ③ ④
8	① ② ③ ④
9	① ② ③ ④
10	① ② ③ ④

11 질병 발생의 생성 과정이 올바른 것은?

① 병원소 → 병원체 → 병원소로부터 병원체의 탈출 → 병원체의 전파 → 신숙주로 침입 → 숙주의 감수성
② 병원체 → 병원소 → 숙주의 감수성 → 병원소로부터 병원체의 탈출 → 병원체의 전파 → 신숙주로 침입
③ 병원체 → 병원소 → 병원소로부터 병원체의 탈출 → 병원체의 전파 → 신숙주로 침입 → 숙주의 감수성
④ 병원소 → 병원체의 전파 → 병원체 → 병원소로부터 병원체의 탈출 → 신숙주로 침입 → 숙주의 감수성

12 위생교육에 대한 설명으로 틀린 것은?

① 위생교육을 받지 아니한 자는 200만 원 이하의 과태료에 처한다.
② 위생교육에 관한 기록을 1년 이상 보관·관리하여야 한다.
③ 공중위생영업자는 매년 위생교육을 받아야 한다.
④ 위생교육 시간은 3시간으로 한다.

13 이·미용사 면허를 받을 수 없는 자는?

① 교육부장관이 인정하는 고등기술학교에서 6개월 이상 이·미용에 관한 소정의 과정을 이수한 자
② 전문대학에서 이·미용에 관한 학과를 졸업한 자
③ 국가기술자격법에 의한 이·미용사의 자격을 취득한 자
④ 고등학교에서 이·미용에 관한 학과를 졸업한 자

14 식중독을 일으키는 유발 물질과 식품이 잘못 연결된 것은?

① 베네루핀 : 모시조개, 굴, 바지락
② 테트로도톡신 : 복어
③ 삭시톡신 : 섭조개, 대합
④ 무스카린 : 청매

답안 표기란	
11	① ② ③ ④
12	① ② ③ ④
13	① ② ③ ④
14	① ② ③ ④

15 영업신고 시 첨부 서류가 아닌 것은?

① 공중위생영업 시설개요서 ② 교육수료증
③ 공중위생영업 설비개요서 ④ 건강진단서

16 기후의 3대 요소는?

① 기온, 기압, 복사량 ② 기온, 기습, 기류
③ 기온, 복사량, 기류 ④ 기류, 기압, 일조량

17 영업신고 사항 변경 시의 제출서류는?

① 영업신고증
② 계약서
③ 미리 교육을 받은 교육수료증
④ 공중위생 관련 시설 및 설비

18 위생관리등급의 구분이 잘못된 것은?

① 보통업소 : 청록등급
② 우수업소 : 황색등급
③ 최우수업소 : 녹색등급
④ 일반관리대상 업소 : 백색등급

19 이·미용영업소 요금표를 게시하지 아니한 때 1차 행정처분 기준은?

① 경고 ② 개선명령 또는 경고
③ 영업정지 10일 ④ 영업정지 15일

20 봉인을 해제할 수 있는 조건이 아닌 것은?

① 시·도지사가 봉인을 계속할 필요가 없다고 인정할 때
② 영업자 또는 그 대리인이 해당 영업소를 폐쇄할 것을 약속한 때
③ 정당한 사유를 들어 봉인의 해제를 요청할 때
④ 해당 영업소가 위법한 영업소임을 알리는 게시물 등의 제거를 요청하는 경우

답안 표기란	
15	① ② ③ ④
16	① ② ③ ④
17	① ② ③ ④
18	① ② ③ ④
19	① ② ③ ④
20	① ② ③ ④

21 벌칙 규정에 대한 설명 중 틀린 것은?

① 면허를 받지 아니하고 이·미용업을 개설하거나 그 업무에 종사한 자는 1년 이하의 징역 또는 1천만 원 이하의 벌금에 처한다.
② 폐쇄명령을 받고도 계속하여 영업을 한 자는 1년 이하의 징역 또는 1천만 원 이하의 벌금에 처한다.
③ 지위를 승계한 자가 신고를 아니한 때에는 6월 이하의 징역 또는 500만 원 이하의 벌금에 처한다.
④ 건전한 영업 질서를 위하여 공중위생영업자가 준수해야 할 사항을 준수하지 아니한 자는 6월 이하의 징역 또는 500만 원 이하의 벌금에 처한다.

22 세균 증식에 가장 적합한 최적 범위는?

① pH 4~6 ② pH 6~8
③ pH 8~9 ④ pH 7~10

23 제1급 감염병에 속하지 않는 것은?

① 야토병 ② 페스트
③ 신종인플루엔자 ④ 세균성 이질

24 질병 중 병원체가 바이러스인 것은?

① 발진열 ② 발진티푸스
③ 쯔쯔가무시병 ④ 인플루엔자

25 유리제품의 소독방법으로 가장 적절한 것은?

① 찬물에 넣고 100℃까지만 가열한다.
② 건열멸균기에 넣고 소독한다.
③ 끓는 물에 넣고 20분간 가열한다.
④ 끓는 물에 넣고 10분간 가열한다.

26 소음이 인체에 미치는 영향이 아닌 것은?

① 청력 장애 ② 작업 능률 저하
③ 중이염 ④ 불안증 및 노이로제

답안 표기란	
21	① ② ③ ④
22	① ② ③ ④
23	① ② ③ ④
24	① ② ③ ④
25	① ② ③ ④
26	① ② ③ ④

27 보건행정의 목표달성을 위한 행정활동의 기본적 4대 요소라 할 수 없는 것은?

① 조직 ② 인사
③ 복지 ④ 법적 규제

28 인조 네일을 보수하는 이유로 틀린 것은?

① 인조 네일의 견고성 유지
② 깨끗한 네일미용의 유지
③ 녹황색 균의 방지
④ 인조 네일의 원활한 제거

29 모노머와 폴리머의 중합 현상을 나타내는 말은?

① 케라티나제이션 ② 포토 폴리머라이제이션
③ 폴리머라이제이션 ④ 모노폴리션

30 조직이 얇고 섬세하게 짜여 부드럽고 가벼운 네일 랩은?

① 린넨 ② 화이버 글라스
③ 실크 ④ 리퀴드 랩

31 팁 위드 랩 작업 과정이다. 괄호 안에 내용으로 적절한 것은?

> **보기** 전처리 – 네일 팁 접착 – 네일 팁 재단 – (　) – 더스트 제거 – 채워 주기 – 표면 정리

① 랩 재단해놓기 ② 소독제 뿌리기
③ 표면 제거 ④ 네일 팁 턱 제거

32 마블 디자인 작업 과정이다. (　) 안의 내용으로 옳은 것은?

> **보기** 네일 기본관리 – 베이스 코트 – (　) – 마블 디자인 – 탑 코트 – 네일 폴리시 화장물 마무리

① 워터마블 ② 탑 코트
③ 네일 컬러링 ④ 디자인 스케치

답안 표기란

27	①	②	③	④
28	①	②	③	④
29	①	②	③	④
30	①	②	③	④
31	①	②	③	④
32	①	②	③	④

33 그라데이션 컬러링에 대한 설명으로 틀린 것은?

① 스펀지를 이용하여 작업할 수 있다.
② 큐티클 부분으로 갈수록 컬러링 색상이 자연스럽게 진해지는 기법이다.
③ 색상과는 상관없다.
④ 라이트 큐어드 젤의 적용 시에도 활용할 수 있다.

34 습식 매니큐어 시술에 관한 설명 중 틀린 것은?

① 유색 폴리시를 바른 후 탑 코트를 1회 도포한다.
② 베이스 코트를 전체에 가능한 얇게 1회 도포한다.
③ 프리에지 부분을 제외하고 바른다.
④ 클리퍼를 사용해 손톱의 길이를 정리한다.

35 건강한 네일의 조건으로 바르지 않은 것은?

① 5%의 수분을 함유해야 한다.
② 네일 베드에 단단히 부착해야 한다.
③ 탄력이 있고 유연해야 한다.
④ 연한 핑크색을 띠어야 한다.

36 페디큐어에 대한 설명으로 틀린 것은?

① 가벼운 각질이라도 콘커터를 이용하여 제거한다.
② 사용한 도구들은 소독을 한 후 사전에 준비해 둔다.
③ 발톱의 형태는 스퀘어로 하는 것이 파고드는 발톱이 되지 않도록 방지한다.
④ 족욕기의 물은 관리 때마다 갈아 주고, 족욕기를 매번 소독해야 한다.

37 그릿(Grit) 숫자에 따라 분류하고, 손톱을 다듬거나 면을 부드럽게 만들어 줄 때 사용하는 네일 도구의 명칭은?

① 푸셔(Pusher)
② 에머리 보드, 파일(Emery Board, File)
③ 클리퍼(Clipper)
④ 니퍼(Nipper)

답안 표기란	
33	① ② ③ ④
34	① ② ③ ④
35	① ② ③ ④
36	① ② ③ ④
37	① ② ③ ④

38 파일의 특성이 아닌 것은?

① 네일의 길이나 표면을 정리할 때 사용하는 도구이다.
② 파일의 거칠기를 나타내는 단위를 그릿(Grit)이라고 한다.
③ 그릿의 숫자가 낮을수록 면이 거칠고, 높을수록 부드럽다.
④ 아크릴이나 인조 손톱을 시술할 때에는 150~240Grit의 파일을 사용한다.

39 네일관리 시 미적으로 제거의 대상이 되는 곳으로 에포니키움의 아랫부분이 있는 곳은?

① 네일 바디 ② 네일 큐티클
③ 네일 폴드 ④ 네일 그루브

40 네일 매트릭스에 속하면서 손톱 표면에 유백색으로 비치는 부분은?

① 조근(네일 루트) ② 조상피(에포니키움)
③ 반월(루눌라) ④ 조상(네일 베드)

41 큐티클 푸셔에 대한 설명으로 틀린 것은?

① 연필을 쥐듯이 잡고 45도 각도로 큐티클만 밀어 올린다.
② 시술자가 편리한 대로 잡고 45도를 유지하면서 바디를 밀어준다.
③ 사용 후 소독한다.
④ 적당한 압력을 주어 큐티클을 밀어 올린다.

42 네일 화장품인 네일 폴리시의 성분과 거리가 먼 것은?

① 피막 형성제 ② 용제
③ 착색제 ④ 연장제

43 소지손가락을 벌리는 기능을 하는 손의 근육은?

① 소지외전근 ② 장무지굴근
③ 소지대립근 ④ 소지굴근

답안 표기란

38	① ② ③ ④
39	① ② ③ ④
40	① ② ③ ④
41	① ② ③ ④
42	① ② ③ ④
43	① ② ③ ④

44 골격근의 기능이 아닌 것은?

① 수의적 운동 ② 자세 유지
③ 체중의 지탱 ④ 조혈 작용

45 신경 조직과 관련된 설명으로 옳은 것은?

① 말초신경은 외부나 체내에 가해진 자극에 의해 감각기에 발생한 신경 흥분을 중추신경에 전달한다.
② 중추신경계의 체성신경은 12쌍의 뇌신경과 31쌍의 척수신경으로 이루어져 있다.
③ 중추신경계는 뇌신경, 척수신경 및 자율신경으로 구성된다.
④ 말초신경은 교감신경과 부교감신경으로 구성된다.

46 손바닥을 위로 향하게 하는 근육은?

① 외전근 ② 대립근
③ 회외근 ④ 회내근

47 의약품과 의약외품의 구분으로 바른 것은?

① 의약외품에는 반드시 의사의 처방전이 필요하다.
② 의약품은 환자의 치료를 목적으로 의사에 의해 처방된다.
③ 의약외품에는 기능성 화장품이 포함되지 않는다.
④ 의약품은 정상인에게 사용되는 것으로 의사의 처방전이 필요하다.

48 화장품의 사용 목적과 가장 거리가 먼 것은?

① 피부, 모발의 건강을 유지하기 위하여 사용한다.
② 인체에 대한 약리적인 효과를 주기 위해 사용한다.
③ 용모를 변화시키기 위해 사용한다.
④ 인체를 청결, 미화하기 위하여 사용한다.

49 부향률이 10~15%인 향료를 함유하고 있으며, 약 5~6시간 지속되는 향수의 종류는?

① 샤워코롱 ② 오데토일렛
③ 오데퍼퓸 ④ 퍼퓸

답안 표기란	
44	① ② ③ ④
45	① ② ③ ④
46	① ② ③ ④
47	① ② ③ ④
48	① ② ③ ④
49	① ② ③ ④

50 여드름 피부용 화장품과 그 효과의 연결이 잘못된 것은?

① 페퍼민트 – 항염증, 항박테리아
② 레몬 – 각질 제거, 살균
③ 베르가못 – 진정, 심신 안정
④ 티트리 – 살균, 상처 치유

51 에센셜 오일의 특징이 아닌 것은?

① 피지, 지방 물질에 용해되어 피부관리, 여드름과 염증 치유에 사용된다.
② 면역기능 향상, 감기에 효과적이다.
③ 분자량은 커서 침투력은 다소 약하다.
④ 식물의 꽃이나 줄기, 뿌리 등 다양한 부위에서 추출한 휘발성 있는 오일이다.

52 우리 몸의 대사 과정에서 배출되는 노폐물, 독소 등이 배설되지 못하고 피부 조직에 남아 비만으로 보이며, 림프순환이 원인인 피부 현상은?

① 켈로이드　　② 알러지
③ 셀룰라이트　　④ 쿠퍼로제

53 비타민의 결핍 시 발생할 수 있는 질병의 연결이 잘못된 것은?

① 비타민 A – 야맹증　　② 비타민 B_1 – 각기병
③ 비타민 D – 괴혈병　　④ 비타민 E – 불임증

54 화장품의 4대 요건이 아닌 것은?

① 흡수성　　② 안정성
③ 유효성　　④ 안전성

55 피부 유형에 대한 설명 중 잘못된 것은?

① 정상피부 : 유·수분 균형이 잘 잡혀 있다.
② 지성피부 : 모공이 크고 표면이 귤껍질처럼 보인다.
③ 민감성 피부 : 각질이 드문드문 보인다.
④ 노인성 피부 : 미세하거나 선명한 주름이 보인다.

답안 표기란	
50	① ② ③ ④
51	① ② ③ ④
52	① ② ③ ④
53	① ② ③ ④
54	① ② ③ ④
55	① ② ③ ④

56 주변 조직이 상하지 않도록 빨리 짜 주어야 하는 염증은?

① 농포 ② 수포
③ 구진 ④ 결절

57 기미에 대한 설명으로 틀린 것은?

① 피부 내에 멜라닌이 합성되지 않아 생기는 것이다.
② 30~40대의 중년여성에게 잘 나타나고 재발이 잘 된다.
③ 선탠기에 의해서도 기미가 생길 수 있다.
④ 경계가 명확한 갈색의 점으로 나타난다.

58 피부의 구조에 대한 설명이 아닌 것은?

① 표피, 진피, 피하조직의 3층으로 구분되어 있다.
② 피지선, 한선, 모발, 손톱 등의 부속기관이 존재한다.
③ 표면은 삼각 또는 마름모꼴의 다각 형태로 이루어져 있다.
④ 각질층, 투명층, 과립층의 3층으로 구분되어 있다.

59 네일미용사의 자세로 바르지 않은 것은?

① 위생 및 안전 규정을 잘 알고 준수한다.
② 서비스하기 전에 도구들을 소독하고 준비한다.
③ 네일 상태를 파악하지 않고 직원 마음대로 시술한다.
④ 새로운 기술에 대한 탐구와 숙련된 서비스를 위해 노력한다.

60 네일 케어가 가능한 손톱 질환이 아닌 것은?

① 행 네일 ② 오니코파지
③ 오니코렉시스 ④ 오니키아

답안 표기란

56	①	②	③	④
57	①	②	③	④
58	①	②	③	④
59	①	②	③	④
60	①	②	③	④

미용사 네일 필기 실전모의고사 2 정답 및 해설

정답

1	③	2	②	3	③	4	③	5	③	6	②	7	③	8	②	9	④	10	①
11	③	12	②	13	①	14	④	15	④	16	②	17	①	18	①	19	①	20	①
21	①	22	②	23	④	24	④	25	②	26	③	27	③	28	④	29	③	30	③
31	④	32	③	33	②	34	③	35	①	36	①	37	②	38	④	39	②	40	③
41	②	42	④	43	①	44	④	45	①	46	③	47	②	48	②	49	③	50	③
51	③	52	③	53	③	54	①	55	③	56	①	57	①	58	④	59	③	60	④

해설

1 트리코마는 예방접종으로 사전 예방할 수 없다.

2 영업장 안의 조명도 기준은 75럭스 이상이다.

3 석탄산은 바이러스에는 효력이 없고 세균에는 효력이 있으며, 냄새가 있고 피부 자극성이 강하다.

4 영아사망률 = 그 해 1세 미만 사망아 수 / 어느 해의 연간 출생아 수 × 1,000

5 ①, ②, ④는 공중위생영업의 정의이며, 목적은 공중이 이용하는 영업의 위생관리 등에 관한 사항을 규정하는 것이다.

6 요코가와흡충증의 중간숙주는 다슬기, 은어, 숭어이다.

7 아포를 형성하는 세균 소독은 고압증기 멸균법으로 한다.

8 이·미용실에서 사용하는 수건은 증기 또는 자비 소독한다.

9 잠함병(감압병)은 해녀, 잠수부 산업종사자 직업에서 고압 환경(혈액 및 체액 속의 질소 기포가 증가)의 원인으로 생기는 질병이다.

10 개선명령을 위반한 자는 300만 원 이하의 과태료를 부과한다.

11 질병 발생 과정은 병원체 → 병원소 → 병원소로부터 병원체의 탈출 → 병원체의 전파 → 신숙주로 침입 → 숙주의 감수성이다.

12 위생교육에 관한 기록을 2년 이상 보관·관리한다.

13 초·중등교육법령에 따른 특성화고등학교, 고등기술학교나 고등학교 또는 고등기술학교에 준하는 각종 학교에서 1년 이상 이·미용에 관한 소정의 과정을 이수한 자는 면허를 받을 수 있다.

14 자연독 식중독 중 청매는 아미그달린이다.

15 영업신고 시 구비 서류는 영업신고서, 공중위생영업 시설·설비개요서, 교육수료증(미리 교육을 받은 경우)이다.

16 기후의 3대 요소는 기온, 기습, 기류이다.

17 영업신고 사항 변경 신고 시 제출 서류는 변경신고서, 영업신고증, 변경사항을 증명하는 서류이다.

18 최우수업소 : 녹색등급, 우수업소 : 황색등급, 일반관리대상 업소 : 백색등급이다.

19 개별 미용 서비스의 최종지급가격 및 전체 미용 서비스 총액에 관한 내역서를 이용자에게 미리 제공하지 않은 경우의 행정처분은 1차 : 경고, 2차 : 영업정지 5일, 3차 : 영업정지 10일, 4차 : 영업정지 1월이다.

20 시장·군수·구청장은 봉인을 한 후 봉인을 계속할 필요가 없다고 인정되는 때 봉인을 해제할 수 있다.

21 면허를 받지 아니하고 이·미용업을 개설하거나 그 업무에 종사한 자는 300만 원 이하의 벌금에 처한다.

22 pH 6~8(중성 또는 약알칼리성)에서 미생물의 발육이 가장 잘된다.

23 제1급 감염병에는 야토병, 페스트, 신종인플루엔자 등이 있다. 세균성 이질은 제2급 감염병이다.

24 인플루엔자는 바이러스에 의해 감염된다.

25 유리는 건열 멸균법으로 170℃에 1~2시간 가열하고 멸균 후 서서히 냉각한다.

26 중이염은 염증성 질환으로 소음과 관련 없다.

27 조직, 인사, 예산, 법적 규제는 보건행정 활동의 4대 요소이다.

28 인조 네일 보수는 유지가 목적이다.

29 상온중합반응은 폴리머라이제이션이다.

30 실크가 네일 랩 중에 가장 조직이 섬세하고 부드럽다.

31 팁 재단 후에는 팁 턱을 갈아 준다.

32 네일 컬러링

33 그라데이션은 프리에지로 갈수록 진해지는 컬러링 기법이다.

34 프리에지는 꼭 발라 주어야 한다.

35 건강한 네일은 수분을 12~18% 함유하고 있다.

36 가벼운 각질에는 콘커터보다는 페디 파일이 더욱 유용하다.

37 그릿(Grit) 숫자에 따라 분류하는 것은 에머리 보드, 파일(Emery Board, File)이다.

38 인조 네일에는 100~180그릿이 적당하다.

39 에포니키움의 아랫부분으로 제거의 대상이 되는 부분은 큐티클(상조피, 조소피)이다.

40 유백색 반달 모양은 루눌라(반월)이다.

41 푸셔는 연필을 쥐듯이 잡고 45도 각도로 큐티클만 밀어 올린다.

42 네일 폴리시 성분은 피막 형성제, 용제, 착색제, 침전 방지제 등으로 구성된다.

43 소지외전근은 소지손가락벌림근으로, 소지손가락을 벌리는 기능을 한다.

44 골격근은 뼈의 움직임이나 힘을 만드는 근육으로, 신체 운동 담당, 자세 유지, 체열 생산, 혈액순환, 소화관 운동, 배변배뇨, 체중의 지탱 기능을 한다.

45 말초신경은 외부나 체내에 가해진 자극에 의해 감각기에 발생한 신경 흥분을 중추신경에 전달한다. 말초신경계의 체성신경은 12쌍의 뇌신경과 31쌍의 척수신경으로 이루어져 있다. 중추신경계는 뇌신경, 척수신경으로 구성된다. 말초신경은 체성신경과 자율신경으로 구성되며 자율신경은 교감신경과 부교감신경으로 구성된다.

46 회외근은 손바닥을 위로 향하게 하는 근육이다.

47 의약품은 환자의 치료를 위해 의사에게 진단 및 처방을 받아야 하고, 의약외품은 위생, 미용, 미화를 위한 효능으로 누구나 사용이 가능하다.

48 화장품은 약리적인(약물이 인체에 미치는 영향) 효과를 주기 위해 사용하지 않는다.

49 오데퍼퓸의 지속 시간은 5~6시간 정도이다.

50 베르가못은 항균과 상처 치유 작용을 한다.

51 에센셜 오일은 분자 크기가 작아 침투력이 강하다.

52 셀룰라이트는 혈액순환과 림프액의 순환이 원활하지 못해 피부 표면이 울퉁불퉁해지는 현상이다.

53 비타민 D 결핍 시 구루병, 골다공증이 발생할 수 있다.

54 화장품의 4대 요건은 안전성, 안정성, 사용성, 유효성이다.

55 각질이 드문드문 보이는 피부는 건성피부이다.

56 농포는 피부 위로 고름이 잡히며 염증을 동반한 상태이다.

57 멜라닌 생성 과정에서 어떤 물질이 생겨나서 멜라닌을 파괴하는 증상은 백반증이다.

58 피부의 구조는 크게 표피, 진피, 피하조직이다.

59 네일미용사는 네일 상태를 파악하고 선택 가능한 작업 방법과 관리 방법을 설명한다.

60 조갑염(오니키아)은 염증으로 시술이 불가능하다.

미용사 네일 필기 실전모의고사 ❸

수험번호 :

수험자명 :

제한 시간 : 60분
남은 시간 : 60분

글자 크기 100% 150% 200% 화면 배치

전체 문제 수 : 60
안 푼 문제 수 :

답안 표기란

1	①	②	③	④
2	①	②	③	④
3	①	②	③	④
4	①	②	③	④
5	①	②	③	④

1 소독약의 구비 조건으로 틀린 것은?

① 인체에는 독성이 없어야 한다.
② 살균력이 강하다.
③ 조제해 둔 소독약은 냉암소에 장기간 보관한다.
④ 사용 방법이 간단하고 경제적이어야 한다.

2 공중위생관리법에서 규정하고 있는 공중위생영업의 종류가 아닌 것은?

① 세탁업 ② 청소업
③ 미용업 ④ 목욕장업

3 이·미용업자가 중요한 사항을 변경하고자 할 때에는 시·군·구청장에게 어떤 절차를 취해야 하는가?

① 통보 ② 신고
③ 허가 ④ 신청

4 공중위생영업자가 「성폭력범죄의 처벌 등에 관한 특례법」에 위반되는 행위에 이용되는 카메라나 그 밖에 이와 유사한 기능을 갖춘 기계 장치를 영업소에 설치한 때의 1차 행정처분은?

① 영업장 폐쇄명령 ② 영업정지 2월
③ 영업정지 1월 ④ 경고

5 점 빼기, 귓볼뚫기, 쌍꺼풀수술, 문신, 박피술, 그 밖에 이와 유사한 의료 행위를 한 때 1차 행정처분은?

① 개선명령 ② 영업정지 1월
③ 영업정지 2월 ④ 영업정지 3월

답안 표기란	
6	① ② ③ ④
7	① ② ③ ④
8	① ② ③ ④
9	① ② ③ ④
10	① ② ③ ④
11	① ② ③ ④

6 **공중위생영업자는 공중위생영업을 폐업한 날로부터 며칠 이내에 폐업 신고를 해야 하는가?**

① 20일 이내　② 30일 이내
③ 10일 이내　④ 즉시

7 **명예공중위생감시원의 역할은?**

① 공중위생의 관리를 위한 지도 및 계몽
② 영업소 폐쇄명령 이행 여부 확인
③ 영업자의 위생관리 의무
④ 영업자의 준수사항 이행 여부 확인

8 **환경위생의 향상으로 감염 예방에 가장 크게 기여할 수 있는 감염병으로만 짝지어진 것은?**

① 뇌염, 공수병
② 장티푸스, 세균성 이질
③ 유행성 이하선염, 결핵
④ 유행성 이하선염, 천연두

9 **법정 감염병에서 집단 발생의 우려가 커서 음압격리(높은 수준의 격리)가 필요한 감염병은?**

① 야토병, 페스트　② 일본뇌염, 수두
③ 홍역, 장티푸스　④ 폴리오, 탄저

10 **절지동물에 의해 매개되는 감염병이 아닌 것은?**

① 발진티푸스　② 탄저
③ 페스트　④ 유행성 일본뇌염

11 **동물과 감염병의 병원소 연결이 잘못된 것은?**

① 쥐 – 결핵　② 돼지 – 일본뇌염
③ 말 – 유행성 뇌염　④ 닭 – 조류 인플루엔자

12 미생물의 발육 조건에 대한 설명으로 틀린 것은?

① 영양소 : 탄소원, 질소원, 무기염류, 비타민, 발육소 등이 필요하다.
② 수분 : 미생물의 몸체를 구성하는 성분이 되며, 생리 기능을 조절한다.
③ 온도 : 세균은 10℃ 이하와 40℃ 이상에서는 발육하지 못하고, 저온에서보다 고온에서 저항력이 강하다.
④ 산소 : 호기성, 혐기성, 통성혐기성, 미호기성 등이 있다.

13 소독약 10mL를 용액(물) 40mL에 혼합시키면 몇 %의 수용액이 되는가?

① 2%
② 10%
③ 0.2%
④ 20%

14 크레졸 원액(100%)을 소독에 사용하기 위해 소독용 크레졸 100ml로 조제하는 방법은?

① 크레졸 50ml + 물 50ml
② 크레졸 30ml + 물 70ml
③ 크레졸 10ml + 물 90ml
④ 크레졸 3ml + 물 97ml

15 다음 중 제2급 법정 감염병이 아닌 것은?

① 결핵
② 신종인플루엔자
③ 엠폭스(MPOX)
④ 콜레라

16 물의 인공 정수 순서로 가장 적합한 것은?

① 여과 → 침전 → 소독
② 침전 → 여과 → 소독
③ 소독 → 여과 → 침전
④ 소독 → 침전 → 여과

답안 표기란

12	① ② ③ ④
13	① ② ③ ④
14	① ② ③ ④
15	① ② ③ ④
16	① ② ③ ④

17 이용기구 및 미용기구의 소독 방법 중 틀린 것은?

① 자외선 소독 : 1cm²당 85㎼ 이상의 자외선을 20분 이상 쬐어준다.
② 석탄산수 소독 : 석탄산수(석탄산 3%, 물 97%의 수용액)에 20분 이상 담가둔다.
③ 크레졸 소독 : 크레졸수(크레졸 3%, 물 97%의 수용액)에 10분 이상 담가둔다.
④ 이용기구 및 미용기구의 종류, 재질 및 용도에 따른 구체적인 소독기준 및 방법은 보건복지부장관이 정하여 고시한다.

18 공중위생관리법의 목적 및 정의가 아닌 것은?

① 공중위생영업이라 함은 다수인을 대상으로 위생관리 서비스를 제공하는 영업으로서 숙박업, 목욕장업, 이용업, 미용업, 세탁업, 건물위생관리업을 말한다.
② 미용업이란 손님의 얼굴, 머리, 수염 등을 손질하여 손님의 외모를 아름답게 꾸미는 영업을 말한다.
③ 공중이 이용하는 영업의 위생관리 등에 관한 사항을 규정함으로써 위생 수준을 향상시켜 국민의 건강 증진에 기여함을 목적으로 한다.
④ 공중위생영업은 대통령령이 정하는 바에 의하여 이를 세분할 수 있다.

19 간흡충증(간디스토마)의 제1숙주는?

① 잉어 ② 우렁이
③ 피라미 ④ 가재

20 짝지어진 인구 구성 형태가 옳지 않은 것은?

① 항아리형 : 인구 감퇴형
② 종형 : 인구 정지형
③ 피라미드형 : 인구 증가형
④ 별형 : 농어촌지역 인구형

답안 표기란

17	① ② ③ ④
18	① ② ③ ④
19	① ② ③ ④
20	① ② ③ ④

21 **세계보건기구에서 정의하는 보건행정의 범위에 속하지 않는 것은?**

① 산업행정　② 모자보건
③ 환경위생　④ 감염병 관리

22 **페디큐어가 일반화되기 시작한 시기는?**

① 1949년　② 1957년
③ 1959년　④ 1967년

23 **외국 네일미용의 역사에 대한 연결이 틀린 것은?**

① 고대 이집트 : 관목에서 나오는 헤나의 붉은 오렌지색으로 손톱을 염색하였다.
② 중세시대 : 군 지휘관이 전쟁터에 나갈 때 입술, 손톱에 색을 칠하여 용맹을 과시하고 승리를 기원하였다.
③ 15세기 : 네일 매트릭스에 문신용 바늘을 이용하여 색소를 주입하여 상류층임을 과시하였다.
④ 19세기 초 : 영국의 상류층 여성들은 손톱에 섬세한 장밋빛 손톱 파우더를 사용하였다.

24 **섬세한 큐티클 정리와 아트 시술로 인하여 피로해진 눈을 보호하기 위해 휴식 시간에 꾸준한 눈 운동을 하여 눈의 피로를 덜어주는 안전관리에 해당하는 것은?**

① 네일미용인의 안전관리　② 고객의 안전관리
③ 네일제품의 안전관리　④ 화학물질의 안전관리

25 **오니코크립토시스에 대한 설명으로 바르지 않은 것은?**

① 인그로운 네일이라고도 한다.
② 심리적 불안감, 스트레스 등으로 인해 습관적으로 물어뜯어 발생한다.
③ 네일미용사가 시술 가능하다.
④ 발톱은 스퀘어 형태로 다듬어야 한다.

답안 표기란	
21	① ② ③ ④
22	① ② ③ ④
23	① ② ③ ④
24	① ② ③ ④
25	① ② ③ ④

26 네일 시술 시 소독이 잘 안 된 도구로 인해 생길 수 있고, 네일 주위의 세균에 감염되어 피부가 빨갛게 부어오르며 생긴 증상은?

① 조갑진균증　② 조갑구만증
③ 표피조막증　④ 조갑주위염

27 핫 오일 매니큐어로 가장 효과를 볼 수 있는 것은?

① 테리지움　② 오니코리시스
③ 몰드　④ 티니아 페디스

28 고객으로부터 예약을 접수할 때 지켜야 할 사항이 아닌 것은?

① 예약 접수 기록부, 필기도구, 메모지를 준비한다.
② 전화를 받을 때 네일숍의 이름과 본인의 이름을 말한다.
③ 일찍 예약을 받았으면 전날 저녁에 손님에게 전화하여 재확인해 준다.
④ 식사 중에는 전화기 코드를 빼놓는다.

29 염증성 여드름의 발전단계로 순서가 옳은 것은?

① 결절 – 구진 – 낭종 – 농포
② 구진 – 농포 – 결절 – 낭종
③ 구진 – 결절 – 농포 – 낭종
④ 낭종 – 결절 – 농포 – 구진

30 농포에 대한 설명으로 적절한 것은?

① 상처 없이 치유될 수 있다.
② 표피에 형성되는 붉은 융기로 주변 피부보다 붉은 정도이다.
③ 1cm 미만으로 여드름 1단계에 해당된다.
④ 피부 위로 고름이 잡히고 염증을 동반한다.

31 손바닥과 발바닥 등 비교적 피부층이 두터운 부위에 주로 분포되어 있으며, 수분 침투를 방지하고 피부를 윤기 있게 해주는 기능을 가진 엘라이딘이라는 단백질을 함유하고 있는 표피 세포층은?

① 각질층　② 기저층
③ 유극층　④ 투명층

답안 표기란	
26	① ② ③ ④
27	① ② ③ ④
28	① ② ③ ④
29	① ② ③ ④
30	① ② ③ ④
31	① ② ③ ④

32 림프액의 기능과 가장 관계가 없는 것은?

① 항원 반응 ② 체액 이동
③ 면역 반응 ④ 동맥 기능의 보호

33 피부의 면역에 관한 설명으로 맞는 것은?

① T림프구는 항원전달세포에 해당한다.
② B림프구는 면역 글로블린이라고 불리는 항체를 생성한다.
③ 표피에 존재하는 각질형성세포는 면역 조절에 작용하지 않는다.
④ 세포성 면역에는 보체, 항체 등이 있다.

34 광노화 현상이 아닌 것은?

① 체내 수분 증가
② 표피 두께 증가
③ 진피 내의 모세혈관 확장
④ 멜라닌세포 이상 항진

35 땀의 분비로 인해 발생한 냄새를 억제하는 기능이 있어 체취 방지용으로 쓰이는 제품은?

① 보디 트리트먼트 ② 데오도란트
③ 향수 ④ 바스 솔트

36 화장품에 대한 설명 중 틀린 것은?

① 세정과 미용의 목적으로 활용된다.
② 특정 부위만 사용할 수 있다.
③ 정상인들만 사용할 수 있다.
④ 장기간, 지속적으로 사용할 수 있다.

37 물에 오일 성분이 혼합되어 있는 유화상태는?

① W/O 에멀션 ② O/W 에멀션
③ W/O/W 에멀션 ④ O/W/O 에멀션

답안 표기란	
32	① ② ③ ④
33	① ② ③ ④
34	① ② ③ ④
35	① ② ③ ④
36	① ② ③ ④
37	① ② ③ ④

38 계면활성제에 대한 설명으로 옳은 것은?

① 양이온성 계면활성제는 세정 작용이 우수하여 비누, 샴푸 등에 사용된다.
② 비이온성 계면활성제는 피부 자극이 적어 화장수의 가용화제, 크림의 유화제, 클렌징 크림의 세정제 등에 사용된다.
③ 계면활성제의 피부에 대한 자극은 양쪽성 〉 양이온성 〉 음이온성 〉 비이온성의 순으로 감소한다.
④ 계면활성제는 일반적으로 둥근 머리 모양의 소수성기와 막대꼬리 모양의 친수성기를 가진다.

39 주름 개선 성분에 해당하지 않는 것은?

① 코직산
② 레티노이드
③ 아하(AHA)
④ 항산화제

40 손발의 근육은 어떤 작용으로 움직일 수 있는가?

① 성장에 의해서만 움직인다.
② 수축과 이완에 의해서 움직인다.
③ 수축에 의해서만 움직인다.
④ 이완에 의해서만 움직인다.

41 뉴런과 뉴런의 접속 부위는?

① 신경원
② 축삭돌기
③ 신경교세포
④ 시냅스

42 견갑골을 올리고 내·외측 회전에 관여함으로써 위팔을 올리거나 내릴 때 또는 바깥쪽으로 돌릴 때 사용되는 근육은?

① 승모근
② 대립근
③ 굴근
④ 신근

43 베이스 코트에 대한 설명으로 틀린 것은?

① 컬러의 밀착력을 높여준다.
② 네일 플레이트의 착색을 방지해 준다.
③ 컬러를 보호해 준다.
④ 처음에 얇게 1회만 도포한다.

답안 표기란	
38	① ② ③ ④
39	① ② ③ ④
40	① ② ③ ④
41	① ② ③ ④
42	① ② ③ ④
43	① ② ③ ④

44 네일의 주성분은?

① 콜라겐 ② 케라틴
③ 칼슘 ④ 엘라스틴

45 종류가 틀린 한 가지는?

① 큐티클 소프트너 ② 큐티클 리무버
③ 큐티클 연화제 ④ 큐티클 오일

46 큐티클 과잉 성장(테리지움, 표피조막) 등의 관리법으로 크림 워머기에 크림을 넣어 데우고 큐티클을 부드럽게 해주어 큐티클을 정리하는 매니큐어는?

① 파라핀 매니큐어 ② 건식 매니큐어
③ 습식 매니큐어 ④ 핫 크림 매니큐어

47 손톱의 특성으로 옳지 않은 것은?

① 경단백질인 케라틴과 이를 조성하는 아미노산 등으로 구성되어 있다.
② 네일 바디는 산소가 필요하나 큐티클과 네일 루트는 산소를 필요로 하지 않는다.
③ 네일 베드의 모세혈관으로부터 산소를 공급받는다.
④ 손톱의 경도는 손톱에 함유된 수분, 단백질, 케라틴 조성에 따라 다르다.

48 리무버를 담아 사용하는 통으로 펌프식의 리필용 용기는?

① 디스펜서 ② 핑거볼
③ 디펜디시 ④ 각탕기

49 조체 밑에 있는 피부이며, 지각신경 조직과 모세혈관이 있어 손톱이 핑크빛을 내도록 하는 부위는?

① 조상 ② 조반월
③ 조모 ④ 상조피

답안 표기란	
44	① ② ③ ④
45	① ② ③ ④
46	① ② ③ ④
47	① ② ③ ④
48	① ② ③ ④
49	① ② ③ ④

50 페디큐어 작업 과정이다. 괄호 안의 내용으로 옳은 것은?

> **보기** 발톱 형태 → 큐티클 불리기 → 큐티클 밀기 → 큐티클 정리 → 발 소독 → (　　) → 베이스 코트 → 유색 폴리시 → 탑 코트

① 각질 제거　② 표면 정리
③ 토우 세퍼레이터 끼우기　④ 유분기 제거

51 풀 코트 후 프리에지 부분만 미리 얇게 지우는 컬러링 기법은?

① 슬림 라인 컬러링　② 헤어 라인 컬러링
③ 프리에지 컬러링　④ 프렌치 컬러링

52 유채색이 아닌 것은?

① 회색　② 노란색
③ 자주색　④ 남색

53 어떤 표현 방법의 아트인가?

> **보기** 물 위에 일반 네일 폴리시를 떨어뜨려 색을 자유롭게 표현하여 자연 손톱 위에 무늬를 만들어 내는 기법

① 워터마블　② 마블 디자인
③ 포크 아트　④ 페인팅 아트

54 아크릴 네일의 특징으로 틀린 것은?

① 손톱 모양의 보정이 가능하며 물어뜯는 손톱에 효과적이다.
② 온도에 매우 민감하여 온도가 높을수록 빨리 굳는다.
③ 리바운드 현상으로 인해 핀치를 넣고 형태를 만들어 놓아도 원래의 형태로 돌아가려는 성질이 있다.
④ 온도가 낮으면 굳지 않아서 계속 흐른다.

55 인조 네일 작업 시 가장 얇아야 하는 곳은?

① 프리에지 부분　② 큐티클 부분
③ 스트레스 포인트 부분　④ 네일 바디 부분

답안 표기란

50	①	②	③	④
51	①	②	③	④
52	①	②	③	④
53	①	②	③	④
54	①	②	③	④
55	①	②	③	④

56 네일 랩에 대한 설명으로 틀린 것은?

① 화이버 글라스는 글루 양이 적게 들어 편리하다.
② 페브릭 랩의 종류로는 린넨, 화이버 글라스, 실크가 있다.
③ 실크는 명주실로 짠 직물로 부드럽고 가볍다.
④ 린넨은 아마의 실로 짠 직물로 두꺼우며 투박하다.

57 인조 네일 구조에서 볼록한 곡선인 컨벡스에 대한 설명으로 잘못된 것은?

① C 형태의 곡선 윗부분의 볼록한 부분이다.
② 곡선이 일정하게 되도록 높은 지점에서 자연스럽게 연결한다.
③ 볼록한 부분과 곡선이 동일해야 하며 일정한 두께이다.
④ 인조 네일의 높은 지점을 중심으로 프리에지까지 완만하게 곡선을 형성하는 능선이다.

58 네일숍의 안전관리에 대한 설명 중 바르지 않은 것은?

① 네일숍 내에 소화기를 배치한다.
② 모든 전기제품은 정기적으로 점검한다.
③ 자주 사용하지 않는 제품의 점검은 하지 않아도 괜찮다.
④ 알러지 반응을 일으킨 고객은 즉시 시술을 중단한다.

59 17세기 외국 네일미용의 역사에 대한 설명으로 틀린 것은?

① 인도에서 상류층은 네일 매트릭스에 문신용 바늘을 이용하여 색소를 주입했다.
② 베르사유 궁전에서는 한쪽 손의 손톱을 길러 문을 긁는 것이 노크하는 방식이었다.
③ 영국에서 상류층은 손톱에 장밋빛 파우더를 사용했다.
④ 중국에서는 역사상 가장 긴 손톱을 사용했다.

60 네일관리의 유래와 역사에 대한 설명으로 틀린 것은?

① 고대 이집트에서 왕족은 짙은 색으로, 신분이 낮은 계층은 옅은 색만을 사용하게 했다.
② 기원전 시대에는 관목이나 음식물, 식물 등에서 색상을 추출했다.
③ 중국은 홍화를 손톱에 물들여 조홍이라고 했다.
④ 중세시대는 조모에 문신 바늘로 색소를 주입했다.

답안 표기란				
56	①	②	③	④
57	①	②	③	④
58	①	②	③	④
59	①	②	③	④
60	①	②	③	④

미용사 네일 필기 실전모의고사 ③ 정답 및 해설

정답

1	③	2	②	3	②	4	③	5	③	6	①	7	①	8	②	9	①	10	②
11	①	12	③	13	④	14	④	15	②	16	②	17	②	18	②	19	②	20	④
21	①	22	②	23	③	24	①	25	②	26	④	27	①	28	④	29	②	30	④
31	④	32	④	33	②	34	①	35	②	36	②	37	②	38	②	39	①	40	②
41	④	42	①	43	③	44	②	45	④	46	④	47	②	48	①	49	①	50	③
51	②	52	①	53	①	54	④	55	②	56	①	57	③	58	③	59	③	60	④

해설

1 소독약의 구비 조건에서 조제해 둔 소독약은 장기간 보관하지 않는다.

2 공중위생영업의 종류에는 미용업, 이용업, 숙박업, 세탁업, 목욕장업, 건물위생관리업이 있다.

3 중요 사항을 변경하고자 하는 때에도 시장·군수·구청장에게 신고해야 한다.

4 공중위생영업자가 「성폭력범죄의 처벌 등에 관한 특례법」에 위반되는 행위에 이용되는 카메라나 그 밖에 이와 유사한 기능을 갖춘 기계 장치를 영업소에 설치한 경우의 행정처분은 1차 : 영업정지 1월, 2차 : 영업정지 2월, 3차 : 영업장 폐쇄명령이다.

5 점빼기, 귓볼뚫기, 쌍꺼풀수술, 문신, 박피술, 그 밖에 이와 유사한 의료행위를 한 경우 행정처분은 1차 : 영업정지 2월, 2차 : 영업정지 3월, 3차 : 영업장 폐쇄명령이다.

6 영업자는 영업을 폐업한 날로부터 20일 이내에 시장·군수·구청장에게 신고한다.

7 공중위생의 관리를 위한 지도·계몽 등을 행하게 하기 위하여 명예공중위생감시원을 둘 수 있다.

8 장티푸스, 세균성 이질은 오염된 수질과 식품에 의한 감염으로 환경위생의 향상을 통해 감염 예방이 가능하다.

9 집단 발생의 우려가 커서 음압 격리(높은 수준 격리)가 필요한 감염병은 제1급 감염병으로 야토병, 페스트이다.

10 탄저는 양, 소, 말, 돼지에 의한 감염병이다.

11 결핵 감염병의 병원소 동물은 소이다.

12 세균은 0℃ 이하와 80℃ 이상에서는 발육하지 못하고, 고온보다 저온에서 저항력이 강하다.

13 $\text{농도(\%)} = \frac{\text{용질량(소독약)}}{\text{용액량(용매+용질)}} \times 100$이다.

즉, $20(\%) = \frac{10}{\text{용액량}(10+40)} \times 100$으로 계산할 수 있다.

14 크레졸 소독제는 크레졸 3% + 물 97%로 조제한다.

15 신종인플루엔자는 제1급 감염병이다.

16 인공 정수 과정은 침전 → 여과 → 소독 → 배수 → 급수이다.

17 석탄산수 소독은 석탄산 3%, 물 97%의 수용액에 10분 이상 담가 둔다.

18 미용업이란 손님의 얼굴, 머리, 피부 등을 손질하여 손님의 외모를 아름답게 꾸미는 영업을 말한다.

19 간흡충증(간디스토마)의 제1숙주는 우렁이, 제2숙주는 잉어, 피라미이고, 가재는 폐흡충증(폐디스토마증)의 제2숙주이다.

20 별형은 도시 지역의 인구 유입형이다.

21 세계보건기구에서 정의하는 보건행정의 범위는 보건관계 기록의 보존, 환경위생과 감염병 관리, 모자보건과 보건간호이다.

22 페디큐어는 1957년에 등장했다.

23 17세기는 네일 매트릭스에 문신용 바늘을 이용하여 색소를 주입하여 상류층임을 과시했다.

24 네일미용인의 안전관리에 대한 설명이다.

25 오니코크립토시스는 파고드는 발톱 증상이다. ②는 오니코파지(교조증) 증상이다.

26 조갑주위염(파로니키아)은 네일 주위의 세균에 감염되어 피부가 빨갛게 부어오르며 생긴다.

27 큐티클이 과잉 성장한 테리지움은 핫 오일 매니큐어로 교정이 가능하다.

28 예약 접수 기록부, 필기도구, 메모지를 준비하며 전화를 받을 때 네일숍의 이름과 본인의 이름을 말하고, 일찍 예약을 받았을 경우 전날 저녁에 손님에게 전화하여 재확인한다.

29 여드름의 발전단계는 구진 – 농포 – 결절 – 낭종이다.

30 ①, ②, ③은 구진에 대한 설명이다.

31 투명층은 손바닥과 발바닥 등 비교적 피부층이 두터운 부위에 주로 분포되어 있다.

32 림프액의 기능은 항원 반응, 면역 반응, 체액 이동 등이다.

33 B림프구는 체액성 면역 반응으로 특이항체를 생산한다.

34 건조가 심해서 피부가 거칠어지고, 교원섬유가 감소하여 피부 탄력 감소로 인해 주름이 생긴다.

35 데오도란트는 땀의 분비로 인한 냄새를 억제한다.

36 화장품은 전신에 사용가능하다.

37 O/W 에멀션은 물에 오일 성분이 혼합되어 있는 유화 상태이다.

38 비이온성 계면활성제는 피부 자극이 적어 화장수의 가용제, 크림의 유화제, 클렌징 크림의 세정제 등의 기초 화장품에 주로 사용된다.

39 코직산은 미백 성분으로 주름 개선과는 거리가 멀다.

40 근육은 수축과 이완이 있는 모든 조직이다.

41 시냅스는 하나의 신경세포(뉴런)가 또 다른 신경세포(뉴런)와 연결되는 특수한 부위로, 축삭돌기와 수상돌기가 연결되는 곳이다.

42 견갑골을 올리고 내·외측 회전에 관여하는 근육은 승모근이다.

43 컬러를 보호해 주는 것은 탑 코트이다.

44 손톱의 주성분은 케라틴이다.

45 큐티클 소프트너, 연화제, 리무버는 모두 같은 종류이다.

46 워머기에 크림을 넣어 데우고 큐티클을 부드럽게 하여 큐티클을 정리하는 매니큐어는 핫 크림(핫 로션, 핫 오일) 매니큐어이다.

47 네일 바디는 산소를 필요로 하지 않는다.

48 리무버를 담아 사용하는 통을 디스펜서라고 한다.

49 조체(네일 바디) 밑에 있는 피부는 조상(네일 베드)이다.

50 페디큐어 시 베이스 코트를 바르기 전에 반드시 토우 세퍼레이터를 끼운다.

51 프리에지만 지우는 기법은 헤어 라인 컬러링이다.

52 무채색(회색, 하얀색, 검은색)은 색조가 없는 색을 말한다.

53 물 위에 무늬를 만들어 내는 기법 – 워터마블

54 낮은 온도에서는 계속 흐르는 것이 아니라 잘 굳지 않는다.

55 인조 네일 작업 시에는 큐티클이 가장 얇고, 자연스럽게 연결이 되어야 리프팅을 방지할 수 있다.

56 화이버 글라스는 글루 양이 많이 들어간다.

57 볼록한 부분과 곡선이 동일해야 하며, 일정한 두께인 것은 컨케이브이다.

58 자주 사용하지 않는 제품이여도 점검해야 한다.

59 19세기 영국에서 상류층은 손톱에 장밋빛 파우더를 사용했다.

60 17세기 인도에서는 매트릭스(조모)에 문신 바늘로 색소를 주입했다.

미용사 네일 필기 실전모의고사 ④

수험번호 :

수험자명 :

제한 시간 : 60분
남은 시간 : 60분

글자 크기 100% 150% 200%　화면 배치

전체 문제 수 : 60
안 푼 문제 수 :

답안 표기란

1	①	②	③	④
2	①	②	③	④
3	①	②	③	④
4	①	②	③	④

1 질병 발생의 3대 요인이 아닌 것은?

① 병인　② 유전
③ 숙주　④ 환경

2 이·미용업소의 위생관리기준으로 적합하지 않은 것은?

① 피부미용을 위한 의약품은 따로 보관한다.
② 영업장 안의 조명도는 75럭스 이상이어야 한다.
③ 소독한 기구와 소독을 하지 아니한 기구를 분리하여 보관한다.
④ 1회용 면도날은 손님 1인에 한하여 사용한다.

3 영업소 외의 장소에서 미용을 할 수 있는 경우가 아닌 것은?

① 질병·고령·장애나 그 밖의 사유로 영업소에 나올 수 없는 자
② 대통령령에 의한 특별한 사유에 의한 자
③ 혼례나 그 밖의 의식 직전에 참여하는 자
④ 특별한 사정이 있다고 시장·군수·구청장이 인정한 자

4 공중위생영업의 승계에 대한 설명 중 틀린 것은?

① 공중위생영업의 신고자가 사망한 때에는 상속인에게 지위가 승계된다.
② 경매에 따라 공중위생영업 관련 시설을 인수한 자는 지위를 승계받는다.
③ 영업자의 지위를 승계한 자는 2개월 이내에 시장·군수·구청장에게 신고해야 한다.
④ 영업 양도의 경우 양도·양수를 증명할 수 있는 서류 사본 및 양도인의 인감증명서를 가지고 해당 관청에 신고한다.

5 「성매매알선 등 행위의 처벌에 관한 법률」「풍속영업의 규제에 관한 법률」「청소년보호법」「의료법」에 위반하여 관계행정기관의 장의 요청이 있는 때에는 몇 개월 이내의 기간을 정하여 영업의 정지 또는 일부 시설의 사용중지를 명하거나 영업소 폐쇄 등을 명할 수 있는가?

① 1월 ② 2월
③ 6월 ④ 1년

6 1회용 면도날을 2인 이상의 손님에게 사용한 때의 1차 위반 행정처분 기준은?

① 개선명령 ② 경고
③ 영업정지 5일 ④ 영업정지 10일

7 공중위생영업자가 법적으로 필요한 보고를 당국에 하지 않았을 때의 벌칙은?

① 300만 원 이하의 과태료
② 200만 원 이하의 벌금
③ 100만 원 이하의 벌금
④ 100만 원 이하의 과태료

8 돼지고기를 익혀 먹지 않았을 때 소장에 감염될 수 있는 기생충은?

① 유구조충 ② 폐흡충
③ 무구조충 ④ 긴촌충

9 간흡충(간디스토마증)의 제2중간숙주가 아닌 것은?

① 잉어 ② 우렁이
③ 참붕어 ④ 피라미

10 광견병(공수병)의 병원체는 어디에 속하는가?

① 클라미디아 ② 바이러스
③ 리케차 ④ 세균

답안 표기란	
5	① ② ③ ④
6	① ② ③ ④
7	① ② ③ ④
8	① ② ③ ④
9	① ② ③ ④
10	① ② ③ ④

11 이·미용업소에서 사용하는 수건을 철저하게 소독하지 않았을 때 주로 발생할 수 있는 감염병은?

① 장티푸스 ② 트라코마
③ 페스트 ④ 세균성 이질

12 훈증 소독법으로 사용하기에 가장 적당한 약품은?

① 크레졸수 ② 포르말린
③ 염산 ④ 과산화수소

13 석탄산 소독액에 관한 설명으로 틀린 것은?

① 기구류의 소독에서 1~3% 수용액이 적당하다.
② 세균의 단백질 응고 작용이 있다.
③ 금속기구의 소독에는 적합하지 않다.
④ 소독액 온도가 낮을수록 효력이 높다.

14 아포가 영양형으로 돌아갈 수 있는 조건이 아닌 것은?

① 영양 ② 습도
③ 온도 ④ 수소이온농도

15 하수구에 적합한 소독법이 아닌 것은?

① 석탄산 ② 크레졸
③ 승홍 ④ 생석회

16 토양이 병원소가 될 수 있는 질환은?

① 파상풍 ② 발진티푸스
③ 발진열 ④ 디프테리아

17 결핵에 관한 설명 중 틀린 것은?

① 제2급 법정 감염병이다.
② 병원체는 세균이다.
③ 예방접종은 B형간염으로 한다.
④ 호흡기계 감염병이다.

답안 표기란

11	①	②	③	④
12	①	②	③	④
13	①	②	③	④
14	①	②	③	④
15	①	②	③	④
16	①	②	③	④
17	①	②	③	④

18 **보건행정에 대한 설명으로 가장 올바른 것은?**

① 공중보건의 목적을 달성하기 위해 공공의 책임하에 수행하는 행정 활동
② 개인보건의 목적을 달성하기 위해 공공의 책임하에 수행하는 행정 활동
③ 국가 간의 목적을 달성하기 위해 개인의 책임하에 수행하는 행정 활동
④ 공중보건의 목적을 달성하기 위해 개인의 책임하에 수행하는 행정 활동

19 **위생교육 대상자가 아닌 사람은?**

① 공중위생영업을 신고하려는 자
② 공중위생영업을 승계한 자
③ 면허증 취득 예정자
④ 공중위생영업자

20 **법정 감염병 중 제4급 감염병이 아닌 것은?**

① 인플루엔자
② 쯔쯔가무시증
③ 폐흡충증
④ 수족구병

21 **방사선에 관련된 직업에 의해 발생할 수 있는 질병이 아닌 것은?**

① 백혈병
② 조혈 기능 장애
③ 생식 기능 장애
④ 잠함병

22 **의료보험의 역할 및 목적을 가장 적절하게 설명한 것은?**

① 우발적인 의료 사고에 대비하여 일시에 과중한 부담을 경감하는 데 있다.
② 모든 의료 사고에 대비하여 치료비 전액을 보상받고자 하는 데 있다.
③ 모든 의료 사고에 대비하여 일시에 과중한 부담을 경감하는 데 있다.
④ 모든 의료 사고에 대하여 집단적으로 치료받는 데 의의가 있다.

답안 표기란	
18	① ② ③ ④
19	① ② ③ ④
20	① ② ③ ④
21	① ② ③ ④
22	① ② ③ ④

23 다음 중 일반 네일 폴리시 건조 시 잘못 설명한 것은?

① UV, LED 램프 건조
② 기기에 내장되어 있는 팬을 돌려 건조
③ 오일과 유사한 제품으로 건조
④ 스프레이 타입으로 분사하여 건조

24 UV 젤 네일 시술 시 리프팅이 일어나는 이유로 적절하지 않은 것은?

① 네일의 유·수분기를 제거하지 않고 작업했다.
② 젤을 프리에지까지 도포하지 않았다.
③ 젤을 큐티클 라인에 닿지 않게 작업했다.
④ 큐어링 시간을 잘 지키지 않았다.

25 인조 네일 시술 후 변색의 원인으로 틀린 것은?

① 큐티클 정리 시 큐티클 오일을 사용 후 충분히 제거하지 못했다.
② 외부적인 압력으로 충격이 가해졌다.
③ 리프팅이 일어난 공간에서 곰팡이나 세균 등의 서식했다.
④ 위생 처리된 도구를 사용하지 않아 세균이 번식되어 손톱의 병변이 생겼다.

26 핀칭에 대한 설명으로 틀린 것은?

① 아크릴릭 시술에 핀칭을 할 수 있다.
② 핀칭은 양쪽 엄지손톱을 이용해 양 사이드를 꾹 눌러 주면 도움이 된다.
③ 인조 네일 시 쉐입이 변형되므로 시술이 모두 끝난 후에 핀칭을 할 수 있다.
④ 스트레스 포인트를 지그시 눌러 C커브를 만든다.

27 응고제를 뿌려 응고시키는 젤 네일은?

① 젤 큐어드　　② 노 라이트 큐어드 젤
③ 젤 코팅　　④ 라이트 큐어드 젤

답안 표기란	
23	① ② ③ ④
24	① ② ③ ④
25	① ② ③ ④
26	① ② ③ ④
27	① ② ③ ④

28 자연 네일 보강에 대한 설명 중 틀린 것은?

① 약해진 자연 손톱 ② 찢어진 자연 손톱
③ 두께를 보강 ④ 리프팅 일어난 자연 손톱

29 자연 네일을 오버레이하여 보강할 때 사용할 수 없는 재료는?

① 실크 ② 네일 파일
③ 아크릴 ④ 젤

30 얇고 부드러우며 네일이 자라기 시작하는 뿌리 부분으로, 네일의 근원이 되는 부분은?

① 에포니키움 ② 네일 루트
③ 네일 그루브 ④ 루눌라

31 조근에 대한 설명으로 올바른 것은?

① 눈으로 볼 수 있는 네일 부분으로, 신경 조직이 없고 여러 개의 얇은 층으로 구성되어 있다.
② 얇고 부드러운 피부로, 손톱이나 발톱이 자라기 시작하는 부분이다.
③ 손톱 세포를 생성하고 성장시키는 부분이다.
④ 네일 베드가 없는 자라난 손톱의 끝부분이다.

32 페디큐어 컬러링 시 작업 공간을 확보하기 위해 발가락에 끼우는 재료는?

① 페디 파일 ② 콘 커터
③ 토우 세퍼레이터 ④ 푸셔

33 가늘어 보이게 할 수 있지만, 약하고 손상되기 쉬운 네일의 형태는?

① 스퀘어 형태 ② 라운드 형태
③ 오버 스퀘어 형태 ④ 아몬드 형태

답안 표기란	
28	① ② ③ ④
29	① ② ③ ④
30	① ② ③ ④
31	① ② ③ ④
32	① ② ③ ④
33	① ② ③ ④

34 거친 손에 유·수분을 공급하고 혈액순환을 촉진시켜 손과 발의 피로를 풀어 주는 효과를 더한 관리법으로, 손과 발의 피부를 관리하는 매니큐어는?

① 파라핀 매니큐어　　② 습식 매니큐어
③ 핫 크림 매니큐어　　④ 건식 매니큐어

35 매니큐어에 대한 설명으로 옳은 것은?

① 매니큐어는 17세기에서부터 유래되었다.
② 폴리시를 바르는 것을 말한다.
③ 손 관리의 총체적인 의미를 말한다.
④ 한국에서만 매니큐어라 지칭한다.

36 페디 파일에 대한 설명으로 옳은 것은?

① 족문의 결 방향으로 안쪽에서 바깥쪽으로 사용한다.
② 족문의 결 방향을 생각하지 않아도 된다.
③ 발바닥에 각질이 완전 제거될 때까지 정리한다.
④ 다음 고객에게 바로 사용하여도 된다.

37 네일 태생의 설명으로 바르지 않은 것은?

① 네일의 성장 부위가 형성되는 시기는 9주째부터이다.
② 네일이 완전히 형성되는 시기는 임신 20주째부터이다.
③ 네일이 생성되기 시작하는 시기는 임신 10주째부터이다.
④ 네일은 손가락 끝마디 뼈 윗부분에서 형성된다.

38 가장 약한 네일의 형태는?

① 스퀘어　　② 라운드
③ 오버스퀘어　　④ 오벌

답안 표기란

34	① ② ③ ④
35	① ② ③ ④
36	① ② ③ ④
37	① ② ③ ④
38	① ② ③ ④

39 **인조 네일 제거 방법으로 옳은 것은?**

① 드릴을 이용하여 갈아 준다.
② 100그릿의 파일로 파일하여 갈아 준다.
③ 탈지면에 알코올을 적셔 호일에 감싸고 30분 정도 불린 후 푸셔로 제거한다.
④ 탈지면에 아세톤을 올려 네일 폴더 부분에 큐티클 오일을 바르고 호일을 감싸 불린 후 푸셔로 제거한다.

40 **인조 네일 위에 가벼운 네일 폴리시를 제거할 때 사용하는 아세톤의 성분이 없는 제품은?**

① 젤 클렌저
② 네일 폴리시 시너
③ 네일 폴리시 리무버
④ 논 아세톤 네일 폴리시 리무버

41 **손목, 손, 손가락의 뼈는 몇 개의 뼈로 구성되어 있는가?**

① 28개 ② 32개
③ 30개 ④ 27개

42 **평활근에 대한 설명 중 틀린 것은?**

① 민무늬근으로 의지대로 움직이지 않는 근이다.
② 불수의적으로 수축하고 이완한다.
③ 위, 방광, 자궁 등의 벽을 이루고 있는 내장근이다.
④ 중추신경계에서 조절한다.

43 **손의 근육에 대한 설명과 거리가 먼 것은?**

① 내전근 : 손가락과 손가락이 서로 붙게 하거나 모으는 내향에 작용한다.
② 대립근 : 엄지손가락을 손바닥 쪽으로 향하게 하여 물건을 잡을 수 있게 한다.
③ 외전근 : 새끼손가락과 엄지손가락을 벌리는 작용을 한다.
④ 회내근 : 손(발)바닥을 위로 향하게 작용한다.

답안 표기란	
39	① ② ③ ④
40	① ② ③ ④
41	① ② ③ ④
42	① ② ③ ④
43	① ② ③ ④

44 물건을 쥐거나 잡을 때 작용하는 근육은?

① 대립근(맞섬근) ② 외전근(벌림근)
③ 굴근(굽힘근) ④ 신근(폄근)

45 신경계에 관련된 설명으로 바른 것은?

① 시냅스 : 외부로부터의 자극을 세포체에 전달
② 축삭돌기 : 수상돌기를 통해 받은 자극을 축삭에 전달
③ 신경교 : 뉴런을 지지, 신경섬유를 재생하고 보호
④ 수상돌기 : 최소 단위인 신경세포이며 자극을 신경세포체에 전달

46 화장품 성분 중 양모에서 정제한 것은?

① 라놀린 ② 밀랍
③ 밍크 오일 ④ 바세린

47 에센셜 오일을 추출하는 방법이 아닌 것은?

① 혼합법 ② 수증기 증류법
③ 압착법 ④ 용제 추출법

48 레몬, 오렌지, 라임 등 감귤계 향의 분류는?

① 시트러스 ② 프루트
③ 오리엔탈 ④ 플로럴

49 대부분 O/W형 유화 타입이며, 오일 양이 적어 여름철에 많이 사용하고 젊은 연령층이 선호하는 파운데이션은?

① 파우더 파운데이션 ② 리퀴드 파운데이션
③ 크림 파운데이션 ④ 트윈 케이크

50 사용 대상과 목적이 바른 것은?

① 화장품 : 정상인, 미용
② 의약품 : 정상인, 치료
③ 의약외품 : 환자, 미용
④ 기능성 화장품 : 환자, 위생

답안 표기란

44	① ② ③ ④
45	① ② ③ ④
46	① ② ③ ④
47	① ② ③ ④
48	① ② ③ ④
49	① ② ③ ④
50	① ② ③ ④

51 표피의 부속기관이 아닌 것은?

① 유선 ② 흉선
③ 피지선 ④ 손·발톱

52 피지 분비와 피지선의 활성을 높여주는 호르몬은?

① 인슐린 ② 안드로겐
③ 프로게스테론 ④ 에스트로겐

53 피부의 기능 중 저장 작용에 대한 설명으로 옳은 것은?

① 피하조직은 지방을 저장한다.
② 피지선을 제한적으로 저장한다.
③ 멜라닌 세포를 저장하여 광선으로부터 보호한다.
④ 피부의 표면을 통해 산소를 저장한다.

54 손톱이 약해지고 얇아지는 것은 어떤 영양소의 결핍으로 인한 것인가?

① 지방 ② 비타민
③ 무기질 ④ 탄수화물

55 가장 강한 자외선으로 피부암의 원인이 되는 단파장인 것은?

① UV-B ② UV-A
③ UV-D ④ UV-C

56 교조증(오니코파지)에 대한 설명으로 맞는 것은?

① 손톱 주위 큐티클의 작은 균열로 인해 건조해서 거스러미가 일어난 증상
② 손·발톱 양 사이드 부분이 살로 파고드는 현상
③ 손톱을 물어뜯어 손톱의 크기가 작아지고, 손톱이 울퉁불퉁한 증상
④ 손톱이 과잉 성장하여 비정상적으로 두꺼워진 증상

답안 표기란	
51	① ② ③ ④
52	① ② ③ ④
53	① ② ③ ④
54	① ② ③ ④
55	① ② ③ ④
56	① ② ③ ④

57 **네일 관련 증상이 잘못된 것은?**

① 조내생증 : 꽉 끼는 신발을 신을 경우
② 조갑익상편 : 상조피가 반월 쪽으로 과잉 성장한 경우
③ 조갑비대증 : 네일의 과잉 성장으로 두꺼워지고 변색되는 경우
④ 조갑종렬증 : 네일색이 푸르스름하게 변하는 경우

58 **네일과 관련된 모든 손톱 질환을 총칭하는 단어는?**

① 오니시스
② 오니코시스
③ 오니코
④ 오닉스

59 **네일 기기 및 도구류의 위생관리로 틀린 것은?**

① 큐티클 니퍼 및 네일 푸셔는 자외선 소독기에는 소독할 수 없다.
② 소독 및 세제용 화학제품은 서늘한 곳에 밀폐 · 보관한다.
③ 타월은 1회 사용 후 세탁 · 소독한다.
④ 모든 도구는 70% 알코올에 20분 동안 담근 후 건조시켜 사용한다.

60 **네일미용의 기원에 관한 설명이 바른 것은?**

① 이집트에서 귀족들의 부, 권력 등의 상징으로 사용된 것이 최초의 기원이다.
② 프랑스에서 한손만 손톱을 길게 길러 문을 두드리는 대신 긁도록 한 것이 최초의 기원이다.
③ 하류층에서부터 시작하여 전해졌고 짙은 색이 유행한 것이 최초의 기원이다.
④ 인도에서 신분을 표시하기 위해 조모에 문신 바늘로 물감을 주입시킨 것이 최초의 기원이다.

답안 표기란	
57	① ② ③ ④
58	① ② ③ ④
59	① ② ③ ④
60	① ② ③ ④

미용사 네일 필기 실전모의고사 4 정답 및 해설

정답

1	②	2	①	3	②	4	③	5	③	6	②	7	①	8	①	9	②	10	②
11	②	12	②	13	④	14	④	15	③	16	①	17	③	18	①	19	③	20	②
21	④	22	③	23	①	24	③	25	①	26	③	27	②	28	④	29	②	30	②
31	②	32	③	33	④	34	①	35	③	36	①	37	③	38	④	39	④	40	④
41	④	42	④	43	④	44	①	45	③	46	①	47	①	48	①	49	②	50	①
51	②	52	②	53	①	54	③	55	④	56	③	57	④	58	②	59	①	60	①

해설

1 질병 발생의 3대 요인은 병인, 숙주, 환경이다.

2 피부미용 시 약사법에 따른 의약품 또는 의료기기법에 따른 의료기기를 사용해서는 안 된다.

3 보건복지부령이 정하는 특별한 사유가 있는 경우에는 행할 수 있다.

4 공중위생영업자의 지위를 승계한 자는 1개월 이내에 시장·군수·구청장에게 신고한다.

5 6월 이내 영업의 정지 또는 일부 시설의 사용 중지를 명하거나 영업소 폐쇄 등을 명할 수 있다.

6 1회용 면도날을 2인 이상 손님에게 사용한 때 행정 처분은 1차 : 경고, 2차 : 영업정지 5일, 3차 : 영업정지 10일, 4차 : 영업장 폐쇄명령이다.

7 필요한 보고를 당국에 하지 않았을 때의 벌칙은 300만 원 이하의 과태료에 처한다.

8 돼지고기를 익혀서 섭취하지 않았을 때 유구조충증이 소장에 기생한다.

9 간흡충(간디스토마증)의 제2중간숙주는 잉어, 참붕어, 피라미이며, 제1중간숙주는 우렁이이다.

10 병원체가 바이러스인 것은 광견병(공수병), 후천성면역결핍증후군(AIDS), 홍역, 간염, 인플루엔자, 폴리오, 일본뇌염, 풍진 등이다.

11 개달물 감염(수건, 의류, 서적, 인쇄물 등)은 결핵, 트라코마, 두창, 비탈저, 디프테리아 등이다.

12 훈증 소독 약품으로는 포르말린을 사용한다.

13 석탄산은 세균의 단백질 응고 작용 및 효소 저해 작용, 세포의 용해 작용을 하며, 포자, 바이러스에는 효과가 적고 금속을 부식시키고 독성이 있어서 피부의 점막을 자극한다(소독용 석탄산수의 조제 방법 : 석탄산 3% + 물 97%).

14 아포는 세균이 영양 부족, 건조, 열 등의 증식 환경이 부적당한 경우 균의 저항력을 높이고 장기간 생존한다.

15 하수구에 적합한 소독 방법은 석탄산, 크레졸, 포르말린수, 생석회이다.

16 토양 감염은 오염된 토양에 의해 피부의 상처 등으로 감염되는 것으로 파상풍, 가스괴저병 등이 있다.

17 결핵은 BCG 예방접종을 1개월 이내에 한다.

18 보건행정은 공중보건의 목적을 달성하기 위해 공공의 책임하에 수행하는 행정 활동이다.

19 위생교육 대상자는 공중위생영업자, 공중위생영업을 승계한 자, 영업하거나 시설 및 설비를 갖추고 신고하고자 하는 자이다. 영업에 직접 종사하지 않거나 두 개 이상의 장소에서 영업을 하는 자는 종업원 중 영업장별로 공중위생에 관한 책임자를 지정하고 그 책임자로 하여금 위생 교육을 받도록 해야 한다.

20 법정 감염병 중 제4급 감염병은 인플루엔자, 수족구병, 폐흡충증이며, 쯔쯔가무시증은 제3급 감염병이다.

21 방사선과 관련된 직업의 질병에는 조혈 기능 장애, 백혈병, 생식 기능 장애가 있다.

22 의료보험은 일시에 과중한 부담을 경감하는 데 그 의의가 있다.

23 젤 사용 시 – UV, LED 램프 건조

24 젤이 큐티클 라인에 닿지 않게 작업한 것은 시술 시 리프팅이 일어나는 이유가 아니다.

25 큐티클 정리 시 큐티클 오일을 사용 후 충분히 제거하지 못하면 인조 네일 시술 후 인조 네일이 쉽게 떨어지는 원인으로 변색의 원인이 아니다.

26 핀칭은 네일의 커브를 주는 것으로 인조 네일 시술이 끝난 후에도 핀칭이 가능하다.

27 노 라이트 큐어드 젤은 광선을 사용하지 않고 응고제(액티베이터)를 이용하여 경화하는 방법이다.

28 리프팅이 일어난 자연 손톱 – 인조 네일 보수

29 네일 파일은 자연 네일의 길이와 쉐입을 만드는 재료이다.

30 네일 루트는 얇고 부드러운 피부로 손톱이 자라기 시작하는 부분이다.

31 네일 루트(조근)는 얇고 부드러운 피부로 손톱이나 발톱이 자라기 시작하는 부분이다.

32 페디큐어 컬러링 시 작업 공간을 확보하기 위해 발가락 사이에 토우 세퍼레이터를 끼운다.

33 아몬드(포인트)형은 손가락이 길어 보이긴 하나 내구성이 약해 잘 부러지는 단점이 있다.

34 파라핀 매니큐어는 거친 손에 유·수분을 공급하고 혈액순환을 촉진시켜 손과 발의 피로를 풀어주는 관리이다.

35 매니큐어는 총체적인 손 관리를 의미한다.

36 페디 파일은 족문의 결 방향으로 안쪽에서 바깥쪽으로 사용해야 한다.

37 네일이 생성되기 시작하는 시기는 임신 14주째부터이다.

38 오벌은 충격 시 파손의 위험이 조금 더 많아진다.

39 인조 네일은 탈지면에 아세톤을 올려 네일 폴더 부분에 큐티클 오일을 바르고 호일을 감싸 불린 후 푸셔로 제거한다.

40 가벼운 네일 폴리시를 제거할 시에는 논 아세톤 네일 폴리시 리무버를 사용한다.

41 손의 뼈는 27개이다.

42 평활근은 민무늬근으로 의지대로 움직이지 않는 근(불수의근)이며 위, 방광, 자궁 등의 벽을 이루고 있는 내장근이다. 교감신경계에서 조절, 불수의적으로 수축하고 이완한다.

43 회내근은 손(발)목을 안쪽으로 또는 손(발)등을 위쪽으로 향하게 하는 근육이다.

44 물건을 쥐거나 잡을 때 작용하는 근육은 대립근(맞섬근)이다.

45 신경교는 뉴런을 지지, 신경섬유를 재생하고 보호한다.

46 라놀린은 양모에서 추출한 동물성 성분이다.

47 에센셜 오일의 추출법에는 수증기 증류법, 압착법, 휘발성 용제 추출법, 비휘발성 용제 추출법이 있다.

48 프루트는 과일계, 오리엔탈은 나무, 플로럴은 꽃향이다.

49 리퀴드 파운데이션은 젊은 연령층이 선호하며, 오일 양이 적어 여름철에 많이 쓰인다.

50 화장품의 사용 대상은 정상인이며, 사용 목적은 청결, 미화이다.

51 흉선은 표피의 부속기관이 아니다.

52 안드로겐은 피지 분비와 피지선의 활성을 높여주는 호르몬이다.

53 피부의 피하조직은 지방을 저장하는 기능을 한다.

54 무기질 황(S)은 케라틴 합성(아미노산 중 시스틴에 함유)을 돕는다.

55 UV-C는 단파장이며, 피부암의 원인이다.

56 교조증(오니코파지)은 손톱을 물어뜯어 손톱의 크기가 작아지고 손톱이 울퉁불퉁한 증상이다.

57 네일 색이 푸르스름하게 변하는 경우는 조갑청색증(오니코사이아노시스)이다.

58 오니코시스(Onychosis, 손·발톱 병)는 네일과 관련된 모든 질병을 총칭하는 용어이다.

59 큐티클 니퍼 및 네일 푸셔는 자외선 소독기에 소독·보관할 수 있다.

60 B.C 3000년경에 이집트에서 귀족들의 부, 권력 등의 상징으로 사용된 것이 최초의 기원이다.

미용사 네일 필기 실전모의고사 ❺

수험번호 :

수험자명 :

제한 시간 : 60분
남은 시간 : 60분

글자 크기    화면 배치  

전체 문제 수 : 60
안 푼 문제 수 :

답안 표기란	
1	① ② ③ ④
2	① ② ③ ④
3	① ② ③ ④
4	① ② ③ ④

1 한국 네일미용의 역사에 대한 설명이 아닌 것은?

① 한국 네일미용의 역사는 고려시대부터 시작했다.
② 네일에 연지를 발라 염지갑화라 하였다.
③ 2014년도에 미용사(네일) 국가자격증을 시작했다.
④ 최초의 한국네일협회가 창립되어 본격화되면서 발전했다.

2 네일 제품이 개발된 순서에 맞는 것은?

① OWS – 네일 팁 – 네일 폼 – 라이트 큐어드 젤
② OWS – 네일 폼 – 네일 팁 – 라이트 큐어드 젤
③ OWS – 파일 – 네일 팁 – 네일 폼
④ OWS – 네일 팁 – 라이트 큐어드 젤 – 네일 폼

3 네일숍 내 직장 동료와의 관계에 대한 설명으로 바람직하지 않은 것은?

① 동료가 힘들 때 위로와 격려를 아끼지 않는다.
② 동료들의 재능을 인정하고 존중한다.
③ 직장 동료 간에 배우는 자세로 임하며 서비스의 질적 수준을 높인다.
④ 동료들과 친하게 지내며 사생활을 편하게 전부 공유한다.

4 고객관리카드에 기재할 사항이 아닌 것은?

① 건강상태와 질병, 화장품 알레르기 부작용을 기록한다.
② 선호하는 컬러를 파악하고 제품 판매내역, 가격, 재산을 기록한다.
③ 사후관리에 대한 조언과 대처방법을 전달한다.
④ 손·발톱 병변 유무를 확인 후 기재한다.

5 매트릭스 외상이나 화학제품의 잦은 사용 또는 부주의로 인해 손톱이 건조한 상태로, 네일이 갈라지며 세로로 골이 파여있는 증상은?

① 고랑파인손톱(훠로우, 커러제이션)
② 조갑위축증(오니코아트로피)
③ 조갑종렬증(오니코렉시스)
④ 표피조막증(테리지움)

6 과잉 성장으로 비정상적으로 손톱이 두꺼워지는 현상은?

① 테리지움
② 오니코렉시스
③ 오니코파지
④ 오니콕시스

7 피부의 기능이 아닌 것은?

① 분비 작용
② 비타민 A 형성
③ 면역 작용
④ 지각 작용

8 비타민 결핍 시 일어나는 증상이 틀리게 연결된 것은?

① 비타민 A : 피부건조, 야맹증, 세균감염
② 비타민 D : 구루병, 골다공증
③ 비타민 E : 피부건조, 노화, 불임증
④ 비타민 K : 구순염, 습진, 부스럼, 피로감

9 피부색소인 멜라닌을 주로 함유하고 있는 세포층은?

① 각질층
② 기저층
③ 과립층
④ 유극층

10 필수지방산에 속하지 않는 것은?

① 리놀레산
② 갈락토오스
③ 리놀렌산
④ 아라키돈산

답안 표기란

5	① ② ③ ④
6	① ② ③ ④
7	① ② ③ ④
8	① ② ③ ④
9	① ② ③ ④
10	① ② ③ ④

11 감염성 피부 질환인 두부백선의 병원체는?

① 바이러스 ② 사상균
③ 박테리아 ④ 리케차

12 미백 작용을 하며, 각질 제거용으로 죽은 각질을 빨리 떨어져 나가게 하고 건강한 세포가 피부를 자극할 수 있도록 돕는 주름 개선 화장품의 성분은?

① 하이드로퀴논 ② AHA
③ 알부틴 ④ DHA

13 화장품 성분 중 무기안료의 특성은?

① 빛, 산, 알칼리에 강하고 내광성·내열성이 좋다.
② 유기용매에 잘 녹는다.
③ 유기안료에 비해 색의 번진다.
④ 선명도와 착색력에 매우 좋다.

14 클렌징 단계에 해당되는 사항이 아닌 것은?

① 피부 표면의 노폐물을 제거한다.
② 효소나 고마쥐를 이용한 깊은 단계의 묵은 각질을 제거한다.
③ 메이크업의 잔여물을 제거한다.
④ 먼지 및 피지를 제거한다.

15 피부 표면에 물리적인 장벽을 만들어 자외선을 반사하고 분산하는 자외선 차단 성분은?

① 옥틸메톡시신나메이트 ② 파라아미노안식향산
③ 벤조페논 ④ 이산화티탄

16 물과 오일처럼 서로 녹지 않는 2개의 액체를 미세하게 분산시켜 놓은 상태는?

① 아로마 ② 에멀션
③ 천연색소 ④ 왁스

답안 표기란	
11	① ② ③ ④
12	① ② ③ ④
13	① ② ③ ④
14	① ② ③ ④
15	① ② ③ ④
16	① ② ③ ④

17 **손과 발의 뼈 구조에 대한 설명으로 틀린 것은?**

① 손가락뼈 : 5개의 손가락 마디에 있는 뼈들로 엄지에 2개, 나머지 손가락에 3개씩 총 14개의 뼈로 구성되어 있다.
② 발가락뼈 : 발가락 마디에 있는 뼈로 엄지는 2개씩, 나머지는 3개씩 총 14개의 뼈로 구성되어 있다.
③ 발목뼈 : 8개의 길고 가는 뼈이며 발가락뼈로 연결되는 뼈이다.
④ 손목뼈 : 8개의 작고 불규칙한 형태의 뼈들이 두 줄로 배열되는 뼈이다.

18 **무지근 중 엄지맞섬근의 역할은?**

① 손가락을 붙이는 역할
② 손가락을 펴는 역할
③ 물체를 잡는 역할
④ 손가락을 구부리는 역할

19 **건강한 네일의 특성이 아닌 것은?**

① 유연하고 탄력성이 좋다.
② 네일 베드에 단단하게 부착되어 있다.
③ 둥근 아치 모양이며 반투명한 핑크빛을 띤다.
④ 약 8~12%의 수분을 함유하고 있다.

20 **지각신경 조직과 모세혈관이 있고, 네일 바디 밑에 있는 피부로 네일 바디를 받쳐 주고 단단히 부착하는 역할을 하는 부분은?**

① 매트릭스(조모) ② 스트레스 포인트
③ 네일 루트(조근) ④ 네일 베드(조상)

21 **페디큐어 관리에서 가장 적절한 형태는?**

① 라운드 ② 오벌
③ 스퀘어 ④ 아몬드

답안 표기란	
17	① ② ③ ④
18	① ② ③ ④
19	① ② ③ ④
20	① ② ③ ④
21	① ② ③ ④

22 스퀘어 형태의 대한 설명으로 틀린 것은?

① 네일 양끝 모서리 부분이 사각의 형태이다.
② 네일 양끝 모서리 부분의 각도는 90°이다.
③ 한 방향으로 네일에 파일을 한다.
④ 충격 시 파손의 위험이 많은 형태이다.

23 손톱의 기능 및 역할과 가장 거리가 먼 것은?

① 물건을 긁거나 잡을 때 들어 올리는 기능이 있다.
② 방어와 공격의 기능이 있다.
③ 노폐물의 분비 기능이 있다.
④ 손끝을 보호한다.

24 콘커터의 사용 방향으로 가장 적합한 것은?

① 족문의 결 방향
② 사선 방향
③ 바깥쪽에서 안쪽으로
④ 족문의 결 반대 방향

25 하이포니키움(하조피)에 대한 설명으로 옳은 것은?

① 네일 측면의 피부로 네일 베드와 연결된다.
② 프리에지 아래로 돌출된 피부 조직으로 박테리아의 침입을 막아 준다.
③ 네일 바디의 양측을 지지하는 피부 부분이다.
④ 얇고 부드러운 피부로 손톱이 자라기 시작하는 부분이다.

26 페디큐어 시 족욕기에 첨가할 수 있는 것은?

① 향균비누
② 방부제
③ 발 파우더
④ 풋크림

27 네일 폴리시 리무버나 아세톤을 담아 펌프식으로 편리하게 사용할 수 있는 것은?

① 디스펜서
② 디펜디시
③ 핑거볼
④ 스파출러

답안 표기란	
22	① ② ③ ④
23	① ② ③ ④
24	① ② ③ ④
25	① ② ③ ④
26	① ② ③ ④
27	① ② ③ ④

28 네일 작업 시 표준형 작업 테이블의 램프의 밝기로 적당한 것은?

① 20W　　② 40W
③ 60W　　④ 100W

29 네일 접착제를 빠르게 경화시키는 제품이 아닌 것은?

① 스틱 글루　　② 경화 촉진제
③ 액티베이터　　④ 글루드라이

30 다음 중 두 가지 이상의 색으로 꽃, 부채꼴, 선, 대리석 등으로 여러 가지 표현을 하는 기법은?

① 면　　② 점
③ 선　　④ 마블

31 디자인에 대해 설명 중 잘못된 것은?

① 주어진 목적을 조형 활동을 계획하는 것과 그 계획을 실현하는 것이다.
② 경제적, 실용적 가치를 추구하는 것이다.
③ 지시하다, 표현하다, 성취하다의 뜻이다.
④ 라틴어의 데시그나레에서 유래했다.

32 사계절 중 봄 컬러로 네일 이미지에 잘 어울리는 배색은?

① 채도차가 큰 배색　　② 중명도 배색
③ 고채도 배색　　④ 저명도 배색

33 젤 네일에 대한 설명으로 틀린 것은?

① 아크릴 네일과 화학적 성분이 매우 유사하다.
② 네일 폴리시에 비해 광택이 오래 지속된다.
③ 소프트 젤은 투명도와 지속력이 높고 아세톤으로 제거되지 않는다.
④ 아크릴에 비해 냄새가 없어 시술이 편리하다.

답안 표기란

28	① ② ③ ④
29	① ② ③ ④
30	① ② ③ ④
31	① ② ③ ④
32	① ② ③ ④
33	① ② ③ ④

34 **인조 네일의 길이를 연장 시 네일 폼으로 길이를 늘려 주는 방법은?**

① 네일 랩 익스텐션 ② 스컬프처 네일
③ 팁 오버레이 ④ 팁 위드 랩

35 **인조 팁을 고르는 방법으로 적절하지 않은 것은?**

① 넓적한 네일에는 끝이 좁아지는 네로우 팁을 고른다.
② 양쪽 사이드가 움푹 들어간 네일에는 풀 웰 팁보다 하프 웰 팁이 더 적절하다.
③ 스푼 네일은 커브 팁을 고른다.
④ 자연 네일의 사이즈보다 한 사이즈 작은 것을 고른다.

36 **세계보건기구(WHO)가 규정한 보건행정에서 건강의 정의로 가장 적절한 것은?**

① 질병이 없고 허약하지 않은 상태를 말한다.
② 질병이 없고 신체적, 정신적으로 안녕한 상태를 말한다.
③ 질병이 없고 신체적으로 항상성이 유지된 상태를 말한다.
④ 질병이 없고 정신적, 신체적, 사회적 안녕이 완전한 상태를 말한다.

37 **손님의 얼굴, 머리, 피부 등을 손질하여 손님의 외모를 아름답게 꾸미는 영업은?**

① 피부미용업 ② 미용업
③ 이용업 ④ 목욕장업

38 **한 나라의 건강 수준을 다른 국가들과 비교할 수 있는 지표로 세계보건기구가 제시한 내용은?**

① 생명연장률, 평균수명, 비례사망지수
② 조사망률, 평균수명, 비례사망지수
③ 평균수명, 조사망률, 영아사망률
④ 영아사망률, 비례사망지수, 평균수명

답안 표기란
34 ① ② ③ ④
35 ① ② ③ ④
36 ① ② ③ ④
37 ① ② ③ ④
38 ① ② ③ ④

39 음용수에서 대장균 검출의 가장 큰 의의는?

① 오염의 지표
② 비병원성
③ 감염병 발생 예고
④ 음용수의 부패 상태 파악

40 집에 서식하는 바퀴벌레가 주로 전파하는 질병이 아닌 것은?

① 장티푸스
② 콜레라
③ 유행성 출혈열
④ 소아마비

41 결핵 환자의 객담 처리에 가장 효과적인 방법은?

① 포르말린
② 소각법
③ 알코올
④ 화염 멸균법

42 이·미용업 종사자가 손을 씻을 때 많이 사용하는 소독약은?

① 크레졸수
② 요오드
③ 역성비누
④ 승홍수

43 이·미용업소에서 소독하지 않은 면도기로 주로 감염이 될 수 있는 질병은?

① 파상풍
② 트라코마
③ 결핵
④ B형간염

44 일반적인 미생물의 번식에 가장 중요한 요소로만 나열된 것은?

① 온도, 적외선, pH
② 온도, 습도, 자외선
③ 온도, 습도, 영양분
④ 온도, 습도, 시간

답안 표기란	
39	① ② ③ ④
40	① ② ③ ④
41	① ② ③ ④
42	① ② ③ ④
43	① ② ③ ④
44	① ② ③ ④

45 이·미용업소의 실내 쾌적 습도 범위로 가장 알맞은 것은?

① 20~30% ② 20~40%
③ 40~70% ④ 60~80%

46 조명의 조건으로 틀린 것은?

① 조도는 균일해야 한다.
② 광원은 주황색에 가까운 조명이 좋다.
③ 그림자가 약간 생겨도 괜찮다.
④ 수명이 길고 효율이 높아야 한다.

47 이·미용사 면허의 발급자는?

① 시·도지사 ② 시장·군수·구청장
③ 보건복지부장관 ④ 관할 보건소장

48 면허증 재발급을 받아야 할 경우가 아닌 것은?

① 면허증의 기재사항에 변경이 있을 때
② 면허증을 잃어버린 때
③ 이중으로 면허를 취득한 때
④ 면허증이 헐어 못쓰게 된 때

49 이·미용사가 이·미용업소 외의 장소에서 이·미용을 한 경우의 1차 위반 행정처분은?

① 경고 또는 개선명령 ② 영업정지 10일
③ 영업정지 1월 ④ 영업정지 3월

50 다음 용어 중 잘못 설명된 것은?

① 방부 : 증식과 성장을 억제하여 미생물의 부패나 발효를 방지하는 것
② 멸균 : 모든 미생물을 박멸하는 것
③ 용액 : 용매 속에 녹아 있는 물질
④ 용매 : 용질을 용해시키는 물질

답안 표기란				
45	①	②	③	④
46	①	②	③	④
47	①	②	③	④
48	①	②	③	④
49	①	②	③	④
50	①	②	③	④

51 예방접종에 있어서 생균백신을 사용하는 것은?

① 결핵 ② 백일해
③ 콜레라 ④ 장티푸스

52 BCG 예방접종과 연관된 질병은?

① 백일해 ② 파상풍
③ 결핵 ④ 티프테리아

53 인구 구성 시 노령 인구의 연령에 해당되는 것은?

① 56~64세 ② 40~50세
③ 51~55세 ④ 65세 이상

54 시·도지사 또는 시장·군수·구청장이 공중위생관리상 필요하다고 인정한 때의 조치에 해당하는 것은?

① 청문 ② 보고
③ 감독 ④ 협의

55 영업자의 지위를 승계받을 수 있는 자의 자격은?

① 보조원으로 있는 자 ② 면허를 소지한 자
③ 상속권이 있는 자 ④ 자격증이 있는 자

56 고무장갑이나 플라스틱의 소독에 적합한 것은?

① 오존 ② 고압증기 멸균법
③ 에틸렌옥사이드 ④ 자비소독법

답안 표기란	
51	① ② ③ ④
52	① ② ③ ④
53	① ② ③ ④
54	① ② ③ ④
55	① ② ③ ④
56	① ② ③ ④

57 생계유지가 어려운 사람들을 위한 사회보장제도는?

① 고용보험 ② 의료급여
③ 산재보험 ④ 건강보험

58 미용기구 소독 시의 기준으로 틀린 것은?

① 석탄산수 소독 : 석탄산 3% 수용액에 10분 이상 담가둔다.
② 증기소독 : 섭씨 100℃이상의 습한 열에 20분 이상 쬐어준다.
③ 자외선 소독 : 1cm²당 85㎼이상의 자외선을 10분 이상 쬐어준다.
④ 크레졸 소독 : 크레졸 3% 수용액에 10분 이상 담가둔다.

59 감염병 예방법 중 환자의 배설물 등의 처리 방법이 아닌 것은?

① 소각법 ② 건열법
③ 석탄산 ④ 크레졸

60 식중독에 대한 설명으로 잘못된 것은?

① 원인에 따라 세균성, 화학물질, 자연독, 곰팡이독 등으로 분류한다.
② 병원성 미생물에 오염된 식품 섭취 후 발병한다.
③ 다량의 균이 발생하며, 수인성 전파는 드물다.
④ 잠복기가 길고 근육통을 호소한다.

답안 표기란	
57	① ② ③ ④
58	① ② ③ ④
59	① ② ③ ④
60	① ② ③ ④

미용사 네일 필기 실전모의고사 5 정답 및 해설

정답

1	②	2	①	3	④	4	②	5	③	6	④	7	②	8	④	9	②	10	②
11	②	12	②	13	①	14	②	15	④	16	②	17	③	18	③	19	④	20	④
21	③	22	④	23	③	24	①	25	②	26	①	27	①	28	②	29	①	30	④
31	②	32	③	33	③	34	②	35	④	36	④	37	②	38	②	39	①	40	③
41	②	42	③	43	④	44	③	45	③	46	③	47	②	48	③	49	③	50	③
51	①	52	③	53	④	54	②	55	②	56	③	57	②	58	③	59	②	60	④

해설

1 고려 충선왕 때부터 부녀자와 처녀들 사이에서 '염지갑화'라고 하는 봉숭아물을 들이기 시작했다.

2 네일제품이 개발된 순서는 OWS – 네일 팁 – 네일 폼 – 라이트 큐어드 젤이다.

3 고객과 동료에게 금전이나 사적인 문제는 이야기하지 않는 것이 바람직하다.

4 선호하는 컬러를 파악하고 제품 판매내역, 가격을 기재하나 고객 재산은 기록하지 않는다.

5 조갑종렬증(오니코렉시스)은 세로로 골이 파인 증상이다.

6 오니콕시스(조갑비대증)

7 피부의 기능은 비타민 D 형성이다.

8 비타민 B_2의 결핍 시 구순염, 습진, 부스럼, 피로감이 생긴다.

9 멜라닌색소는 대부분 기저층에 존재한다.

10 필수지방산으로는 리놀레산, 리놀렌산, 아라키돈산을 예를 들 수 있고, 상온에서는 액체 상태를 유지한다.

11 두부백선은 사상균에 의한 감염성 피부질환이다.

12 주름 개선 성분은 레티놀, 아하(AHA), 항산화제이다.

13 무기안료는 빛, 산, 알칼리에 강하고 내광성·내열성이 좋으며 커버력이 우수하다.

14 효소나 고마쥐를 이용한 깊은 단계의 묵은 각질 제거는 딥 클렌징에 속한다.

15 이산화티탄은 피부 표면에 물리적인 장벽을 만들어 자외선을 반사하고 분산한다.

16 에멀션은 서로 녹지 않는 2개의 액체를 분산시켜 놓은 상태이다.

17 발목뼈는 7개의 뼈로 몸의 체중을 지탱한다.

18 엄지맞섬근은 엄지손가락을 다른 손가락과 마주 보고 물건을 잡게 하는 근육이다.

19 건강한 네일은 약 12~18%의 수분을 함유하고 있다.

20 지각신경 조직과 모세혈관이 있는 부분은 네일 베드(조상)이다.

21 페디큐어 관리 형태는 스퀘어로 한다.

22 스퀘어 형태는 강한 느낌을 주고 내구성이 강하다.

23 손톱은 물건을 긁거나 잡거나 들어 올리는 기능, 방어와 공격, 미용의 장식적인 기능, 손가락 끝의 예민한 신경을 강화하고 손끝을 보호, 모양을 구별하며 섬세한 작업을 가능하게 하는 기능이 있다.

24 콘커터는 족문의 결 방향으로 안쪽에서 바깥쪽으로 사용한다.

25 하이포니키움은 프리에지 밑 부분의 돌출된 피부를 말한다.

26 족욕기 안에 향균비누(살균비누), 아로마 등을 첨가한다.

27 폴리시 리무버나 아세톤을 담는 용기를 디스펜서라 한다.

28 작업하기 유용한 조명은 각도 조정이 가능한 40W의 램프이다.

29 스틱 글루 – 점성이 작은 네일 접착제

30 마블

31 디자인은 경제적, 실용적 가치를 추구하는 것이 아니라 미적, 실용적 가치를 추구하는 것

32 봄 컬러 – 고채도 배색, 고명도 배색

33 소프트 젤은 아세톤으로 제거가 가능하다.

34 스컬프처 네일은 폼을 이용하여 길이를 연장하는 것이다.

35 자연 네일에 맞는 사이즈가 없을 시 한 사이즈 큰 팁을 골라 자연 네일에 맞게 파일로 조절한다.

36 건강이란 단순히 질병이 없고 허약하지 않은 상태만이 아니라 신체적, 정신적, 사회적 안녕이 완전한 상태를 말한다.

37 미용업은 손님의 얼굴, 머리, 피부 등을 손질하여 손님의 외모를 아름답게 꾸미는 영업이다.

38 세계보건기구(WHO)에서 규정하는 건강 지표 3가지는 조사망률, 평균수명, 비례사망지수이다.

39 음용수에서 대장균 검출의 의의로 가장 큰 것은 오염의 지표이다.

40 유행성 출혈열은 진드기로 전파되는 질병이다.

41 소각법의 대상물은 오염된 휴지, 환자의 객담, 환자복, 오염된 가운, 쓰레기 등이다.

42 역성비누의 특징은 물에 잘 녹고, 무자극, 무독성이며, 세정력은 약하지만 소독력이 강하다.

43 B형간염은 면도날의 출혈로 감염될 수 있다.

44 미생물 번식에 가장 중요한 요소는 온도, 습도, 영양분이다.

45 이·미용업소의 실내 쾌적 습도는 40~70%이다.

46 조명은 그림자가 생기지 않아야 한다.

47 이·미용사 면허를 발급하는 자는 시장·군수·구청장이다.

48 이중으로 면허를 취득한 때(나중에 발급받은 면허를 말함)는 시장·군수·구청장은 미용사 면허를 취소하거나 6개월 이내의 기간을 정하여 면허를 정지할 수 있다.

49 이·미용업소 외의 장소에서 영업한 때 1차 : 영업정지 1월, 2차 : 영업정지 2월, 3차 : 영업장 폐쇄명령이다.

50 용액 : 2가지 이상 물질이 혼합된 액체

51 ②, ③, ④ 사균백신

52 ①, ②, ④ DPT 예방접종

53 노령 인구 : 65세 이상

54 보고 및 출입·검사의 주체는 시·도지사 또는 시장·군수·구청장

55 면허를 소지한 자는 지위를 승계받을 수 있음

56 에틸렌옥사이드 대상물 : 고무, 플라스틱, 아포

57 의료급여는 경제적으로 어려운 사람들을 대상으로 실시하는 사회보장제도이다.

58 자외선 소독은 1cm²당 85㎼ 이상의 자외선을 20분 이상 쬐어준다.

59 배설물 소독법에는 소각법, 석탄산, 크레졸수, 생석회가 있다.

60 세균성 식중독은 잠복기가 짧고 근육통을 호소하지 않는다.